I0001724

BIBLIOTHÈQUE
DES MERVEILLES

PUBLIÉE SOUS LA DIRECTION

DE M. ÉDOUARD CHARTON

LA VIE DES PLANTES

4582. — PARIS, IMPRIMERIE A. LAHURE

9, Rue de Fleurus, 9

Caryocar entouré par la Liane meurtrière.

BIBLIOTHÈQUE DES MERVEILLES

LA

VIE DES PLANTES

PAR

H. BOCQUILLON

PROFESSEUR AGRÉGÉ A LA FACULTÉ DE MÉDECINE DE PARIS, DOCTEUR ÈS SCIENCES
DOCTEUR EN MÉDECINE
PROFESSEUR D'HISTOIRE NATURELLE AUX LYCÉES CONDORCET ET CORNEILLE

QUATRIÈME ÉDITION, REVUE ET AUGMENTÉE

OUVRAGE ILLUSTRÉ DE 172 DESSINS SUR BOIS

PAR A. FAGUET

PARIS
LIBRAIRIE HACHETTE ET Cie
79, BOULEVARD SAINT-GERMAIN, 79

1881

Droits de propriété et de traduction réservés

INTRODUCTION

« ... Au lieu d'une science circonscrite, je
trouve un champ immense, où le moindre végétal me fournit des sujets nombreux de ré-
flexions... Je sens auprès de moi, à mes côtés,
une intelligence et une sagesse qui excitent
toute mon admiration. »   VAUCHER.

« Lorsque, par une belle journée de printemps, on
se promène en pleine campagne ou au milieu des
bois, on éprouve un indicible sentiment de bien-être ;
les yeux sont ravis, l'odorat est charmé, on s'y sent
enveloppé comme d'une harmonie universelle qui
ressemble à un de ces concerts qu'on entend en
rêve » (A. Karr). Chaque plante prend une individua-
lité ; notre imagination gaie ou triste nous la montre
pourvue des qualités qui sont en harmonie avec notre
disposition d'esprit.

Au milieu de toutes ces plantes quelques-unes ont
nos préférences ; nous admirons l'élégance des formes
de celles-ci, les riches couleurs des fleurs de celles-là ;
nous en aspirons avec volupté les suaves parfums. La
lumière, en se jouant sur les délicates folioles des

corolles, s'adoucit, s'éteint ou se reflète pour les faire briller d'un plus vif éclat.

Une fleur! une plante! quel charme pour une âme sensible! Plante aimée, je t'emporte dans mon jardin ou sur ma fenêtre; ta place est préparée; tu recevras le premier rayon de soleil. La plante transplantée grandit peu à peu; elle étire une à une ses feuilles, comme on le ferait pour des bras restés longtemps en léthargie; puis sa fleur se dispose en bouton, laissant entrevoir des couleurs préférées, et s'épanouit enfin, comme un bon rire de joie qui me récompense de mes soins.

Quelques personnes seulement aiment les animaux; toutes aiment les plantes, depuis la pauvre ouvrière qui les cultive sur sa fenêtre, jusqu'à la grande dame qui les élève à grands frais dans des serres; depuis le modeste curé de village qui fait ses délices de son jardinet, jusqu'au riche châtelain dont le vaste domaine réunit les plantes les plus rares et les plus majestueuses.

C'est une fleur qu'échangent deux amours naissants, comme gage d'une affection sans fin. C'est une fleur qui représente le plus beau diamant de la couronne virginale de la fiancée. C'est une fleur qui interprète nos souhaits aux anniversaires d'un parent ou d'une personne aimée. C'est une fleur qui traduit nos douleurs et nos regrets sur la tombe de ceux qui nous sont chers.

On raconte qu'après la révocation de l'édit de Nantes, les demeures des Français réfugiés à Londres se distinguaient facilement de celles des Anglais; à chaque fenêtre, une plante cultivée rappelait au proscrit le souvenir de la patrie absente.

Où puisez-vous donc, filles de Flore, ce charme qui nous enivre? Est-ce dans vos couleurs si délicatement nuancées?.. Est-ce dans les perles si pures que vous prenez chaque matin à la rosée du soleil levant?... Est-ce dans les parfums exquis que vous distillez? Car vous êtes à la fois beauté, richesse et parfum. Vous êtes plus, et ce qui relève au plus haut degré vos qualités, ce qui vousrendsympathiques, c'est que vous avez la VIE?

Les plantes sont des êtres organisés et vivants; elles se nourrissent, elles respirent, elles se reproduisent.

Elles se nourrissent en prenant au sol et à l'atmosphère des matières qu'elles s'assimilent, qu'elles transforment en aliments destinés à des milliers d'animaux. L'herbivore mange la plante, le carnivore mange l'herbivore et rend au monde inorganique les éléments qui seront dissociés, pour être de nouveau mis en œuvre par la plante. Ainsi s'exécute ce mouvement perpétuel de la matière, par lequel rien ne se perd, tout se transforme. Travailleuses infatigables, les plantes fabriquent pour nous les aliments les plus indispensables, les médicaments les plus précieux, les poisons les plus redoutables, les vêtements les plus usuels.

Elles respirent souvent en épurant notre air; sous l'influence du Soleil, leurs parties vertes lui enlèvent ce gaz malfaisant, l'acide carbonique que nous produisons à chaque instant. Chimistes habiles autant qu'excellentes ménagères, elles décomposent ce produit, retirent le charbon qu'elles emmagasinent en partie pour nos foyers où notre nourriture, et nous rendent l'oxygène, le gaz de la vie.

Elles se reproduisent comme tous les êtres vivants connus, au moyen d'un œuf qui est leur berceau. La reproduction semble être, pour les plantes, le but unique de leur existence. C'est afin d'assurer cette fonction qu'elles se parent des couleurs les plus riches, qu'elles prennent les formes les plus bizarres ou les plus gracieuses, qu'elles exécutent les mouvements les plus surprenants ; c'est pour assurer l'existence de leur progéniture qu'elles amassent les trésors de sucs nourriciers dont nous les frustrons pour en faire notre profit.

Qui ne s'est senti frappé d'admiration devant la prodigieuse activité des Fourmis, l'ordre admirable qui règne dans les sociétés d'Abeilles, la délicatesse extrême, le fini du tissu des toiles d'Araignée, la sorte de prévoyance qui porte l'insecte à pondre ses œufs dans l'endroit où ses larves trouveront leur nourriture?

Réfléchissons-y bien, tous ces animaux ne font qu'exécuter nécessairement, fatalement, toujours dans le même ordre, avec le même degré de perfection, les lois qui les régissent ; ce ne sont que des manœuvres. Lorsqu'un monument sublime s'élève, lequel admirons-nous le plus? l'architecte qui a conçu et qui commande, ou le simple ouvrier qui exécute et obéit?...

Bien que les plantes ne puissent se mettre en relation avec le monde extérieur d'une manière aussi intime que les animaux, bien qu'elles restent pour la plupart fixées à la partie du sol qui les a vues naître, elles manifestent leur existence par des moyens aussi évidents que divers. Chacun accomplit sa mission forcée; la fille fait ce qu'a fait la mère et ce qu'on fait ses ancêtres, ni mieux, ni moins bien.

Que l'on songe un instant au nombre prodigieux d'espèces végétales, au nombre plus grand encore de leurs travaux accomplis, et l'on sera accablé à l'idée de la science infinie qui a produit toutes les combinaisons. C'est en vain que, pour expliquer les faits, notre imagination prend son essor et crée les hypothèses les plus hardies, les plus compliquées; elle n'aboutit souvent qu'à produire des contre-sens.

La nature est très sobre de moyens; elle agit avec la plus grande simplicité; elle fournit beaucoup avec peu; c'est un kaléidoscope aux mille facettes qui renferme un petit nombre d'éléments, mais dont le mouvement le plus léger amène des aspects d'une infinie diversité.

Savants qui échafaudez des théories, poètes qui voulez du merveilleux, cessez d'inventer; observez, expérimentez, car la nature, c'est toute vérité, et c'est aussi toute poésie.

LA VIE

DES PLANTES

CHAPITRE PREMIER

UN COUP D'ŒIL SUR L'ORGANISATION DES PLANTES

> « La subtilité de la nature dépasse à bien des
> égards celle des sens et celle de l'entendement. »
> BACON.

Qu'on se représente une bulle de savon si petite
que cinq cents alignées équivalent à la longueur d'un
millimètre, et l'on aura une idée assez juste de la
forme et de la taille d'un *Protocoque*. Qu'est-ce donc
qu'un Protocoque ? C'est une plante complète, la plus
simple que nous connaissons, une plante sans racines, sans tige, sans rameaux, sans feuilles, sans
fleurs, une plante réduite à un petit sac microscopique. Son nom, qui vient du grec, signifie première
plante, plante la plus simple.

Toute simple qu'elle est, notre petite plante constitue un être vivant. Elle le prouve bien par sa prodi-

gieuse activité. Ses parois, comme toutes les membranes organiques, permettent aux fluides de pénétrer
par diffusion dans son intérieur, pour la nourrir et
la faire respirer. Or, cet intérieur est constitué par
une matière azotée à propriétés très remarquables;
matière à laquelle on donne, en botanique, le nom
de *protoplasma;* c'est d'elle que provient toute organisation (Mirbel). En effet, c'est elle qui dans le
Protocoque mère s'organise en sacs ou cellules nouvelles, cellules qui grossissent à leur tour, rompent
l'enveloppe générale, deviennent libres et constituent
autant de Protocoques distincts. Les nouveaux individus accomplissent les mêmes phénomènes que la
cellule dont ils sont sortis. Comme elle, ils élaborent
les matières fournies par l'extérieur; ils se reproduisent, puis leur activité se ralentit peu à peu et
finit par cesser complètement. Dès lors, ils ne sont
plus que des cellules inertes, des cellules *mortes.*

La multiplication se fait avec une telle énergie,
qu'en un instant le petit être microscopique couvre
de sa progéniture des espaces considérables.

Ainsi procède la nature; elle crée des colosses
comme les Baleines, les Éléphants, les Cèdres, et mesure avec parcimonie le nombre de leurs rejetons; elle
crée des infiniment petits comme les Pucerons, les
Protozoaires, les Protophytes, et étend à l'infini leur
pouvoir reproducteur.

Le Protocoque qui, par ses dimensions, semblerait
devoir être inaperçu, forme des tapis d'un beau vert,
qui recouvrent d'une couleur gaie les rochers sombres. Ailleurs, il est d'un rouge de sang, et se montre en masses considérables dans les contrées déso-

lées des zones polaires, ou sur les neiges perpétuelles qui couronnent les sommets des hautes montagnes.

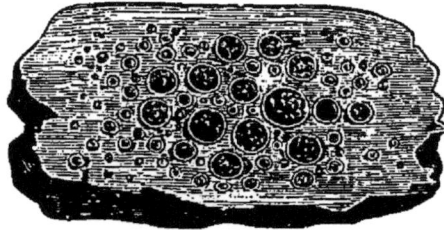

Fig. 1. — Groupe de Protocoques très grossis.

Le capitaine Ross raconte que, dans son voyage au pôle Nord, il traversa des espaces considérables sur la *neige rouge*; des trous pratiqués en plusieurs endroits montraient que la coloration atteignait la profondeur de plusieurs mètres. L'imagination la plus hardie n'est-elle pas déconcertée en présence de faits aussi extraordinaires? peut-elle se figurer un nombre assez considérable pour énumérer les individus de cette écrasante multitude?

Combien devait être grand l'effroi des montagnards et des marins! combien devaient être terribles leurs pressentiments, lorsque, dans un temps d'ignorance, ils croyaient ces phénomènes de coloration produits par des pluies de sang!

Les navigateurs sont souvent témoins de phénomènes de coloration produits par des végétaux microscopiques. Ces végétaux pullulent sur un espace de plusieurs lieues carrées. Les rivages de la Californie, du Mexique, ont apparu comme baignés par des mers de sang. La mer Rouge doit son nom à la coloration que lui donne une algue microscopique, la

Trichodesmie (nom tiré de deux mots grecs, et qui signifie botte de poils). Ce végétal se présente sous l'aspect de filaments cloisonnés, de couleur rouge de

Fig. 2. — Trichodesmies d'Ehrenberg très grossies.

sang, réunis en petits faisceaux qui flottent à la surface des eaux. La découverte en est due à Ehrenberg, qui fut témoin de plusieurs phénomènes de coloration dans la baie de Tor, petit port de la mer Rouge. Voici, à propos de ce végétal, la lettre qu'écrivait M. Evenor Dupont à M. Isidore Geoffroy Saint-Hilaire :

« Mon cher ami,

« Vous me demandez quelques détails sur les circonstances dans lesquelles j'ai recueilli la plante cryptogame que je vous ai apportée de la mer Rouge, et qui paraît, me dites-vous, une espèce nouvelle ; les voici :

« Le 8 juillet dernier (1843), j'entrai dans la mer Rouge par le détroit de Bab-el-Mandeb, sur le paquebot à vapeur l'*Atalanta*, appartenant à la compagnie des Indes. Je demandai au capitaine et aux officiers qui depuis longtemps naviguaient dans ces parages quelle était l'origine de cet antique nom de mer Erythrée, de mer Rouge : s'il était dû, comme le pré-

tendent quelques-uns, à des sables de cette couleur,
ou, selon d'autres, à des rochers. Nul de ces mes-
sieurs ne put me répondre; ils n'avaient, disaient-ils,
rien remarqué qui justifiât cette dénomination. J'ob-
servais donc moi-même, à mesure que nous avancions;
mais, soit que le bâtiment se rapprochât de la côte
arabique ou de la côte africaine, le rouge ne m'appa-
raissait nulle part. Les horribles montagnes pelées
qui bordent les deux rivages étaient uniformément
d'un brun noirâtre, sauf l'apparition en quelques endroits d'un volcan éteint qui avait laissé de longues
coulées blanches. Les sables étaient blancs, les récifs
de corail étaient blancs de même, la mer du plus
beau bleu céruléen; j'avais renoncé à découvrir mon
étymologie.

« Le 15 juillet, le brûlant soleil d'Arabie m'éveilla
brusquement en brillant tout à coup à l'horizon, sans
crépuscule et dans toute sa splendeur. Je m'accoudai
machinalement sur une fenêtre de poupe pour y
chercher un reste d'air frais de la nuit, avant que
l'ardeur du jour l'eût dévoré. Quelle ne fut pas ma
surprise de voir la mer teinte en rouge, aussi loin
que l'œil pouvait s'étendre derrière le navire! Je cou-
rus sur le pont et de tous côtés je vis le même phénomène.

« J'interrogeai de nouveau les officiers; le chirur-
gien prétendit qu'il avait déjà observé ce fait, qui
était, selon lui, produit par du frai de poisson flottant
à la surface; les autres dirent qu'ils ne se rappelaient
pas l'avoir vu auparavant; tous parurent surpris que
j'y attachasse quelque intérêt.

« S'il fallait décrire l'apparence de la mer, je dirais

que sa surface était partout couverte d'une couche
serrée, mais peu épaisse, d'une matière fine, d'un
rouge brique un peu orangé; la sciure d'un bois de
cette couleur, de l'acajou, par exemple, produirait à
peu près le même effet. Il me sembla, et je dis alors,
que c'était une plante marine; personne ne fut de
mon avis. Au moyen d'un seau attaché au bout d'une
corde, je fis recueillir, par l'un des matelots, une certaine quantité de la substance, puis, avec une cuiller,
je l'introduisis dans un flacon de verre blanc, pen-
sant qu'elle se conserverait mieux ainsi. Le lendemain, la substance était devenue d'un violet foncé, et
l'eau avait pris une jolie teinte rose. Craignant alors
que l'immersion ne hâtât la décomposition au lieu de
l'empêcher, je vidai le contenu du flacon sur un linge
de coton (le même que je vous ai remis); l'eau passa
à travers, et la substance adhéra au tissu; en séchant,
elle devint verte comme vous la voyez actuellement.
Je dois ajouter que, le 15 juillet, nous étions par le
travers de la ville égyptienne de Cosseir; que la mer
fut rouge toute la journée; que le lendemain 16, elle
le fut de même jusque vers midi, heure à laquelle
nous nous trouvions en face de Tor, petite ville arabe,
dont nous apercevions les palmiers dans une oasis au
bord de la mer, au-dessous de la chaîne de montagnes qui descend du Sinaï jusqu'à la plage sablon-
neuse. Un peu après midi, le 16, le rouge disparut,
et la surface de la mer redevint bleue comme auparavant. Le 17, nous jetions l'ancre à Suez. La couleur
rouge s'est conséquemment montrée depuis le 15 juillet vers cinq heures du matin, jusqu'au 16 vers une
heure de l'après-midi, c'est-à-dire pendant 32 heures.

Durant cet intervalle, le paquebot filant huit nœuds
à l'heure, comme disent les marins, a parcouru un
espace de 256 milles anglais, ou 85 lieues et un tiers.

. . . .

« Veuillez me croire, mon cher Geoffroy, etc.

EVENOR DUPONT. »

C'est la plante elle-même, fixée sur le linge, qui
a été étudiée par notre célèbre cryptogamiste Montagne, et qui a reçu de ce savant le nom de *Trichodesmie d'Ehrenberg.*

Il est des plantes qui ne le cèdent pas en petitesse
aux Protocoques, mais dont l'activité concourt à un
autre but. (Car il en est des végétaux comme des
animaux, et, oserai-je le dire, comme des divers représentants de l'humanité, chacun a son industrie.)
Je veux parler des Diatomées. L'œil le plus exercé ne
peut les reconnaître, s'il n'est armé d'un verre gros-
sissant; mais à l'aide d'un microscope, elles lui apparaissent avec une élégance de formes à nulle autre
pareille.

C'est en vain qu'on cherche à les décrire; il n'existe
pas d'expressions pour peindre ce qu'on voit; on
voudrait réunir ou combiner entre eux tous les mots
qui signifient ce que peut produire la légèreté unie à
l'élégance et au fini. Bref, les plus délicats travaux
d'orfévrerie ne sont, à côté de ces bijoux de la nature, que de lourdes et grossières imitations. Ces
charmantes petites plantes font provision de silice, à
la manière de beaucoup de céréales; leurs parois s'en

pénètrent. Après leur mort, la portion organique de leur tissu change d'état, tandis que la silice amassée reste comme une sorte de squelette élégant qui traduit leurs formes. Ce sont des milliers de milliers de ces squelettes qui composent des assises dont l'épaisseur est souvent considérable : celle sur laquelle est bâtie la ville de Berlin mesure, en certains endroits, 30 mètres d'épaisseur. Le tripoli qu'on tire de Belin, en Bohême, et qui est utilisé comme terre à polir, n'a pas, dit-on, d'autre origine. Byron ne s'éloignait donc pas de la vérité, quand, dans son extase poétique, il s'écriait :

« La poussière que nous foulons aux pieds fut jadis vivante !

Avant de nous engager dans le dédale que présente à nos regards l'infinie diversité des plantes, cherchons à connaître les moyens qu'emploie la nature pour arriver à ses fins.

Rappelons-nous que le Protocoque est constitué par une petite sphère organisée unique, par une *cellule*, comme on dit en langage biologique, et qu'il n'acquiert jamais un plus grand degré de complication. Toutes les plantes (on pourrait dire tous les êtres vivants) ont eu, à leur naissance, une simplicité aussi grande. Ce qui établit plus tard les différences entre elles, c'est le nombre variable, la disposition réciproque, le groupement, la transformation des cellules ; c'est le genre de travail qu'elles effectuent.

On pourrait, par des exemples choisis, montrer comment les tissus se compliquent et produisent des végétaux qui nous paraissent les plus parfaits.

Qu'on s'imagine beaucoup de cellules placées dans

un gangue sans forme déterminée, et l'on aura l'image fidèle de la constitution des Palmelles, ces plaques

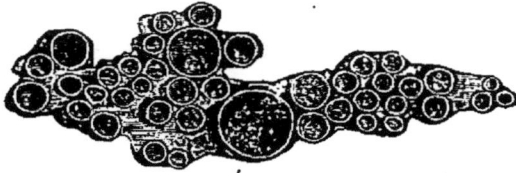

Fig. 5. — Palmelle à éléments très grossis.

gélatineuses verdâtres ou rougeâtres qui tapissent souvent la base des murailles humides.

Que ces cellules ne soient plus isolées, mais placées, les unes à la suite des autres, dans la masse gélatineuse, et l'on aura les Nostocs. Ces plantes apparaissent le matin sur la terre ou sur les pierres humides, puis disparaissent sous l'influence des rayons solaires, pour reparaître, si l'air acquiert un assez haut degré hygrométrique.

Que les cellules, au lieu d'être arrondies, soient cylindriques, placées bout à bout, de manière à former un long tube simple ou ramifié, cloisonné, rempli de granules verts, on aura une idée de la composition des Conferves. Les Conferves sont ces longues chevelures vertes qui se plaisent dans les eaux dormantes et remplissent parfois nos ruisseaux et nos étangs.

Enfin les cellules peuvent se grouper sur toutes les dimensions, en longueur, en largeur, en épaisseur, et composer les sujets les plus variés.

Des cellules différemment agencées contenant des granules, bruns, verts ou rouges, voilà les seuls éléments qui entrent dans la composition des Algues. Et c'est avec si peu que la nature a fait ses élégants

Plocamium et Polysiphonies à rameaux capillaires ; ses Ulves qui flottent dans la mer comme d'immenses rubans ; ses Corallines, sortes de petits arbustes de pierre dont nous nous servons comme vermifuges ; ses Laminaires, grandes lanières marines, dont quelques-unes ont la propriété de secréter une matière sucrée ; ses *Fucus* aux espèces nombreuses, plus connus sous le nom de Varechs ou de Goémons, qui sont employés sur les côtes maritimes comme chauffage, comme engrais, et qui produisent la soude de varechs. C'est avec si peu que la nature a fait ces gigantesques *Macrocystis* dont la taille atteint souvent 500 mètres. « Au milieu de l'Atlantique, se trouve un espace triangulaire, compris entre les Açores, les Canaries et les îles du cap Vert, qu'on appelle Mer de Sargasse, d'une superficie égale au cours du Mississipi ; elle est couverte de Raisins du Tropique (*Fucus natans*) en masse si considérable que les navires en sont souvent retardés dans leur marche. Lorsque les compagnons de Christophe Colomb virent ces algues, ils crurent qu'elles marquaient la limite de la navigation et en furent très effrayés » (Maury).

Que l'habitat des plantes et le rôle de leurs cellules composantes changent, que le mode de reproduction se modifie, et l'on a tous les groupes qui composent le vaste monde des plantes cellulaires. Ce sont tout d'abord les Champignons ; les uns, filaments composés de cellules placées bout à bout, forment les Trichophytes, les Microscopores, les Achorions, ennemis implacables de nos cheveux ; d'autres, disposés en grappes, les *Botrytis bassiana*, s'implantent dans la peau des vers à soie et constituent cette maladie si

funeste, la muscardine ; d'autres encore, composés
de cellules assemblées en masses, forment ces Truffes
odoriférantes si recherchées sur nos tables. Enfin le
cellules se groupent de manière à produire des for
mes agréables ; elles prennent des couleurs plus ou
moins vives ; les organes de la végétation sont repré-
sentés par de longs filaments cachés, tandis que les
organes de reproduction se montrent sous forme
d'un chapeau plus ou moins gracieux. Telle est la
composition du Cep si cher aux populations du Midi
et de la terrible Fausse Oronge aux couleurs trom-
peuses.

Après les Champignons viendront les Lichens, ces
croûtes dartreuses couvertes de pustules évidées qui

Fig. 4. — Lichen d'Islande.

tapissent les rochers, les troncs des arbres, etc. Ce
sont les plus sobres des végétaux. Malgré leur vitalité
obtuse, ils ne sont pas les moins utiles à l'humanité.

Les uns, tels que l'Orseille des Canaries, nous donnent la belle matière rouge connue sous le nom d'Orseille des teinturiers, qui sert, entre autres usages, à colorer l'alcool des thermomètres ; plusieurs Parelles fournissent cette matière indispensable aux chimistes, le tournesol en pains ; le Lichen des Rennes, le Lichen d'Islande, contiennent des principes nutritifs ; enfin, c'est le lichen appelé *Parmelia esculenta* qui constituait « cette petite chose ronde, » dont les Hébreux se nourrirent pandant leur séjour dans le désert, après la sortie d'Égypte.

Puis ce sont les Hépatiques au tissu brillant, qu'on rencontre ordinairement sur le talus des fossés, les Mousses élégantes avec leurs urnes vertes ou dorées, qui s'étendent comme une couverture épaisse sur le sol de nos forêts ; les Sphaignes à tissu spongieux, qui couvrent les bas-fonds humides et préparent pour l'avenir d'importantes tourbières ; les Charagnes aux nombreux rameaux qui, dans certaines circonstances, décomposent les sulfates, unissent le soufre à l'hydrogène, et transforment les eaux croupissantes où elles végètent en véritables eaux sulfurées.

Dans tous ces végétaux, Algues, Champignons, Lichens, Hépatiques, Mousses, Characées, le tissu est uniquement cellulaire. Mais ailleurs, la cellule peut subir certaines modifications ; les parois peuvent s'épaissir par l'adjonction de nouvelles membranes qui se gorgent de ligneux ; elle devient alors fibreuse et forme ce tissu résistant qu'on remarque dans le noyau des fruits, etc. La cellule fibreuse allongée porte le nom de *fibre* et se voit communément dans le tronc des arbres. Ou bien encore, il peut se faire que toutes les cellules rangées à la suite l'une de l'autre perdent la paroi qui les sépare ; il résulte de cette destruction un long cylindre qui porte le nom de *vaisseau.*

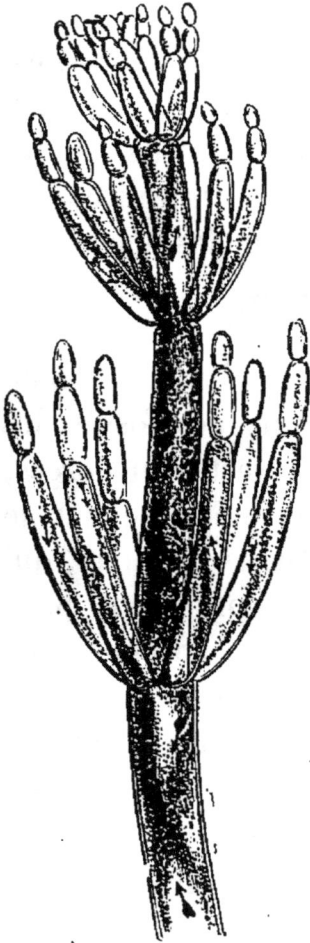

Fig. 5. — Extrémité d'un rameau grossi de Charague. La direction des flèches indique la direction de courants intérieurs.

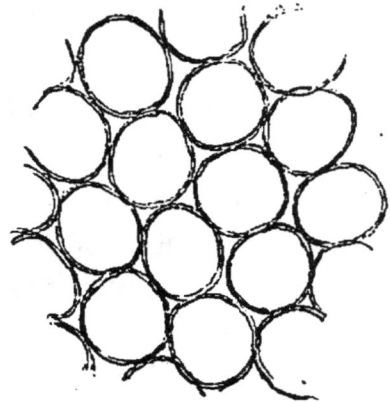

Fig. 6. — Coupe de tissu cellulaire à cellules sphériques.

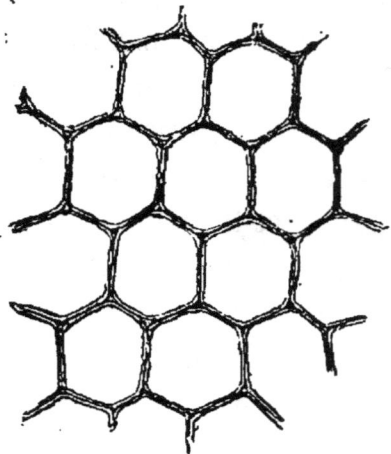

Fig. 7. — Coupe de tissu cellulaire à cellules polyédriques.

truction un long cylindre qui porte le nom de *vaisseau.*

Les vaisseaux ont des formes nombreuses : ceux qui sont formés par des cellules rangées en ligne droite sont droits, ordinairement d'égal diamètre, marqués le plus souvent de ponctuations, de raies, de spires, etc. ; d'autres, qui résultent de la fusion de cellules

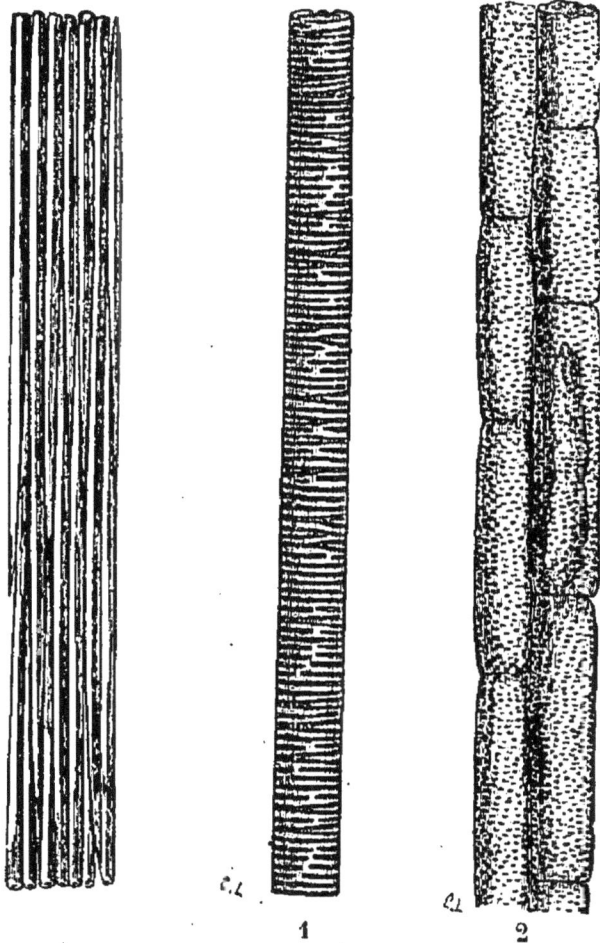

Fig. 8. — Fibres de l'écorce du Chanvre.

Fig. 9. — Vaisseaux d'une tige de Melon. 1, vaisseau rayé; 2, vaisseaux ponctués.

voisines, en ligne droite ou non, ont reçu le nom de *vaisseaux laticifères* ; ces derniers ne présentent ordinairement ni raies, ni ponctuations ; ils sont le plus souvent anastomosés et renferment un liquide particu-

lier, variable avec l'espèce de plante. Quelle que
soit donc la forme des végétaux les plus complexes,
leurs éléments seront ou ces petits sacs à contenu
organisé appelé *cellules*, ou
des cellules allongées, remplies de ligneux et appelées
des *fibres*, ou des réunions de
cellules confondues pour former des *vaisseaux*. Le plus
souvent, ces trois éléments entrent dans la composition du
même individu. Ils forment
différents tissus qui donnent
à la plante une organisation
plus ou moins compliquée,
et ils ont chacun un rôle
particulier. « Ce qui nous
paraît progrès n'est en réalité
qu'un développement dans le
vrai sens du mot, une division, une analyse du simple
en un plus grand nombre de
parties composant l'ensemble.
Le nombre de 100 est un nombre simple ; en se développant,

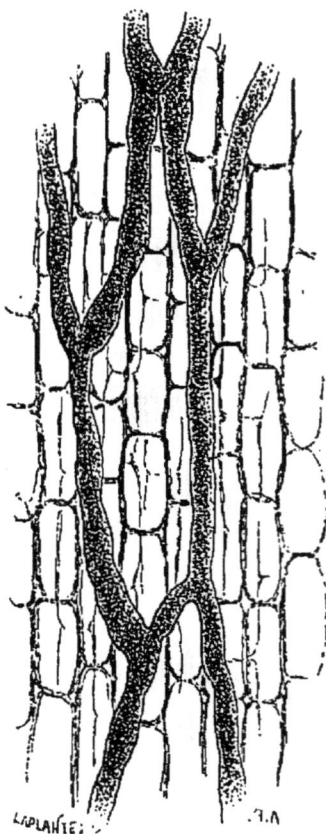

Fig. 10. — Vaisseaux laticifères
d'une feuille de Chélidoine.

il peut devenir $99 + 1,5 \times 33 + 1,5 \times (32 + 1) + 1$,
$5 \times (4 \text{ fois } 8) + 1$, etc. Nous pouvons analyser les proportions qui y sont contenues, et au lieu
de 100 unités, établir un calcul très compliqué, dont
le produit final sera toujours 100. C'est la marche
que suit tout développement dans la nature » (Schlei-
den).

L'instrument actif des plantes, celui qui met en œuvre les matériaux empruntés au dehors, est cette matière azotée appelée protoplasma. Qu'elle soit contenue dans la cellule, ou que, sous le nom *d'utricule primordiale*, elle fasse partie de ses parois, c'est par son moyen que se développent les matières colorantes de la Garance et de la Gaude, les principes médicamenteux du Pavot et du Quinquina, les principes nutritifs du Blé et du Haricot, les principes aromatiques du Café et du Girofle, les essences du Citron et de la Rose, les huiles de l'Olive et de la Noix, les sucres de la Canne et de la Betterave, les fécules de la Pomme de terre et des Céréales, etc.

CHAPITRE II

NAISSANCE DES PLANTES

Omne vivum ex ovo.
Tout ce qui vit vient d'un œuf.

Les plantes naissent en sortant d'un œuf. Lorsque cet œuf est le plus simple, il s'appelle une *spore ;* lorsqu'il est plus compliqué, il s'appelle une *graine.*

Il suffit de déchirer les enveloppes d'une graine pour y voir la jeune plante ; elle est là dans un état de vie latente, n'attendant que des circonstances favorables pour manifester son existence. Assurons-nous du fait, enlevons les membranes tégumentaires d'une graine d'Amandier, de Haricot, d'Oranger, de Chanvre, de Ricin, d'Euphorbe, de Nielle des blés, et nous aurons une idée des positions que la plante occupe dans sa prison temporaire.

La petite plante ou *embryon* de la graine d'Amandier est parfaitement blanche et droite ; la partie inférieure est un petit cône qui constitue sa petite racine ou *radicule ;* la partie qui continue supérieurement l'axe de la racine est sa petite tige ou

2

tigelle ; celle-ci est cachée entre deux gros corps blancs, plans convexes, appliqués l'un contre l'autre, qui constituent les deux premières feuilles de la plante. ou, comme on dit en botanique, ses *cotylédons.*

La tigelle n'est pas un cône lisse ; au moyen d'un faible grossissement, on peut voir que son sommet est

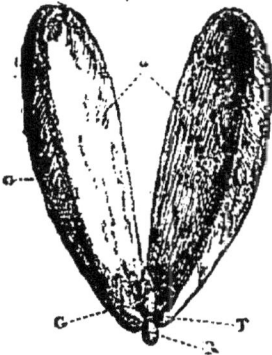

Fig. 11. — Embryon d'Amandier privé des enveloppes de la graine et dont les cotylédons sont écartés.

R, radicule ; T, tigelle ; C, cotylédons ; G, gemmule.

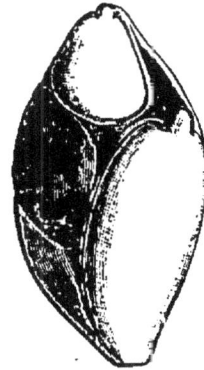

Fig. 12. — Grain d'Oranger. Une portion des téguments a été enlevée pour laisser voir les embryons en place.

garni de petites écailles qui forment un petit bourgeon, une *gemmule.*

L'embryon du Haricot ne diffère que peu de celui de l'Amandier ; sa radicule forme une petite virgule qui se rabat sur le bord des cotylédons.

L'embryon du Chanvre ou du Houblon est enroulé sur lui-même.

Les graines de l'Oranger renferment plusieurs embryons.

Remarquons, en passant, que les embryons que nous avons examinés ont des cotylédons épais.

Dans une graine de Ricin, de Surelle, nous constatons la présence d'un embryon, nous remarquons que ses cotylédons sont membraneux, comme des feuilles ordinaires, mais aussi nous voyons que cet embryon

Fig. 13. — Graine de l'Oxalide oseille coupée longitudinalement, montrant l'embryon entouré par l'albumen.

Fig. 14. — Embryon à cotylédons foliacés du Ricin. Il est retiré de la graine.

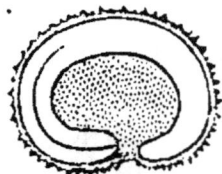

Fig. 15. — Graine de Nielle des blés coupée longitudinalement, et montrant l'embryon entourant l'albumen.

est placé au milieu d'une masse blanche, charnue, oléagineuse.

Enfin, dans les graines de Blé, d'Iris, de Lis, de Colchique, de Dattier, l'embryon, qui est contenu dans une masse charnue ou cornée, n'a plus qu'une seule feuille primordiale, un seul cotylédon.

Essayons de comparer la naissance de l'oiseau à celle de la plante.

Il est d'observation journalière que les œufs de poule ou d'un oiseau quelconque, que les œufs ou graines de vers à soie ont besoin d'une certaine quantité de chaleur pour réveiller la vie de l'embryon qu'ils contiennent. Il en est de même pour les œufs des plantes ; il leur faut de la chaleur, et non seulement de la chaleur, mais encore de l'humidité et de l'air oxygéné. Si l'un de ces trois agents manque, l'embryon ne se développe pas, ne *germe* pas.

Ainsi, les graines ne germent pas pendant l'hiver, parce qu'elles n'ont pas assez de chaleur ; elles ne germent pas dans les silos bien construits, parce

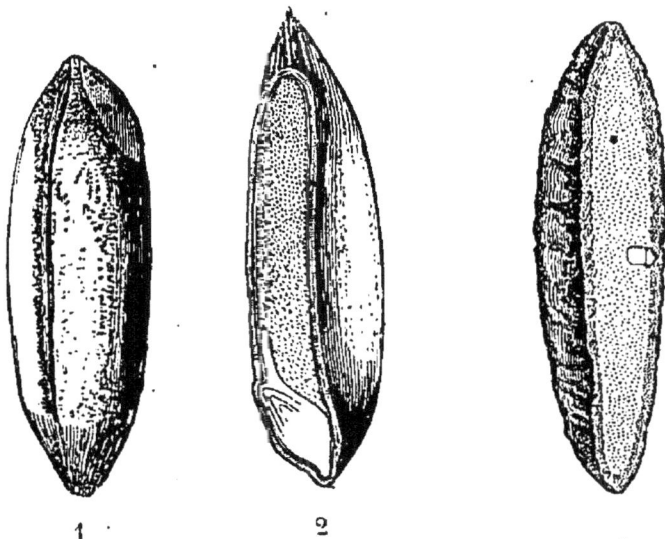

Fig. 16. — Fruit du Seigle.

1, Fruit entier ; 2, coupe longitudinale de ce fruit et de la graine qu'il contient, montrant l'embryon et l'albumen.

Fig. 17. — Coupe longitudinale de la graine du Dattier, montrant l'embryon et l'albumen.

qu'elles n'ont pas d'humidité ; elles ne germent pas lorsqu'elles sont placées trop profondément dans le sol, parce qu'elles n'y reçoivent pas suffisamment d'air atmosphérique.

Elles ne germent pas dans les gaz azotés, acide carbonique, qui entre dans le mélange qui constitue l'air atmosphérique ; mais le contraire a lieu dans l'oxygène. Or, l'air atmosphérique étant formé d'environ 4 cinquièmes d'azote, d'environ 1 cinquième d'oxygène et de 4 à 6 dix-millièmes d'acide carbonique, cet air ne peut devoir qu'à l'oxygène qu'il contient la propriété de laisser germer les graines. Et même il n'est pas besoin d'une aussi forte proportion d'oxygène ; car l'expérience a démontré qu'un embryon peut se développer dans un milieu gazeux n'en contenant que 1 huitième à 1 trente-deuxième. Les quantités de chaleur, d'humidité, exigées par chaque plante, sont très variables, l'une demandant plus, l'autre demandant moins.

Plaçons donc une graine[1] dans les conditions nécessaires à sa germination, et notre œil constatera successivement: 1° que les enveloppes de la graine se ramollissent; 2° que la graine augmente de volume; 3° que les enveloppes, trop peu extensibles, se rompent ; 4° que dans l'endroit où s'est opérée la rupture apparaît l'extrémité libre de la radicule. Ce n'est que plus tard, pendant l'allongement de la radicule au dehors de la graine, que se montre l'extrémité libre de la tigelle. Les cotylédons sortent des enveloppes ou restent inclus, selon que la graine appartient à telle ou telle plante.

Le temps qui s'écoule depuis la mise en terre de la graine jusqu'à l'apparition de la radicule hors des téguments n'est pas toujours le même ; il varie avec le degré de chaleur, avec la nature du sol, avec le degré d'humidité, avec la maturité plus ou moins complète de la graine.

L'expérience a appris qu'au printemps, sous le climat de Paris, par une température moyenne de la saison, les Melons germent en quatre, six jours ; les Pois en huit, douze jours ; les Fèves, ainsi que les

---

1. En soumettant à une chaleur continue de 20 à 25 degrés une éponge commune mouillée, dans les cavités de laquelle on a déposé des haricots, on peut suivre facilement, en quelques jours les différentes phases de la germination de ces plantes.

Volubilis, en douze, quinze jours, etc. La graine du Chêne, la graine d'Amandier, mettent beaucoup plus

Fig. 18. — Germination d'un Haricot. Les enveloppes se rompent, la radicule apparaît.

Fig. 19. — Germination d'un Haricot. La radicule s'allonge et commence à se ramifier, les cotylédons se disjoignent, le sommet de la tigelle apparaît.

de temps, tandis que des Haricots, du Cresson alénois, des graines d'Asperges, germent en moins de deux jours.

Pendant que les téguments de la graine se ramollissaient, que la graine grossissait, que les enveloppes se déchiraient, des phénomènes chimiques s'accomplissaient à l'intérieur et se rendaient sensibles au dehors par une certaine élévation de température.

Ces phénomènes avaient pour but l'élaboration des aliments que la jeune plante devait s'assimiler pour grandir. Qu'est-ce que ces aliments? C'étaient les matières féculentes ou azotées ou hydrogénées qui gorgeaient les cotylédons, c'étaient les matières analogues qui formaient cette masse dans laquelle l'embryon était plongé et qu'on remarque dans les graines de Ricin, d'Euphorbe, d'Iris, de Balisier[1], etc. Toutes ces matières ont été le siège de dédoublements, de

---

1. Cette portion des graines, qu'on a comparée à l'albumine ou blanc de l'œuf des oiseaux, a reçu le nom d'*albumen* (périsperme).

combinaisons, de transformations qui les ont rendues absorbables et ont permis à la partie axile de l'embryon de se les assimiler.

Ainsi fait l'embryon des oiseaux.; il absorbe, avant

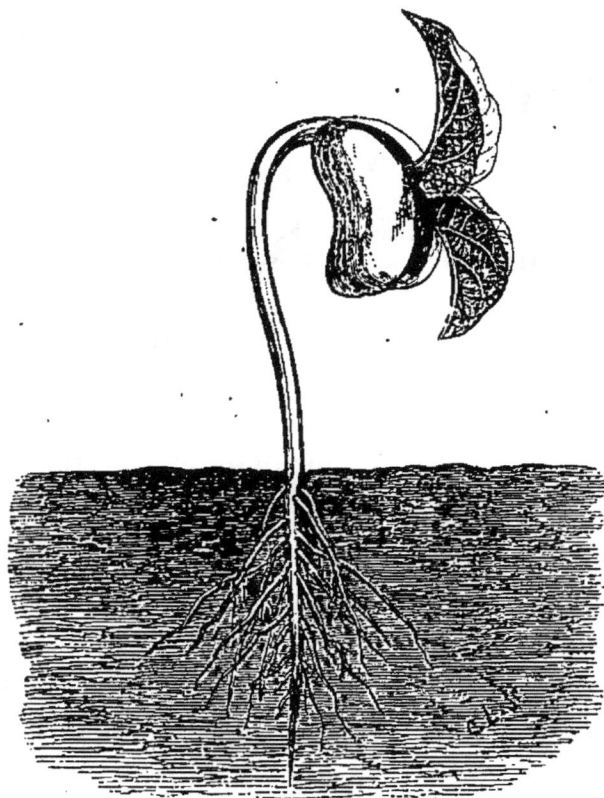

Fig. 20. — Germination d'un Haricot. La radicule est devenue racine et s'est ramifiée, les cotylédons sont soulevés avec le sommet de la tigelle, les deux feuilles de la gemmule vont s'étaler.

de sortir de l'œuf, toute l'albumine ou blanc d'œuf qui l'entoure. Après avoir épuisé cette ration providentielle, il est devenu assez fort pour rompre son enveloppe et éclore.

L'embryon végétal n'épuise pas immédiatement la réserve qui lui est destinée. Sa racine est si faible lorsqu'elle fait saillie au dehors, qu'elle ne peut encore absorber suffisamment. En attendant qu'elle devienne organe actif d'absorption, la jeune plante continue de vivre aux dépens des cotylédons ou de l'albumen. Enfin la radicule devient racine, elle fonctionne, et les cotylédons vides, épuisés, desséchés, inutiles, tombent ordinairement bientôt.

Dès lors, la végétation prend un nouvel essor. Pendant que la racine, en axe descendant, s'engage dans le sol, comme attirée par une force centripète, et se ramifie régulièrement, la tige, en axe ascendant, gagne la lumière et se garnit de feuilles. Les feuilles ne sont d'abord que les écailles grandies de la gemmule ; elles sont placées sur la tige avec une régularité mathématique. Mais d'autres se montrent à mesure que la tige s'élève et conservent entre elles une disposition ordinairement analogue à celle des premières.

La plante continue sa végétation en croissant dans tous les sens.

Enfin, de deux choses l'une : ou l'axe ascendant se termine par une fleur dans laquelle se développera une graine, ou des bourgeons se montrent à l'aisselle des feuilles. Un bourgeon peut être assimilé à une gemmule ; comme elle, il devient plus tard un axe feuillé, mais, tandis que la nourriture de la gemmule est fournie d'abord par un albumen ou par un réservoir cotylédonaire, puis par le sol, au moyen de la radicule développée, la nourriture du bourgeon est fournie par un dépôt nutritif local et transitoire qui s'est fait à sa base, puisé dans le sol par la racine de la plante sur laquelle il est né. Un bourgeon est donc

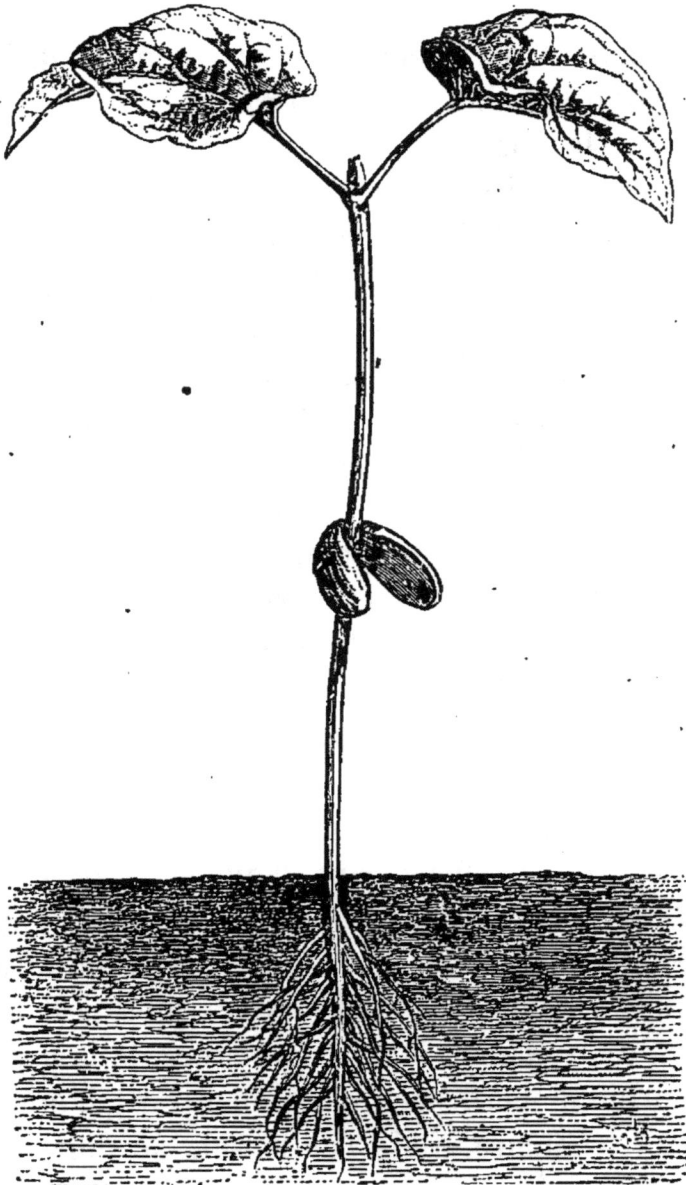

Fig. 21. — Jeune Haricot. La radicule est devenue racine et s'est ramifiée, la tigelle s'est allongée, les deux cotylédons ne sont pas encore complètement desséchés, les deux premières feuilles de la gemmule se sont étalées.

un individu, comme un embryon; comme il ne pos-

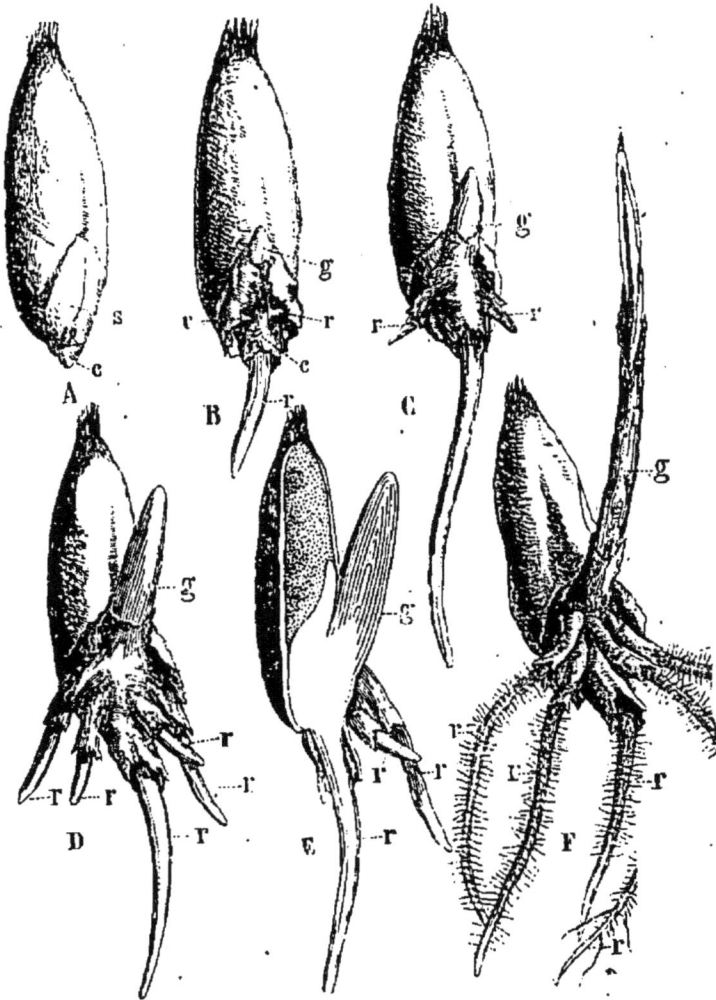

Fig. 22. — Germination du Blé. La série des figures A-F montre des états
de germination de plus en plus avancés.

A, fruit ou grain de Blé, dont les enveloppes sont ramollies; *s*, sac que doit traverser la gemmule; *c*, apparition de la coléorhize, étui qui recouvre la radicule chez
la grande majorité des plantes dont l'embryon n'a qu'un cotylédon; B, la radicule *r* a traversé la coléorhize *c*, d'autres racines *rr* sont encore contenues dans
leur fourreau, la gemmule *g* apparaît; C,D, les différentes parties ont pris de l'accroissement et sont désignées par les mêmes lettres; E, coupe verticale et médiane de la figure D, destinée à montrer la constitution de la gemmule et la présence de l'albumen; F, la tigelle s'est allongée; *g*, gaine de la feuille.

sède pas de radicule, il est obligé de vivre en parasite
sur le végétal qui le produit.

Les bourgeons développés en branches ou rameaux peuvent se terminer par une fleur, ou donner naissance à d'autres bourgeons qui se développent en rameaux, comme les premiers, et ainsi de suite. De sorte que, si l'on regarde l'axe développé de la tigelle comme un axe principal ou de première génération, les rameaux qui naîtront sur cet axe formeront la deuxième génération; ceux qui se montreront sur les axes de deuxième génération fermeront la troisième génération; ceux-ci produiront la quatrième génération, qui, elle-même, donnera la cinquième, etc., etc.

Telles se développent les familles ou les dynasties humaines; aussi, lorsqu'on veut tracer un tableau saisissant et fidèle de leurs divers représentants, dessine-t-on un arbre ramifié, un *arbre généalogique*, dont le tronc représente la souche, et les rameaux, les descendants des différentes générations.

Les plantes dont l'œuf est une spore ont une tout autre manière de naître; elles n'ont pas, à l'origine, cette figure d'embryon avec radicule, tigelle et cotylédon; elles sont représentées par un peu de matière organisée dont la nature est de développer du tissu végétal. Chaque spore a sa manière d'être, mais comme il est impossible de faire ici l'histoire de chacune, nous n'entretiendrons le lecteur que de quelques-unes de celles dont les évolutions ont été le mieux suivies.

Examinons tout d'abord une spore géante, une spore de grandes dimensions, si on la compare à d'autres, quoiqu'elle n'ait que 5/10 de millimètre de longueur, celle des Vauchéries[1]· Les Vauchéries sont

1. Le nom de Vauchérie a été donné à ces plantes par de Candolle,

ces filaments verts si abondants dans les étangs, les fossés, les eaux croupissantes, en général. A un moment donné de la fin de l'hiver ou du commencement du printemps, on voit se détacher d'un filament une petite vésicule ovoïde qui semble courir sur l'eau. Cette vésicule est une spore de la plante; le microscope la montre couverte, sur toute sa surface, d'une infinité de petits poils, de cils, qu'elle meut avec une extrême agilité et dont elle se sert pour progresser, comme d'autant de petites jambes. La petite masse vivante court de çà, de là, pendant quelques heures, quelquefois pendant un jour. Un peu d'iode, d'opium, ralentit ses mouvements, une plus forte quantité la tue. Enfin elle s'arrête contre un obstacle quelconque, s'y fixe et perd ses organes locomoteurs. Dès lors, tout déplacement total est aboli. La partie adhérente, qui est la portion

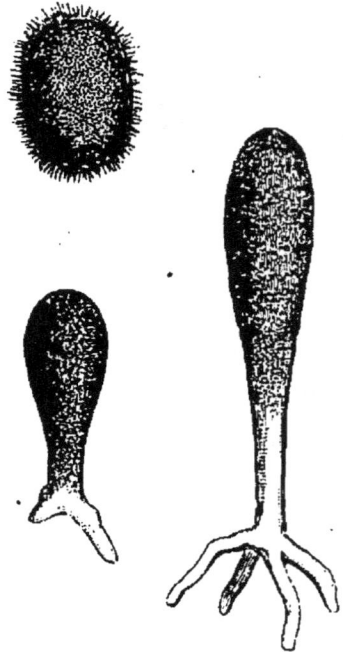

Fig. 23. — Vauchérie. — La figure supérieure représente une spore très grossie munie de cils : les deux autres montrent deux états successifs de la spore en germination.

la moins obtuse de la spore, s'arrondit, se dispose en crampon radiciforme, tandis que la partie opposée s'allonge en filament, se remplit de matière verte et devient bientôt une Vauchérie adulte.

en l'honneur du naturaliste Vaucher, de Genève, qui, le premier, en 1800, fit connaître le mouvement des spores.

Chez d'autres algues des étangs, et en particulier chez la Conferve agglomérée, les phénomènes sont plus surprenants encore. La spore est beaucoup plus petite; elle a la forme d'une toupie microscopique et présente à sa pointe deux jambes ou tentacules filiformes. Lorsqu'elle s'échappe du filament qui lui donne naissance, elle tombe sur ses pieds, court sur l'eau la pointe en avant avec un mouvement de trépidation énergique. La lumière exerce une influence sur la direction de sa marche; l'iode, l'opium, ralentissent ses mouvements ou la tuent; elle ne peut supporter ni un grand froid, ni une grande chaleur; enfin elle s'arrête, se fixe contre un morceau de bois, une autre plante, sur la paroi du verre de montre dans lequel on expérimente, en un mot, sur un obstacle quelconque; elle se fixe à cet obstacle par sa pointe, et l'extrémité opposée s'allonge en filament confervoïde.

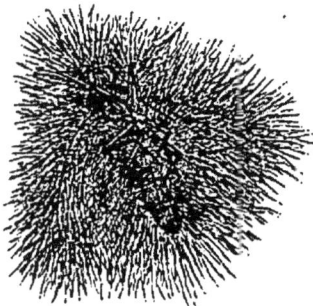

Fig. 24. — Mouche commune grossie, couverte de Saprolegnia fertile.

Il est une plante facile à développer, facile à se procurer, dont les spores montrent des phénomènes analogues; elle a reçu le nom de *Saprolegnia fertile*[1]. Pour l'obtenir, il suffit de jeter dans un tonneau de jardin ou dans une eau qui en provient une de ces mouches si ennuyeuses pendant l'été; bientôt le corps de la mouche est environné d'une multitude de filaments hyalins; ces filaments con-

1. Saprolegnia vient du grec σαπρός, pourri, et λευον, frangé.

stituent la *Saprolegnia*. A une certaine époque de leur vie, ces filaments contiennent une myriade de petits corps qui s'agitent, se poussent, se trémoussent, et dont le mouvement d'une foule turbulente dans un

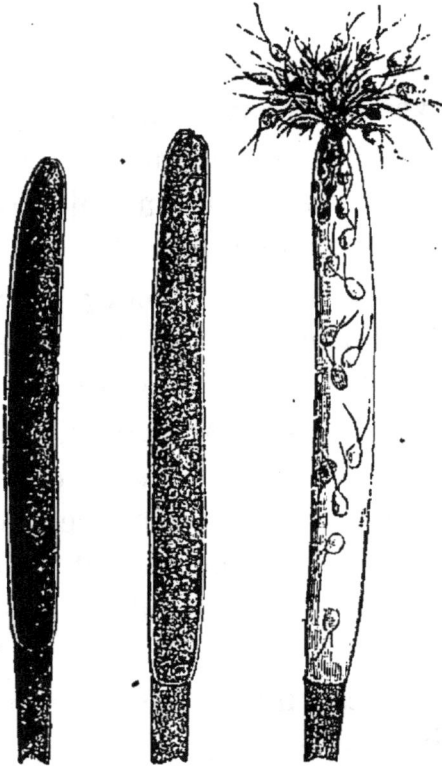

Fig. 25. — Sommité d'un filament très grossi de Saprolegnia fertile, dans trois états successifs.

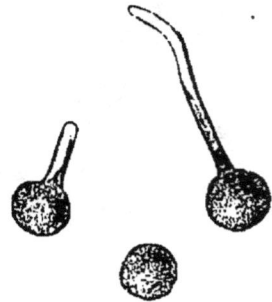

Fig. 26. — Saprolegnia fertile. Trois états successif de germination.

passage étroit ne donne qu'une faible idée. Enfin, l'extrémité libre du filament, frappée sans relâche, se déchire ; à l'instant même, s'échappe par cette barrière ouverte un flot de corpuscules qui ne sont autre chose que des spores ; les premières sortent tumultueusement, les dernières restent à l'intérieur du tube, errent sur les parois et semblent prendre leur temps;

Toutes ont la forme d'une petite toupie dont la pointe serait munie de deux longs cils. Arrivées sur l'eau, elles font mouvoir avec vitesse ces jambes grêles, si longues pour leur corps, et exécutent des courses vagabondes dont le microscope multiplie la vitesse. Quelques heures après, l'état de repos est arrivé, et les spores exécutent fatalement ce que celles qui viennent d'être décrites ont exécuté; elles s'adossent à un obstacle, perdent leurs jambes ou cils, s'arrondissent par leur point de contact, s'allongent par l'autre extrémité et deviennent des filaments hyalins semblables à ceux qui se développaient sur le cadavre émergé de la mouche.

L'esprit est stupéfié à la vue de ces phénomènes. Un petit globule vivant, né d'une plante, est doué de mouvement; il s'agite, va, vient, court : il semble animal. Une époque survient dans son existence où le mouvement cesse : il devient végétal et ne fournit que du tissu végétal.

Nous nous reportons involontairement à l'origine de l'animal. Qu'est-il d'abord, cet animal? — Un petit globule vivant qui s'échappe de l'organe glanduleux qui le fournit, qui tournoie aussi, parcourt une longue route et vient s'arrêter dans un repli d'un organe intérieur. Là, comme la spore, il devient immobile; c'est là qu'il vient se développer, élaborer les organes futurs de l'être dont il est le germe. Mais tandis que le corpuscule végétal devient l'Algue, le corpuscule animal devient l'animal, chat, lapin, chien, cheval, etc....

Les œufs dont il vient d'être question, graines ou spores, donnent, par leurs développements ultérieurs,

un être semblable à ceux qui leur ont donné naissance; il est des spores d'autre végétaux qui ne pro-
cèdent pas ainsi. On a essayé d'indiquer le phénomène qu'elles accomplissent en disant qu'elles deviennent un être qui ressemble non à sa mère, mais à
sa grand'mère. Ce mode de génération, bien connu depuis longtemps chez certains animaux, a reçu le nom
de *génération alternante*.

Les exemples en sont nombreux, si nombreux, si
faciles à constater, que tout le monde connaît des végétaux qui les produisent.

Quiconque a vu de près une Fougère adulte a sans
doute remarqué que la face inférieure de ses frondes
ou feuilles est garnie de points ou de lignes brunes,
ou encore que le sommet d'une branche est muni
d'un bouquet de globules roux. Sous ces points, ces
lignes, ou dans ces globules roux, sont de nombreux
petits corps sphériques ou polyédriques, à double enveloppe, qui constituent les spores de la Fougère; il
suffit de secouer une fronde adulte au-dessus d'un
papier blanc pour les voir tomber en énorme quantité. Lorsque ces spores sont placées sur du sable humide, à une température au-dessus de la moyenne,
elles absorbent l'humidité et il en résulte un gonflement intérieur. Le gonflement détermine la rupture
de l'enveloppe externe. L'enveloppe interne, plus élastique, profite de l'ouverture pour s'allonger en tube.
Ce tube, toujours très grêle, s'enfonce dans le sable et
fait office de racine ; il est à l'opposé d'un autre tube
qui naît aussi de la spore, mais qui prend des dimensions considérables. Celui-ci, d'abord simple filament,
se cloisonne, multiplie des cellules qui se placent les

3

unes à côté des autres pour former une expansion cel-
luleuse aplatie. Les racines se multiplient ; l'expansion
est d'abord transparente, elle prend ensuite la forme
triangulaire, puis elle se dispose ordinairement en
cœur, se remplit de matière verte, augmente ses dimensions et présente un aspect qui rappelle celui d'une
feuille ; elle constitue le *prothalle* ou
le *proembryon* de la Fougère.

Tel est le résultat de la germination
de la spore.

Le prothalle n'a qu'une existence
temporaire ; jamais il ne devient cette
Fougère gracieuse aux frondes entières
ou découpées ; mais il peut l'engen-
drer. Il contient, dans quelques-unes
de ces cellules, deux organes séparés
qui, par leur action réciproque, amè-
neront cette végétation spéciale. L'action n'a-t-elle pas
lieu : la plaque végétale se dessèche et meurt sans postérité. L'action s'exerce-t-elle convenablement : alors
la vésicule incluse qui l'a subie grossit considérablement ; elle distend la cellule qui la contient et la
rompt ; elle s'allonge par le bas pour devenir racine
et par le haut pour former tige et feuilles. Avec le
temps, de nouveaux tissus se développent, les frondes
ou feuilles s'étalent et les spores apparaissent. Ces
nouvelles spores sont de mêmes nature que celles dont
la germination nous avait donné des prothalles. A
leur tour, elles pourront germer, reproduire des plaques vertes qui, elles-mêmes, donneront de nouvelles
Fougères.

Un exemple plus surprenant encore est fourni par

Fig. 27. — Prothalle
donnant naissance
à une Fougère
(*Trichomanes*).

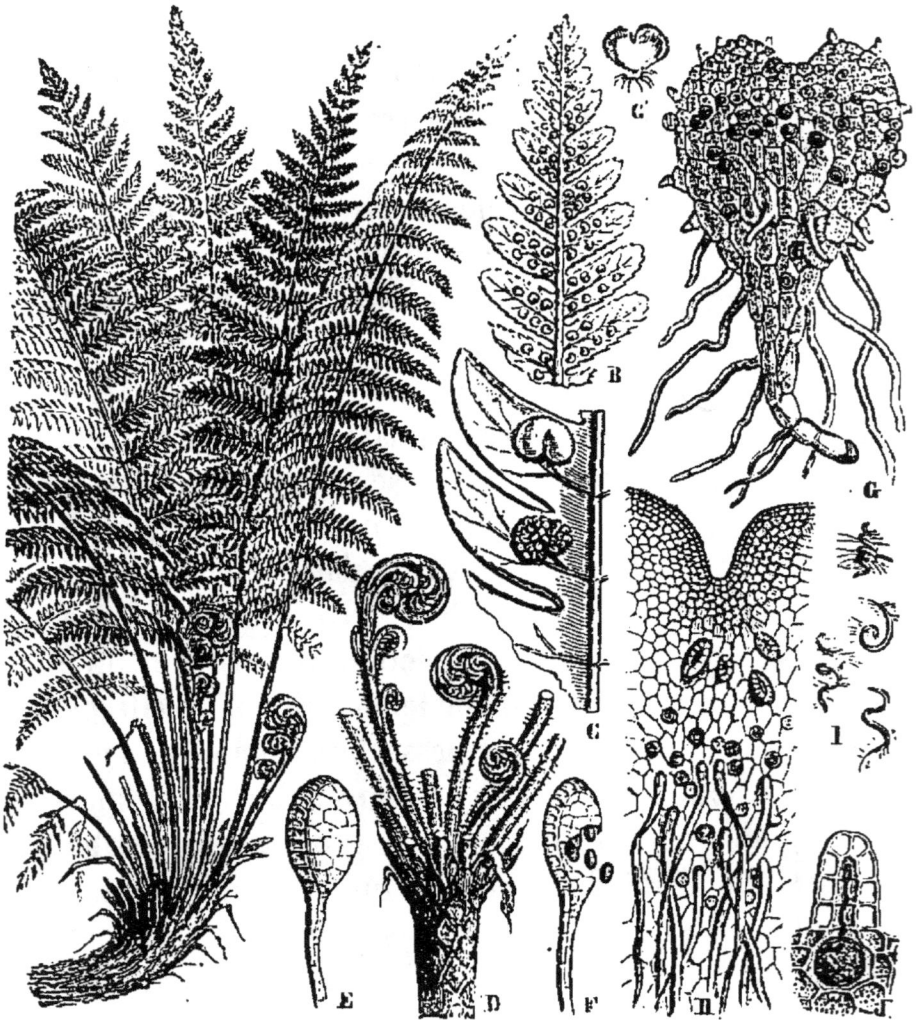

Fig. 28. — Différentes parties de la fougère dite Fougère mâle
(*Polystichum filix mas*).

A, port de la plante; B, portion de fronde montrant sur sa partie inférieure des
amas de sacs (sores) contenant des spores; C, portion de fronde montrant plus
distinctement les groupes de sacs à spores; l'un des groupes est recouvert par
une membrane (indusie), l'autre en est dépouillé; D, jeunes frondes enroulées en
crosse; E, sac à spores ou sporange; F, sac à spores laissant échapper les spores;
G, prothale grossi résultant de la germination d'une spore; G', prothalle de gran-
deur naturelle; H, portion très grossie du prothalle vu par la face inférieure, et
montrant les organes dont l'action réciproque détermine le développement de la
fougère; I, formes diverses de l'un de ces organes en mouvement et privé de sa
sphère terminale; J, vésicule incluse, dans laquelle commence le développement
de la Fougère.

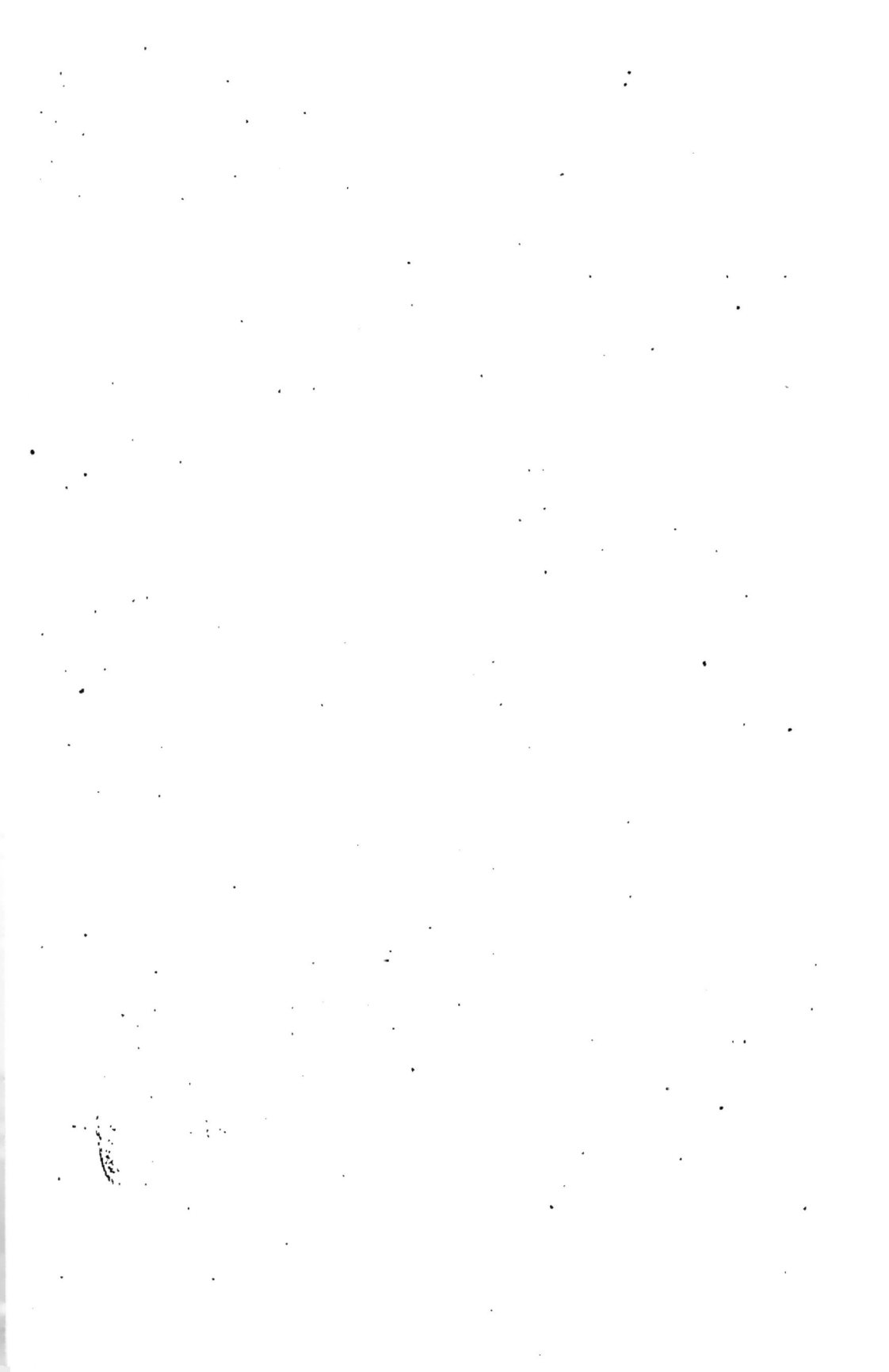

les Prêles, plantes communes dans les champs humides, les marécages, les fossés, les bois humides, certains lieux sablonneux, sur les berges des rivières, etc., et qu'on nomme vulgairement, selon la forme de chacune, *Queue-de-rat*, *Queue-de-cheval*, etc.

L'extrémité des rameaux de ces plantes se termine ordinairement par une sorte d'épi ou de renflement fusiforme. Ce renflement est formé par un plus ou moins grand nombre d'écailles pédiculées qui simulent des clous enfoncés perpendiculairement dans la tige. A la face interne de l'écaille qui représente la tête du clou, existent de petites poches qui logent les spores. Lorsqu'on regarde ces spores au microscope, avant leur sortie, elles ont tout d'abord la forme d'une petite sphère allongée sur laquelle seraient enroulés en spirale dextre deux fils terminés en spatule à leurs extrémités. Selon que la plaque de verre sur laquelle les corpuscules ont été placées est sèche ou humectée, les fils se déroulent ou s'enroulent, et l'on devient le témoin de très gracieux mouvements circulaires en sens opposés. Enfin, si la sécheresse est assez grande et la spore bien vivante les deux fils se déroulent brusquement et lancent la spore au loin.

Cette spore lancée tombe dans l'eau ou sur la terre humide ; dès ce moment, le rôle des fils (élatères) est terminé.

Au bout d'un ou de plusieurs jours, la spore se débarrasse de son enveloppe externe ; un des points de sa surface s'élève en petit bouton, puis s'allonge en un filament qui constitue une racine. Le reste de la spore se segmente, grandit, développe un plus ou

moins grand nombre de cellules dans lesquelles se
montre en abondance de la matière verte. Les racines
se multiplient, et bientôt le tout est devenu une plaque
très irrégulière qui constitue le *prothalle de la Prêle*.

Tandis que les prothalles des Fougères contiennent les deux sortes de corps dont l'action réciproque
détermine la naissance de la plante à spores, ceux des
Prêles ne contiennent le plus souvent qu'une sorte de
ces mêmes corps. L'action a lieu entre les corps de
nature différente de deux plantes voisines. De ces deux
plantes ou prothalles, l'une meurt après que l'action
réciproque a eu lieu, l'autre reçoit une nouvelle vie.
dans une de ces cellules; en ce point, il se fait un
allongement qui devient racine et un autre qui devient tige. La tige s'élève ou s'allonge, donne des rameaux, représente exactement la Prêle de l'avant-der-
nière génération et donne, comme elle, des spores
qui, en germant, produiront un prothalle.

Les Champignons se reproduisent aussi par spores,
mais d'une manière différente de celle des Fougères
et des Prêles. Il est d'observation journalière qu'ils se
développent avec une grande rapidité ; chacun a pu
voir dans un endroit de son jardin de nombreuses
têtes de Champignons qui n'existaient pas la veille ;
les populations des campagnes ont souvent remarqué
le matin, dans les prairies, de nombreux champignons
développés pendant la nuit et disposés en cercle. Dans
une époque d'ignorance, on a vu avec un grand effroi
ces *cercles magiques*, ces *cercles de sorcières*, qui
établissaient, disait-on, la preuve d'un sabbat récent,
qui disparaissaient, puis reparaissaient plus tard, toujours de plus en plus agrandis.

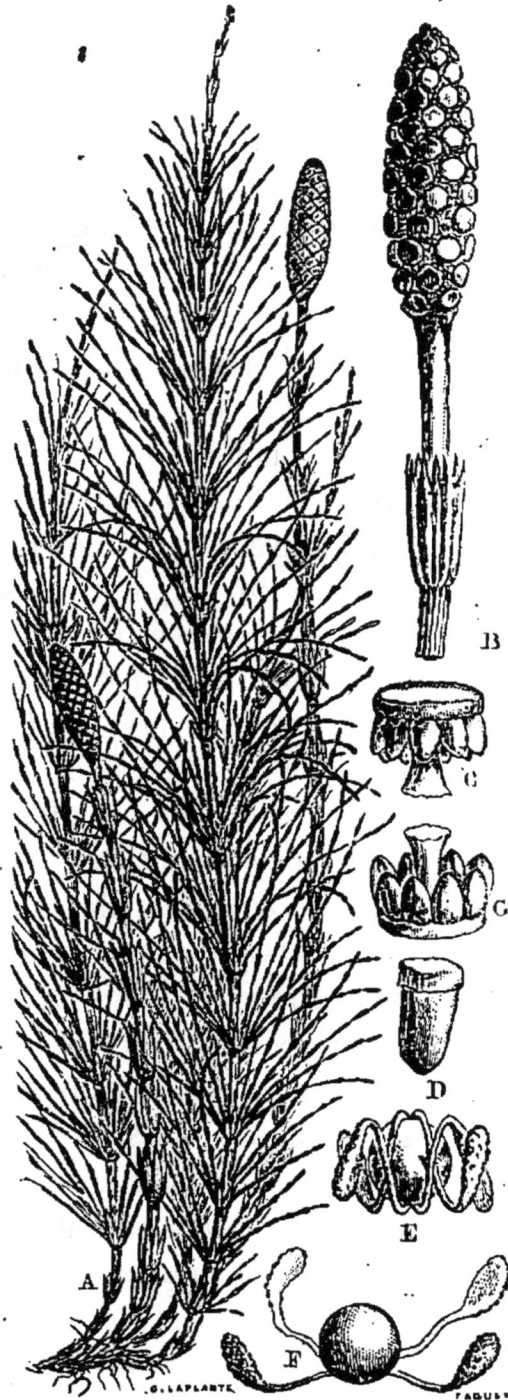

Fig. 29. — Prêle.

A, port de la plante; B, extrémité de rameau terminé par un épi; C, l'une des écailles détachée de l'épi et garnie de poches; C', la même écaille renversée; D, l'une des poches; E, une spore enroulée par les deux fils ou élatères; F, une spore dans le moment où elle est lancée.

De tout temps, les observations incomplètes ou faites par des personnes à esprit non indépendant, ont amené les plus sottes absurdités.

Reconnaissons que ce qu'on appelle habituellement le champignon, ce que nous mangeons dans l'Agaric de couche, le Cep, la Morille, ce qui, enfin, a la forme d'un chapeau ou d'une pyramide pédiculée, n'est pas tout le champignon ; ce n'en est qu'une portion. C'est quelque chose d'analogue au groupe de fleurs ou de fruits d'un arbre ou d'un arbuste. Nous ne voyons pas ordinairement les branches, les organes de végétation du Champignon ; ces parties sont cachées ; elles sont placées sous terre, consistent souvent en filaments plus ou moins allongés, grêles, entre-croisés, et constituent ce que les maraîchers appellent le *blanc de Champignon*. Le blanc est placé entre des couches de fumier comme des branches ou boutures de rosier sont enfoncées en terre, afin de favoriser le développement de la plante et d'amener la production de fleurs et de fruits. Le blanc de Champignon végète assez lentement, mais, à une époque donnée, il fournit de nombreux organes de fructification, organes qui constituent, comme il a été dit plus haut, la partie visible, la partie extérieure du Champignon.

Si l'on pense à la multitude de fleurs ou de fruits qui se montrent en peu de temps sur un Noyer, sur un Cerisier, sur un Pommier, il devient moins étonnant de voir la croissance spontanée de quelques têtes de champignon sur les organes de végétation de la plante.

Le blanc de Champignon peut persister ou se renouveler longtemps dans une même couche óu un même

terreau ; les filaments grandissent, et leur vitalité paraît se retirer vers les parties les plus nouvelles, les

Fig. 50. — Blanc de Champignon produisant des têtes de Champignon à
différents états de développement. Les spores, invisibles dans cette figure.
sont placées sur les lames rayonnantes situées sous le chapeau.

plus périphériques. C'est ce qui explique le fait de
l'élargissement, année par année, du prétendu cercle
des sorcières.

S'il nous était permis de tenir plus longtemps le
registre des naissances·des plantes, que de choses curieuses nous aurions à raconter ! Combien de mani-
festations diverses de la vie nous aurions à énumérer !
Mais les plantes ne sont pas merveilleuses seulement

en naissant; elles le sont aussi en se nourrissant, en respirant; elles le sont dans leur vie individuelle et dans leur vie sociale. Le peu d'espace laissé à notre disposition ne nous permet qu'un rapide coup d'œil

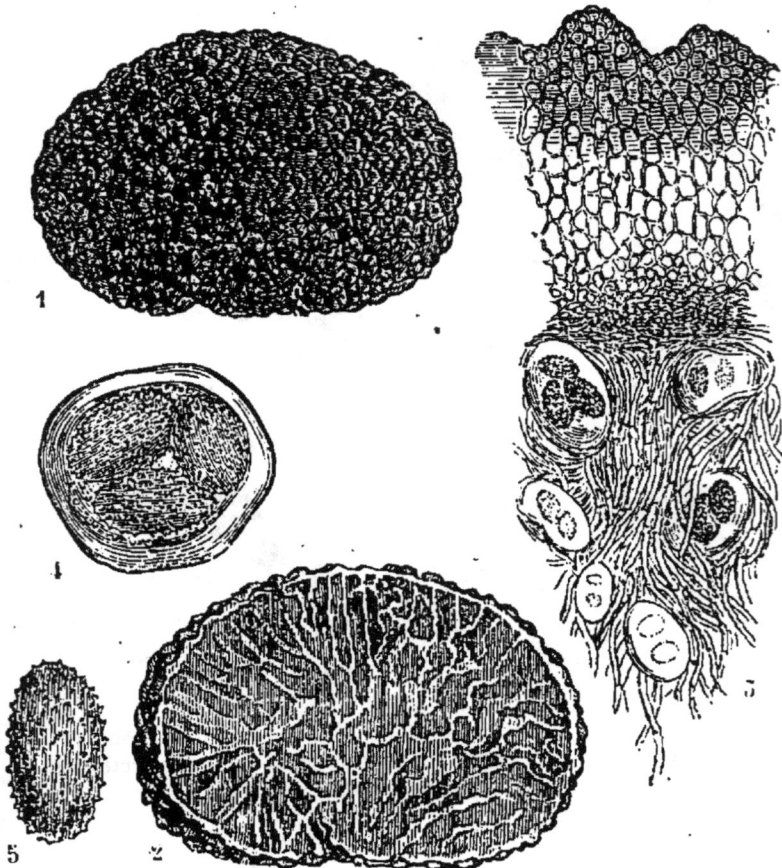

Fig. 31. — Truffe.

1, Truffe entière; **2**, truffe coupée verticalement, montrant les canaux aériens intérieurs; **3**, coupe montrant le tissu considérablement grossi et les sacs à spores; **4**, sacs à spores; **5**, spore.

sur chaque sujet. Que le lecteur nous supplée, qu'il essaye d'observer, et bientôt de nouveaux horizons se développeront devant son esprit charmé.

CHAPITRE III

LES PLANTES SE NOURRISSENT

Il faut manger pour vivre...
MOLIÈRE.

Une plante qui n'est pas nourrie meurt ; c'est un fait que nous montre trop souvent la négligence des jardiniers. Lorsqu'une plante n'est pas arrosée suffisamment, elle prend un aspect triste, ses belles couleurs changent, ses feuilles s'abaissent et jaunissent ; elle est dans un état évident de maladie. L'arrose-t-on convenablement, ses feuilles se relèvent peu à peu et reverdissent ; elle reprend sa franche allure. Mais si la sécheresse a été portée trop loin, ses tissus sont devenus incapables de reprendre leurs fonctions, et la plante meurt d'inanition au milieu de l'abondance.

N'en est-il pas de même pour l'homme ? Ne voyons-nous pas tous les jours les pâles et tristes enfants des rues reprendre, avec la nourriture, leurs couleurs vermeilles et la gaieté ? Mais lorsque la faim est poussée trop loin, des désordres affreux éclatent ; les idées se troublent, la figure se ride et devient terreuse, les yeux prennent l'aspect vitré, le corps exhale une odeur fétide, la température s'abaisse considérablement et les aliments apportés trop tard ne peuvent sauver de la mort le famélique affaibli.

Les plantes doivent donc se nourrir. En quoi consiste leur nourriture?

Puisqu'un arrosage bien fait suffit souvent seul pour ranimer un végétal qui souffre de la disette, il devient évident que l'eau joue un grand rôle dans la nutrition.

Les animaux (à l'exception de quelques-uns placés au plus bas degré de la série zoologique) ont une bouche qui est l'ouverture de leur canal digestif; c'est dans la bouche qu'est introduit l'aliment solide ou liquide. Là, ainsi que dans les différentes parties de la cavité digestive, cet aliment subit des modifications qui lui permettent de passer dans le sang de l'animal, afin de concourir plus tard à la réparation des pertes que subit l'individu et à son accroissement. Chez les plantes, il n'existe pas de bouche, et c'est à travers leurs parois, leur substance, que la matière nutritive doit pénétrer. Or, pour qu'une matière traverse un tissu sans le déchirer, elle ne peut être de nature solide, il faut qu'elle soit gazeuse ou liquide; si elle était solide, elle ne serait absorbée qu'après avoir été préalablement dissoute. On comprend très-bien qu'un morceau de sucre ne puisse, sans la déchirer, passer à travers une membrane, mais s'il est dissous, la matière sucrée traverse la membrane avec le liquide.

La nourriture des plantes ne peut donc être solide:

elle est gazeuse ou liquide, ou consiste en substances dissoutes.

L'eau est le dissolvant le plus commun et le mieux approprié aux besoins de la plante ; elle est indispensable à la végétation.

Toutes les plantes ont pour éléments l'oxygène, l'hydrogène, le carbone, l'azote et un certain nombre d'autres corps souvent en proportions fort variables ; toutes réclament donc, pour vivre, de l'oxygène, de l'hydrogène, du carbone, de l'azote, etc., et elles prennent, selon les lois de la diffusion, ces substances, libres ou combinées, à l'air qui les entoure et au sol qui les porte, pour en faire mille combinaisons diverses.

De même que les animaux, les plantes préfèrent telle nourriture à telle autre ; chacune prend celle qui convient le mieux au développement de ses tissus ou à son entretien. C'est ce qui explique pourquoi tel arbre croît magnifiquement dans un terrain et est rabougri dans un autre de composition différente. D'après les observations faites par le prince de Salm-Horshmar sur l'Avoine, « sans terre siliceuse, cette plante ne peut acquérir assez de résistance pour se soutenir, c'est à peine si elle forme une tige couchée, lisse et pâle ; sans terre calcaire, elle meurt déjà à l'apparition de la seconde feuille ; sans soude et sans potasse, elle n'atteint guère que la hauteur de $0^m,09$; sans terre alumineuse, elle reste faible et couchée ; sans phosphore, elle devient bien droite, régulièrement constituée, mais elle demeure néanmoins faible et ne porte pas de fruits ; sans fer, elle reste très pâle, faible et irrégulière ; avec du fer, elle prend, au plus haut degré, la teinte vert foncé et elle devient luxuriante de vigueur, roide et rude ; sans manganèse, elle n'atteint pas tout son développement et produit peu de fleurs. » (Karl Müller.) Ce qui a été fait pour l'Avoine a été fait également pour un grand nombre de plantes. En multipliant encore les expériences, on parviendrait à donner à un sol les plantes qui lui conviennent le mieux, ou à faire, pour chaque plante, un terrain artificiel qui permettrait d'espérer les plus belles récoltes. Nous verrons plus loin que les végétaux, à l'état sauvage, ne croissent que dans les endroits dont la composition est en rapport avec la leur, mais il ne faut pas croire qu'il suffise de connaître l'analogie de composition du sol et de la plante, pour affirmer que, même en suivant les indications théoriques, on obtienne un végétal vigoureux : les conditions de végétation ne dépendent pas seulement du sol, elles dépendent aussi de l'exposition, de la latitude et de mille circonstances que les gens pratiques seuls peuvent apprécier.

Étant connue la forme sous laquelle est absorbée la nourriture, il reste à connaître la voie d'absorption.

Toutes les surfaces vivantes des végétaux peuvent absorber plus ou moins. Certaines plantes, telles que les Lichens, qui sont étalés sur des pierres insolubles, qui sont privés de racines, puisent toute leur nourriture dans l'air atmosphérique ; la voie d'absorption est donc toute la surface du végétal. D'autres plantes, celles qui sont le plus connues, absorbent non seulement par leurs surfaces aériennes, mais aussi par leurs racines. C'est bien à tort, cependant, qu'on a

cru l'extrémité des racines terminée par une petite
bouche nommée *spongiole;* non seulement il n'existe

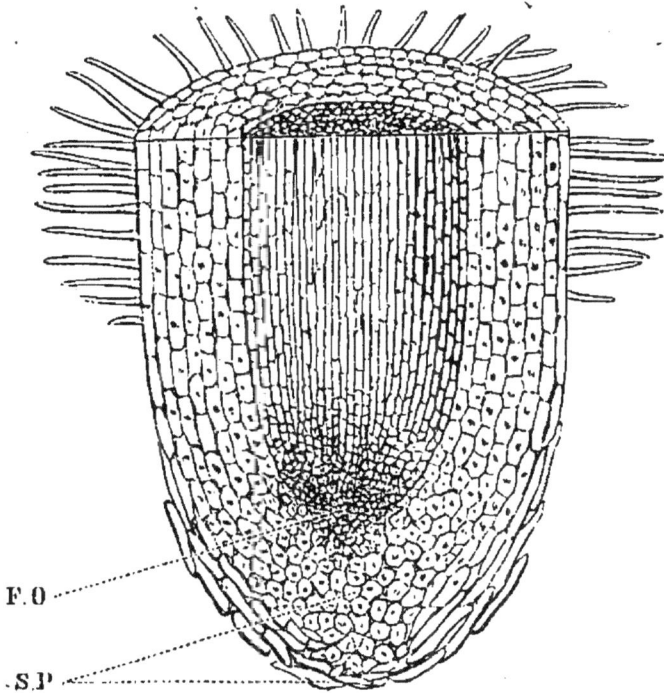

Fig. 52. — Extrémité de racine coupée verticalement et vue au microscope.
Elle montre les poils radicaux, la coiffe ou piléorhize SP et la portion
absorbante FO.

pas de bouche, mais l'absorption n'a même pas lieu
en cet endroit. En effet, cette portion de la racine est
revêtue d'une sorte de coiffe (*piléorhize*[1]), qui ne
permet pas à l'aliment de s'introduire; ce n'est qu'*un
peu plus haut* que l'absorption peut s'effectuer, c'est
là seulement que la racine s'allonge, c'est là que le
tissu est toujours nouveau, toujours vivant, c'est par
là et aussi par des poils qui se montrent temporaire-
ment sur les jeunes racines, que les gaz, les liquides
et les substances dissoutes sont absorbés.

1. De πίλος, chapeau; ρίξα, racine.

En résumé, les racines jouent le principal rôle dans l'absorption des aliments.

Il suit des notions précédentes qu'une plante à laquelle on aurait retranché brusquement la partie in-

Fig. 35. — Navet. Racine pivotante.

férieure des racines serait le plus souvent incapable de se nourrir. Aussi voit-on les jeunes Laitues s'étioler, lorsque des larves d'insectes ont attaqué cette portion de leur individu ou que des animaux insectivores l'ont déchirée sur leur passage. Si un jardinier malhabile arrache brusquement une jeune plante, de manière à casser la partie inférieure des racines, il replantera en vain la blessée ; privée d'organes d'absorption, la malheureuse plante est vouée à une mort certaine.

Quelle est la disposition des racines ?

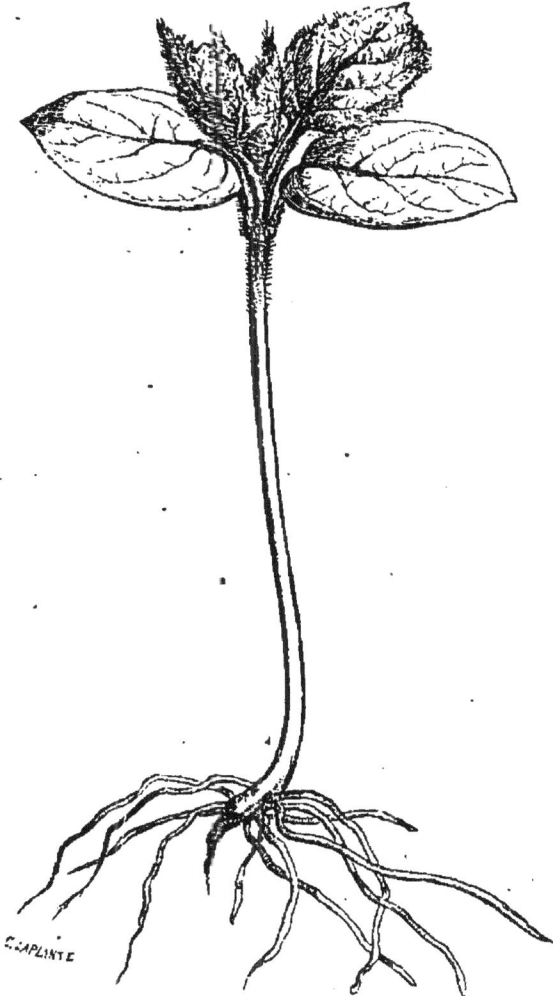

Fig. 54. — Jeune Melon. Racine fasciculée.

Les racines, ou organes d'absorption dans le sol, sont plus ou moins nombreuses, plus ou moins longues, affectent des dispositions différentes, selon la plante qu'on examine. Ayons devant les yeux des

Radis, des Carottes, des Navets, formant un groupe ;
une Oseille, des Melons, des Giroflées, des Choux-
fleurs, formant un autre groupe : nous remarquerons
que, dans le groupe n° 1, chaque plante a une grosse
racine s'enfonçant verticalement dans le sol et formant *pivot*, que sur ce pivot sont d'autres petites racines placées avec beaucoup de régularité, mais à peine
développées, souvent même atrophiées ; dans le groupe
n° 2, le pivot est fort court, les racines qui en naissent
sont, au contraire, bien développées, longues, rayon-
nent sous le sol presque à sa surface, se multiplient
à leur tour et forment *faisceau ;* l'ensemble des dernières ramifications ressemble même à une perruque
et a mérité le nom de chevelu. On dit des premières
plantes qu'elles ont une *racine pivotante*, et des
secondes qu'elles ont une *racine fasciculée*. Celles-
ci ont de nombreux organes d'absorption peu volumi-
neux ; celles-là n'ont, pour ainsi dire, qu'un organe
unique.

Cette distinction dans la disposition des racines
explique bien des faits et peut servir de guide dans
de nombreuses opérations de culture.

Voulez-vous arroser une plante à racine pivotante,
comme la Betterave, versez l'eau à son pied même ;
votre plante a-t-elle une racine fasciculée, comme le
Melon, répandez l'eau en différents endroits, à quelque distance et tout autour du pied.

Avez-vous à planter des arbres au bord d'un
champ, pour ombrager une route, il sera bon de
n'employer que des arbres à racines pivotantes ; si
vous plantiez des arbres à racines fasciculées, les di-
visions de ces racines, en rayonnant dans le champ,

y prendraient la nourriture des plantes qui y sont
cultivées.

L'expérience a démontré que lorsqu'on cultive la
même plante pendant plusieurs années dans un même
champ, les récoltes s'affaiblissent. L'une des causes
de cet affaiblissement tient à l'épuisement du sol au
niveau occupé par la partie inférieure des racines.
A-t-on cultivé des céréales, comme le Blé, le Seigle :
c'est la nourriture de la partie superficielle du sol qui
a été enlevée par les racines fasciculées de ces plantes ; a-t-on cultivé de la Luzerne : c'est la nourriture
d'une partie profonde qui a été épuisée par les racines
pivotantes de cette herbe fourragère. Voilà pourquoi,
en agriculture, il est souvent déraisonnable de faire
succéder des Céréales aux Céréales, des Betteraves
aux Betteraves ; qu'il est logique, au contraire, de
faire alterner des plantes à racines pivotantes avec
des plantes à racines fasciculées. C'est en partie sur
ces faits que repose le système des *assolements*,
système qui consiste à cultiver dans une certaine période de temps, et successivement, un certain nombre
de plantes, système qui a fait faire un grand pas à
l'agriculture, en supprimant les jachères et les trans-
port des terres.

S'agit-il de déraciner un arbre pour le transplanter : l'opération sera le plus souvent inutilement ten-
tée si on l'exécute sur un arbre à racine pivotante,
car la partie inférieure de la racine, trop fragile et
située trop profondément, est nécessairement cassée.
L'opération aura plus de chances de réussite si l'arbre
a une racine fasciculée ; car si quelques-unes des racines sont détruites, d'autres n'auront subi aucune

mutilation. Il y aurait donc avantage à savoir transformer la racine pivotante d'une plante en racine fasciculée. La nature, qui raconte toujours ses secrets à ceux qui savent l'interroger, va nous enseigner les moyens qu'elle emploie. Lorsque l'extrémité d'une racine pivotante rencontre un obstacle infranchissable, lorsqu'elle se dessèche peu à peu sous l'influence d'une cause quelconque, la plante à laquelle elle appartient n'en continue pas moins sa végétation : elle se soumet à cette grande loi du monde organique, loi qui veut que lorsqu'un organe s'atrophie ou se détruit, l'organe voisin ne fasse qu'y gagner ; elle développe les racines nées sur la partie supérieure du pivot et devient ainsi une plante à racine fasciculée. Imitons la nature, détruisons l'extrémité des racines pivotantes à un moment convenable, plaçons sous le sol un pavé qui gêne leur développement vertical, nous faciliterons l'accroissement des racines secondaires, tertiaires, etc., de la partie supérieure du pivot ; en un mot, d'une plante à racine pivotante nous ferons une plante à racine fasciculée.

Les transplantations, qui ne se faisaient autrefois que lorsque les plantes étaient jeunes, s'exécutent aujourd'hui même avec de vieux arbres. Pour les faire avec succès, on détache du sol, autour de l'arbre à transplanter, la masse de terre dans laquelle se trouvent les racines, on soulève à la fois l'arbre et la terre qui le nourrit, on transporte le tout, et l'on dépose la masse de terre dans un trou préparé d'avance. L'arbre continue de croître, car ses racines sont intactes et elles puisent leur nourriture dans un sol qui leur convient.

Il n'est plus entièrement juste de dire avec Virgile :

Jam quæ seminibus jactis se sustulit arbos
Tarda venit, seris factura nepotibus umbram.

L'arbre qu'on a semé, croissant pour un autre âge,
A nos derniers neveux réserve son ombrage.

Et le reproche que les jeunes gens du bon La Fontaine adressaient au vieillard planteur aurait plus tort que jamais. Il ne faut plus attendre de longues années pour le développement des allées ombragées, quelques jours suffisent. Là où hier était un quartier populeux, se voit aujourd'hui un square aux arbres majestueux, aux arbustes touffus, aux fleurs nombreuses.

L'eau qui est puisée par les racines dans le sol contient des proportions fort variables d'acide carbonique, de sels ammoniacaux, des sels de soude, de potasse, etc., etc. Cette eau s'élève sous le nom de *seve* dans l'intérieur de la plante avec une intensité qui est plus considérable à deux époques de l'année : au printemps et à la fin de l'été; de là les dénominations de sève du printemps et de sève d'août.

On pourrait, en pratiquant, au moyen d'une tarière, des trous dans l'intérieur d'un tronc d'arbre vivant, s'assurer de l'existence de la sève; on verrait ce liquide s'écouler par l'ouverture pratiquée. Mais il suffit de passer au printemps dans les taillis, pour remarquer que de toutes les sections récentes de tiges ou de branches la sève s'échappe en très grande abondance. C'est à la sève de la Vigne qu'a été donné le nom de *pleurs*, lorsque ce liquide sort, au mois de mars, des rameaux nouvellement taillés. La force

avec laquelle s'élève le liquide dans l'intérieur des
végétaux est si grande que,
d'après Halles, la sève d'un cep
de Vigne a pu soulever une
colonne de mercure jusqu'à un
mètre de haut, ce qui équivaut
à une pression capable d'élever
une colonne d'eau de même
diamètre à près de 14 mètres
de hauteur. Si un seul cep de
Vigne produit une force si considérable, combien doit être
grande celle que développent
au même moment tous les vi-
gnobles réunis de la Bourgogne et de la Champagne! Les
grands volants de nos machines
à vapeur, les chocs impétueux
des colonnes de cavalerie, les
tempêtes épouvantables des régions équatoriales ne sont rien,
en comparaison de l'immense
force déployée par tous les
végétaux réunis pour l'ascension
de leur sève.

Quelle est l'origine de cette
force déployée?

Cette origine est multiple. L'é-
vaporation de la surface, l'épais-
sissement successif des liquides

Fig. 55. — Expérience de Halles pour mesurer la force
d'ascension de la sève.

absorbés, déterminent des vides relatifs qui sont pour
quelque chose dans l'accomplissement des phénomènes.

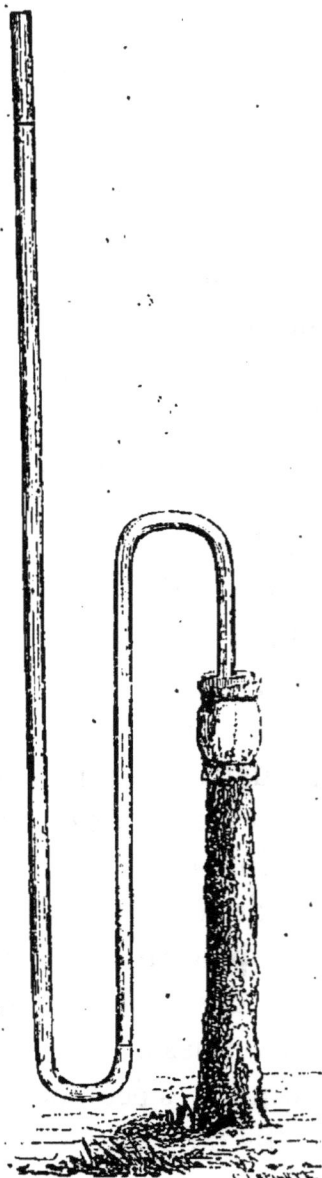

On sait aujourd'hui qu'aucune action chimique ne s'accomplit sans chaleur, que la chaleur peut se transformer en mouvement, comme le mouvement peut se transformer en chaleur; on sait aussi que la chaleur peut se traduire en électricité qui, à son tour, peut produire les combinaisons chimiques ou les détruire.

Or, la plante est le siège d'innombrables actions chimiques; ici, c'est de l'acide carbonique qui se forme; là, c'est de l'amidon, du sucre, ou encore un acide, un alcali, un sel, etc.; il se produit donc une immense quantité de chaleur. Toute cette chaleur ne se révèle pas au thermomètre, la majeure partie se transforme en une force, dont la sève profite pour s'élever dans les parties les plus périphériques du végétal et dans les feuilles. C'est surtout dans ces derniers organes que le liquide emprunté au sol subit l'influence de l'air atmosphérique; c'est là qu'il se débarrasse, sous forme de vapeurs, de la trop grande quantité d'eau contenue. Après une foule d'élaborations diverses, la sève va concourir à l'accroissement du végétal : tantôt elle traverse les parois des cellules et en alimente l'activité; tantôt elle se rend à la base des bourgeons, ou dans les racines, les rameaux, les feuilles, etc., et s'y emmagasine pour constituer des greniers d'abondance, qui serviront à la végétation future; tantôt elle circule entre le bois et l'écorce, dépose des couches de bois sur le bois, et des couches d'écorce contre l'écorce.

Une preuve que la sève change vite de composition, une fois entrée dans le végétal, c'est que si on la recueille à une certaine hauteur, on la trouve toute modifiée. Elle est beaucoup plus dense. Celle du Bouleau, par exemple, contient déjà, à un mètre de hauteur, une notable proportion de sucre, celle du Bananier a une saveur astringente et rougit le tournesol. M. Boussingault, qui a analysé la sève de cette dernière plante, y a trouvé de l'acide gallique, de l'acide acétique, du chlorure de sodium, des sels de chaux, de potasse et de la silice.

La transformation de la sève en tissu végétal se fait parfois avec une promptitude inouïe ; les Pois, les Haricots peuvent acquérir en un mois tout leur développement ; les *Ferdinanda* s'élèvent rapidement à une grande hauteur. Mais rien n'égale la rapidité de la végétation dans les régions tropicales : quelques jours suffisent pour le complet développement de plantes géantes. L'œil peut suivre l'allongement du Bambou, comme il suit le mouvement d'une aiguille d'horloge sur un cadran de grand diamètre ; j'ai vu (1866) dans la serre Jacquemont, au Jardin des Plantes de Paris, un rameau de Bambou s'allonger de 0^m,59 en un jour.

CHAPITRE IV

LES RACINES ADVENTIVES

Aide-toi, le ciel t'aidera.

Dans un grand nombre de plantes, et en particulier chez les Lis, les Oignons, les Primevères, les racines se détruisent à la fin de la première époque végétative ; dès lors, ces plantes ne peuvent plus puiser leur nourriture dans le sol, elles restent pendant l'hiver dans un état de vie latente. Au printemps suivant, de nouvelles racines apparaissent, qui rempliront le rôle des anciennes. Ces nouvelles racines naissent sur la tige ; on les appelle des *racines adventives*. La nature, en mère prévoyante, a multiplié les organes d'absorption chez les plantes dont la racine ordinaire peut se détruire ; elle a fait de même chez celles qui ont une racine trop faible pour subvenir à la nourriture ; elle leur a donné des racines adventives qu'elle a placées sans ordre, tantôt sur les tiges, tantôt sur les rameaux, tantôt sur les feuilles, tantôt sur les vraies racines, enfin sur toutes les parties du végétal.

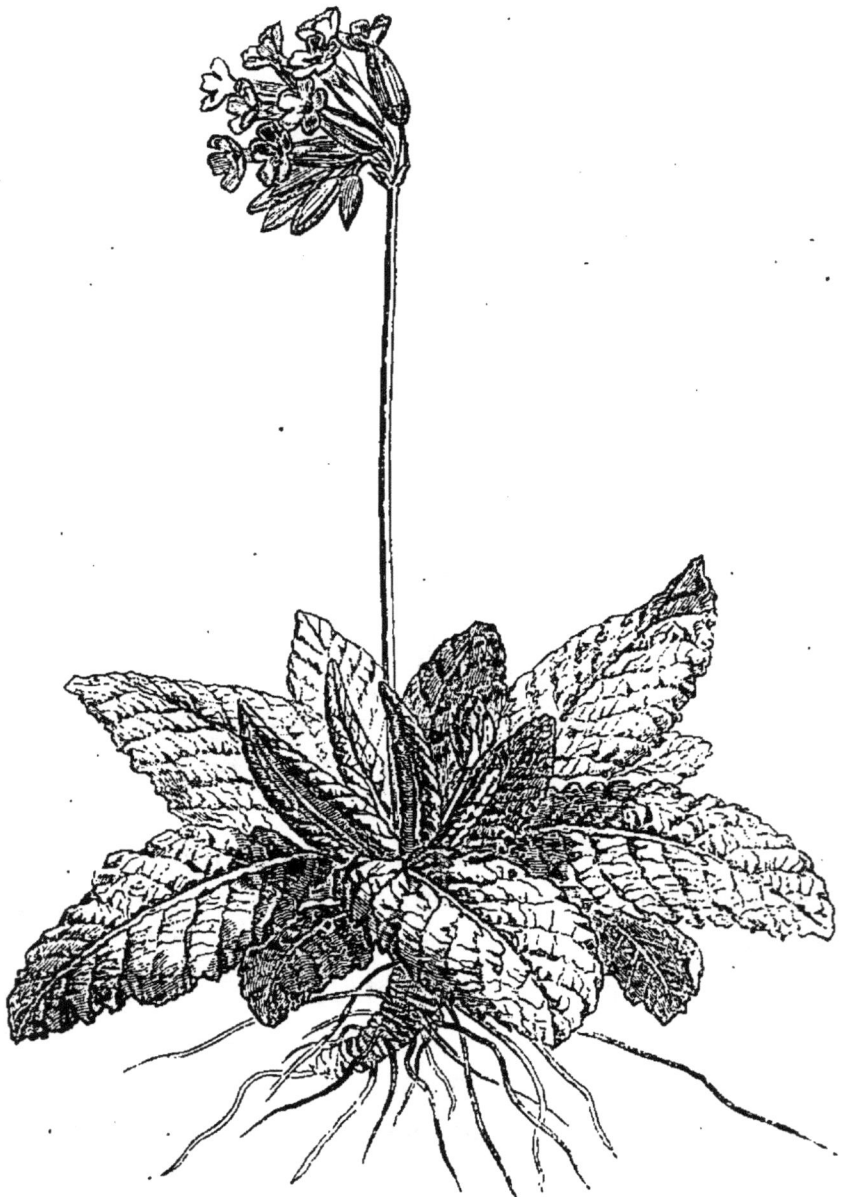

Fig. 36. — Primevère commune arrachée au printemps. Sa racine s'est détruite, la base de la tige produit de nombreuses racines adventives.

En variant les attaches, elle a multiplié les formes et produit les aspects les plus divers.

Le Lierre, qui est si recherché pour tapisser nos murs de clôture, à la campagne, a une tige grêle, destinée souvent à s'élever à une grande hauteur. Afin de maintenir cette tige appliquée, il s'établit sur sa surface de contact de très-nombreuses racines adventives qui sont pour le Lierre autant de crampons solides établissant l'adhérence. Si la surface de contact reçoit assez d'humidité, les crampons concourent avec la racine à l'absorption de la plante, parfois même ils la remplacent complètement. Il n'est donc pas étonnant que le sommet d'un pied de Lierre continue sa végétation lors même que sa

Fig. 57. Bulbe de Lis arraché au commencement de l'été. Ses racines adventives sont fort développées.

base a été détruite; dans ce cas, la nutrition se fait par les racines adventives.

Dans les contrées intertropicales, la végétation la plus luxuriante exagère les phénomènes. Ici, au milieu d'un fourré épais, une liane frêle et flexible grimpe autour d'un arbre puissant et parvient à la cime pour y recevoir les bienfaisants rayons solaires; là, baignée d'air, elle se sent à l'aise, étale ses feuilles, se jette de çà, de là, comme un serpent, sur le haut

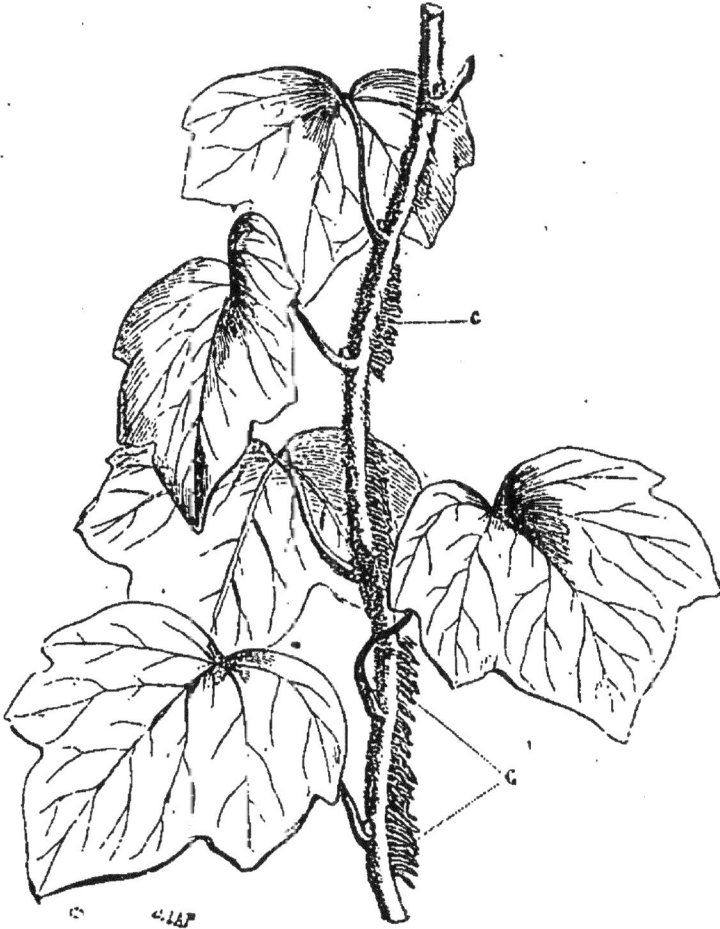

Fig. 58. — Lierre commun. Les racines adventives ou crampons CC, se sont établies sur la face de contact de la tige.

des arbres voisins, et établit ainsi un pont de cordages inextricables. Pour animer ce long corps, une ample provision de nourriture est nécessaire et la petite racine de la plante ne suffit pas pour l'absorber. Aussi, des différentes hauteurs de la tige, s'échappent de longs jets, comme autant de cordes de sauvetage, véritables racines adventives qui descendent perpendiculairement, s'enfoncent en terre et viennent en aide à la racine trop faible.

Au Mexique, aux Antilles, dans les Guyanes, à l'île de la Réunion, etc., de longs pieds de Vanille végètent de cette manière; leur tige frêle et arrondie décrit autour des arbres voisins les ondulations les plus capricieuses; les feuilles épaisses, longues, aplaties alternent de côté et d'autre, leur teinte d'un beau vert tranche avec la couleur pâle, changeante des fleurs bizarres, et celles-ci, avec leurs folioles étalées, leur corps allongé, se montrent entre les feuilles, simulant des papillons, des colibris aux ailes étendues. Tout ce luxe de végétation est entretenu non seulement par une racine primitive, mais aussi par de nombreuses racines adventives qui pendent dans l'air, ressemblant à de grands cordons blancs, et s'échappent de la tige à des intervalles irréguliers.

Comme la racine primitive, les racines adventives ont un double but; elles sont souvent autant des organes de fixité au sol que des organes d'absorption.

Sur les rivages des îles de la mer du Sud, à la Nouvelle-Hollande, sur les côtes de la Guinée, etc., se montrent des arbres aux formes étranges que les Océaniens appellent *Vacouas*[1]. Le tronc de ces arbres est ordinairement d'autant plus épais qu'il est mesuré à une plus grande hauteur; il est si fragile qu'un coup de pied suffit souvent pour le rompre; parfois il se ramifie, et ses ramifications, égales en diamètre, di-

---

1. Les Vaquois ou *Pandanus*.

vergent, restent droites ou deviennent tortueuses; elles se terminent par une touffe de très longues feuilles ensiformes, pour la plupart cassées, brisées par les ouragans et simulant d'abondantes chevelures en désordre. Ces arbres si fragiles naissent et se développent cependant dans les endroits les plus exposés aux vents violents ; ils auraient bientôt disparu du globe, si de nombreuses racines adventives parties du tronc, à différentes hauteurs, ne venaient, comme autant de soutiens, maintenir la plante au sol qui l'a vue naître.

Les racines adventives jouent le même rôle pour le Manglier. Cet arbre qui croît dans la vase des marais des pays chauds, a un nombre infini de racines adventives tortueuses qui le fixent fortement. Les graines germent dans le fruit même et laissent descendre jusqu'au sol leur précoce racine. Des rameaux adventifs naissent sans ordre sur les racines adventives; la végétation se continue de cette manière, racines naissant sur des rameaux, rameaux naissant sur des racines ; de sorte qu'après un certain nombre d'années, troncs, rameaux et racines forment un fourré inaccessible, une véritable forêt que le vent le plus violent ne saurait abattre.

Chez certains végétaux, les racines adventives acquièrent des proportions colossales; on cite toujours comme exemple le gigantesque Figuier qui croît sur les bords de la rivière Nerbuddah, dans l'Hindoustan, et qui a, dit-on, abrité Alexandre. Les racines adventives parties des branches et qui sont descendues jusqu'au sol, s'y sont fixées; elles ont grossi, ont pris la forme de troncs, ont donné naissance à des

Fig. 59. — Paysage de Java, montrant un Vaquois ou *Pandanus*.

rameaux qui, à leur tour, ont émis des racines adventives nombreuses. Aujourd'hui ce Figuier se compose
de 350 gros troncs et de plus de 3,000 petits. Le
cercle d'ombre formé par le feuillage mesure un espace considérable.

Dans nos climats tempérés, la végétation n'offre
pas ce caractère d'exubérance des tropiques, mais la
nature ne se montre pas moins digne d'étude. Il n'est
pas de plante, si humble, si disgraciée qu'elle nous
paraisse, qui ne puisse montrer quelque merveille.
Ramenons donc nos regards vers ces êtres que nous
foulons aux pieds à chaque instant, et apprenons à les
connaître.

Ici, au bord de ce fossé, dans ces marais, c'est la
Nummulaire (*Lysimachia nummularia*). Sa tige est
si grêle, si faible, qu'elle ne peut se dresser, elle retombe à terre et s'allonge en rampant, accompagnée

Fig. 40. — Nummulaire.

de paires de feuilles rondes comparées à des pièces
de monnaie. Si l'on essaye de la relever en en saisissant d'abord le sommet, on s'aperçoit qu'elle est rat-
tachée au sol, en certains endroits, par des faisceaux
de petits cordons. Ces petits cordons sont des racines
adventives; ils se sont développés dans les endroits
noueux où la tige se trouvait en contact avec le sol

humide; ils fixent la plante et concourent à sa nutrition.

En examinant de près des Pervenches, des Myosotis, des Germandrées, des Lierres terrestres, des Serpolets, certaines Véroniques, plusieurs Menthes, etc., on verrait aussi les tiges ou les rameaux rampants fixés au sol par des racines adventives.

La Violette de Chien, et mieux encore, le Fraisier commun, ont une tige très courte, munie de feuilles pressées; cette tige donne naissance à de longs rameaux nus qui ont la forme de cordons rouges ou verts étendus sur le sol (des *stolons*). Si nous observons l'extrémité libre de l'un de ces cordons, nous verrons qu'il s'y développe des racines adventives destinées à l'attacher à la terre, et que, dans le point diamétralement opposé, se montre un bourgeon. Quelques jours suffisent pour que ce bourgeon devienne un rameau court garni de feuilles, en un mot, un vrai Fraisier qui fournira à son tour des stolons. Puis, dans un temps plus ou moins rapproché, toute communication cesse entre les deux Fraisiers, par suite de l'atrophie ou de la destruction du cordon qui les unit. Le second, ayant des racines adventives assez développées, peut vivre complètement indépendant du premier; il est devenu individu libre; il peut donner naissance de cette manière à un troisième individu ou plutôt à de nombreux Fraisiers de troisième rang; ceux-ci produiront des Fraisiers de quatrième rang et ainsi de suite.

Les faits précédents établissent que lorsque certaines tiges, certains rameaux sont au contact du sol humide, il s'y établit des racines adventives; que ces racines

Fig. 41. — Petite Pervenche.

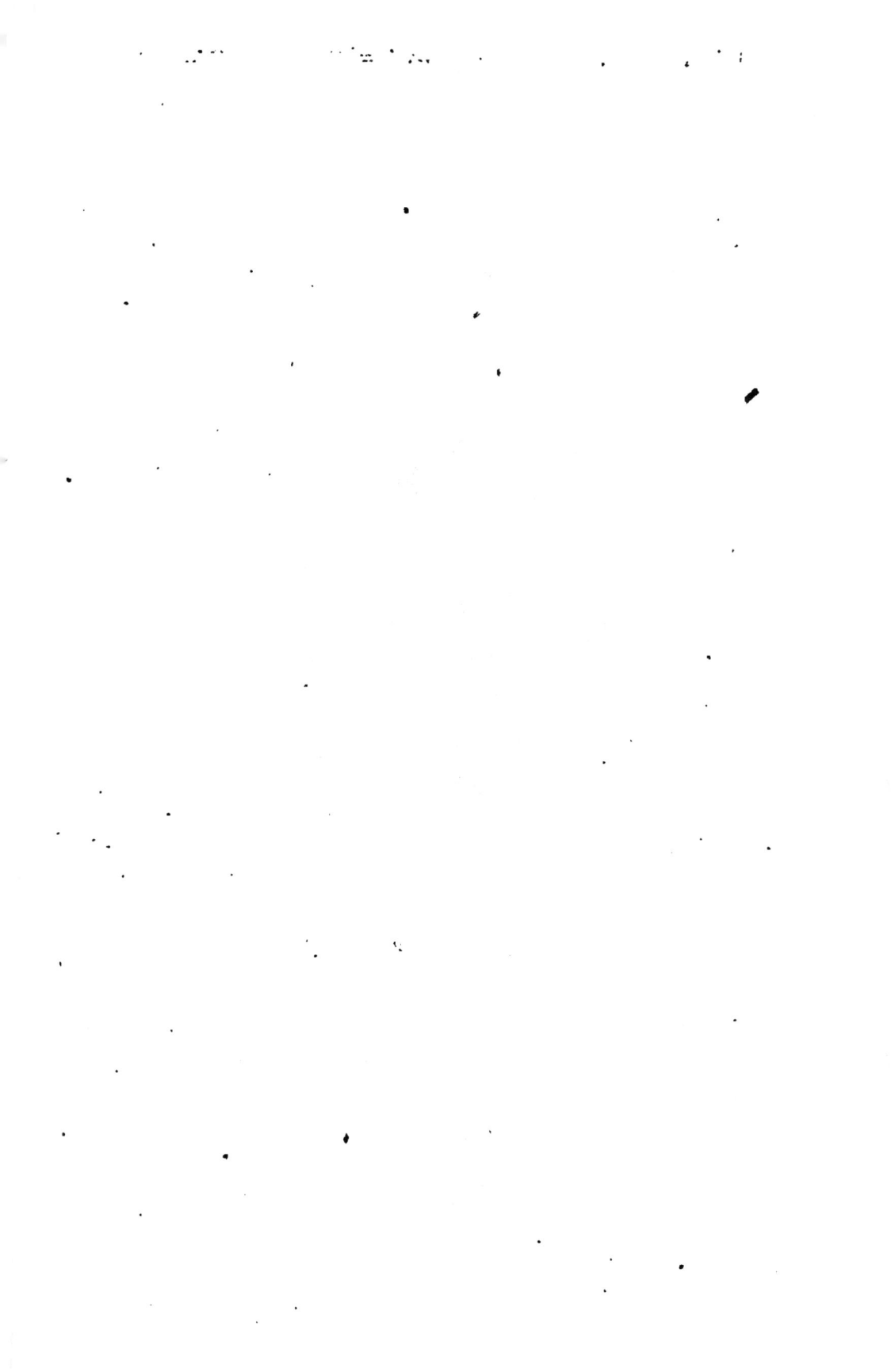

adventives remplissent, pour la partie supérieure du rameau ou de la tige, le rôle d'agents d'absorption, et que, dès lors, cette partie du végétal peut vivre indépendante de la plante mère.

C'est sur ces connaissances que reposent les procé-

Fig. 42. — Violette de Chien.

dés de culture et de multiplication connus sous les noms de *couchage* ou *marcottage* et de *provignement*.

Dans l'opération du couchage ou marcottage, la tige ou le rameau sur lequel on expérimente est courbée de manière qu'une certaine partie descende à quelques centimètres dans le sol et y soit fixée, tandis que l'extrémité soit redressée et libre. Après un temps va-

riable, la partie enterrée donne naissance à des racines
adventives. Lorsqu'on juge ces productions assez développées, on sépare, au moyen d'une section, l'extrémité de la tige ou du rameau du pied principal, et
l'on obtient de cette manière un second individu.
L'observation a montré que les racines adventives s'é-

Fig. 45. — Fraisier et ses stolons.

tablissent de préférence aux environs des feuilles, des
renflements, dans les endroits où l'écorce a été endom-
magée et l'expérience a fait reconnaître que pour
hâter le développement de ces racines, dans les marcottes il est bon de faire aux rameaux des incisions
au-dessous de la dernière feuille, ou de les entailler,
de les tordre, de les froisser enfin dans la partie plon-
gée dans le sol.

Si la plante qu'on veut marcotter n'est pas flexible,
si les rameaux sont trop élevés au-dessus du sol, on
renverse les rôles, on élève la terre jusqu'à l'endroit
choisi. Cette terre, placée dans un vase *ad hoc*, est
souvent humectée; elle favorise le developpement des
racines adventives. Lorsque celles-ci sont assez fortes

et assez nombreuses, on fait une section au-dessous du
vase et l'on sépare la marcotte du tronc.

Il a été question au commencement de ce chapitre
des racines adventives des Iris, des Lis, des Oignons;
examinons dans quelles circonstances elles se mon-

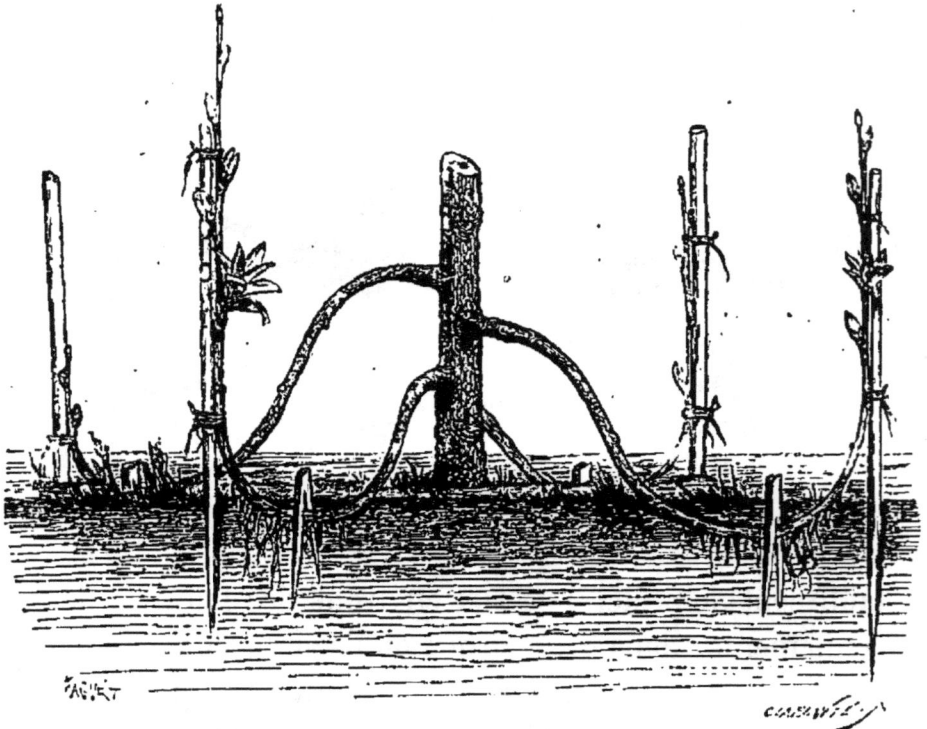

Fig. 44. — Marcotte. On a supposé une section faite dans le sol, afin de
laisser voir l'assujettissement des rameaux et la formation des racines
adventives.

trent. A la fin de l'été, il est d'habitude, dans le jar-
dinage, de retirer du sol ce qu'on appelle les bulbes
ou les oignons des Tulipes, des Jacinthes, des Narcisses, des Jonquilles, des Fritillaires, etc. A cette
époque, ces bulbes, qui ne sont que de courtes tiges
garnies de feuilles blanches, sont mis en réserve, ou
exposés pour la vente; ils n'ont aucune espèce de ra-

cine; mais si on les place sur de la terre humide ou dans l'eau, la base du bulbe se couvre de racines qui deviennent des organes actifs d'absorption, et la plante continue son évolution.

Ces faits montrent que lorsqu'une tige est privée de racines, elle peut, dans certains cas, si son extrémité est placée dans un milieu humide, donner des racines adventives qui lui permettent de végéter, comme si elle possédait ses racines primitives. L'étude des procédés qu'emploie la nature a fait inventé les *boutures*. La bouture diffère de la marcotte en ce que, dans celles-ci, le rameau n'est séparé de la plante mère que lorsqu'on s'est assuré que des racines adventives s'y sont établies, tandis que dans la bouture, le rameau est séparé tout d'abord et placé ensuite dans le sol. Certains végétaux, tels que le Saule, le Peuplier, se reproduisent par boutures si facilement, qu'il n'est pas rare de voir des échalas de Saule, employés pour faire des clôtures, continuer de végéter et donner des rameaux et des feuilles; d'autres plantes, au contraire, ont résisté jusqu'à présent au bouturage.

C'est par le marcottage que l'on multiplie ces admirables variétés d'Œillets, de Pensées, de Verveines, etc., c'est par le bouturage qu'on multiplie ordinairement nos belles variétés de Rosier, de *Pelargonium*, les Ananas, les Cannes à sucre, les Bambous, etc. On n'a même pas besoin d'opérer sur la tige ou sur des rameaux entiers; on fait des boutures de *Cycas* en n'opérant que sur les tronçons des tiges ; on fait des boutures de *Paulownia*, d'*Araucaria*, en n'opérant qu'avec des tronçons de racines ; on fait

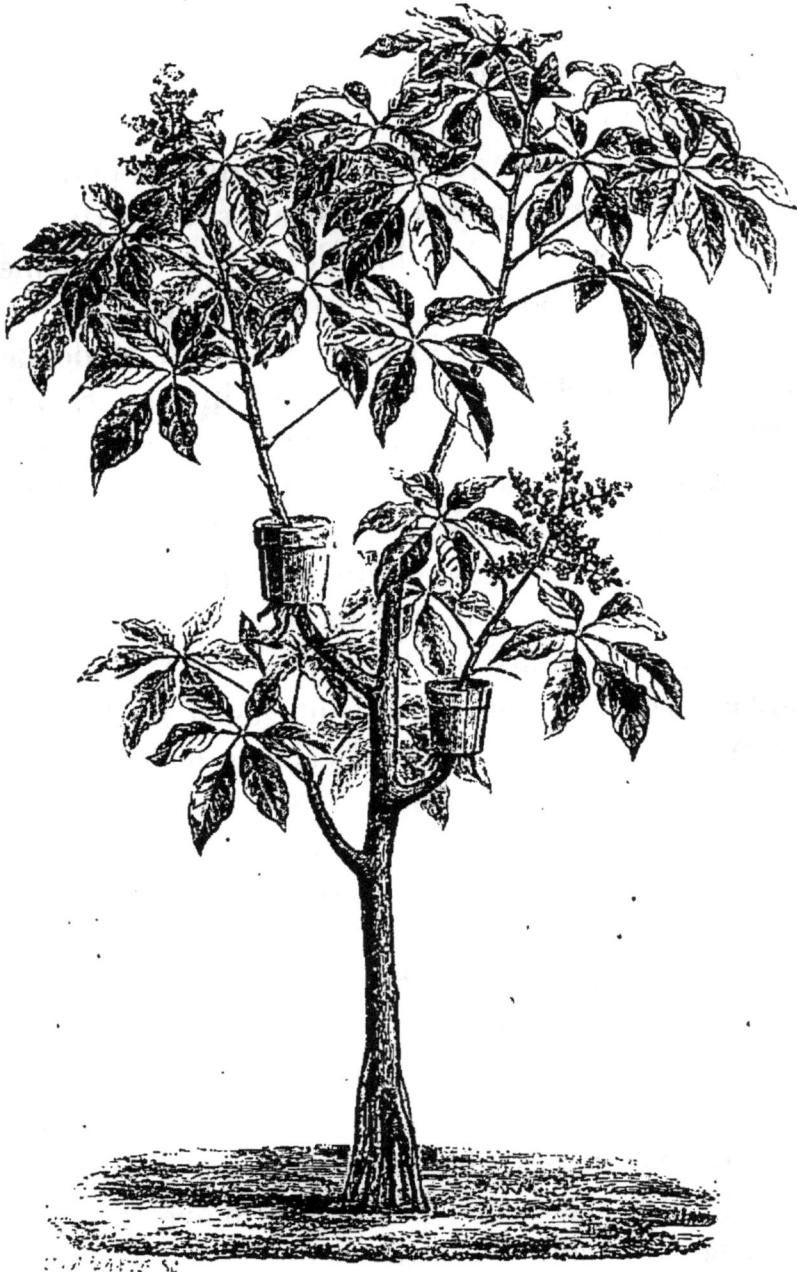

Fig. 45. — Marcottage par élévation.

des boutures de *Begonia*, en n'opérant que sur des
feuilles. La Vigne se reproduit par boutures et par
marcotte, mais l'usage a fait appeler dans ce dernier
cas la marcotte un *provin*, et le marcottage un *provignement*.

Ces procédés de multiplication, le marcottage et le
bouturage, ont sur celui de multiplication par graines
de grands avantages. En effet, la plante résultant d'un
semis est d'abord petite, frêle; il lui faut le temps de
grandir; la marcotte se présente immédiatement à
l'état adulte. C'est par elle qu'on obtient ces charmants
petits Cerisiers et Pruniers qu'on fait fleurir en hiver,
dans les serres. Les fleurs des plantes obtenues par
semis n'ont pas toujours les riches couleurs de leurs parents; d'ailleurs les élégantes et les belles fleurs de nos
jardins ne doivent souvent leur luxe qu'à des procédés
de culture qui les ont rendues incapables de procréer;
elles n'ont pas des graines; les plantes obtenues par
marcotte ou par bouture reproduisent exactement, in-
tégralement, les qualités du végétal dont on les a re-
tranchées.

CHAPITRE V

DES FORMES DES PLANTES ET DE QUELQUES PARTICULARITÉS DE LA VIE DES RACINES, DES TIGES ET DES FEUILLES

> « Les herbes ont chacune leur propriété,
> leur naturel et singularité. »
>
> La Boétie.

Chaque plante prend une forme qui lui est propre et vit à sa manière. Le Sceau de Salomon, l'Iris, l'Asperge, les Carex, la Primevère, etc., ont une tige qui reste sous le sol (rhizome) et qui, chaque année, développe des bourgeons s'élevant dans l'atmosphère sous forme de rameaux. Chaque année, le développement du bourgeon terminal ou d'un bourgeon voisin de l'extrémité supérieure allonge l'axe et celui-ci se munit de racines adventives; l'autre extrémité, au contraire, se dessèche dans une portion plus ou moins grande de sa longueur, s'atrophie et meurt. Il y a allongement d'un côté et raccourcissement de l'autre. De sorte que ces genres de tiges accomplissent un véritable voyage souterrain; c'est ce qui explique pourquoi telle plante à rhizome horizontal, mise au milieu d'une plate-bande, peut, quelques années plus tard, en occuper le bord ou se montrer dans une plate-bande voisine.

Parmi les plantes qui laissent développer leur tige

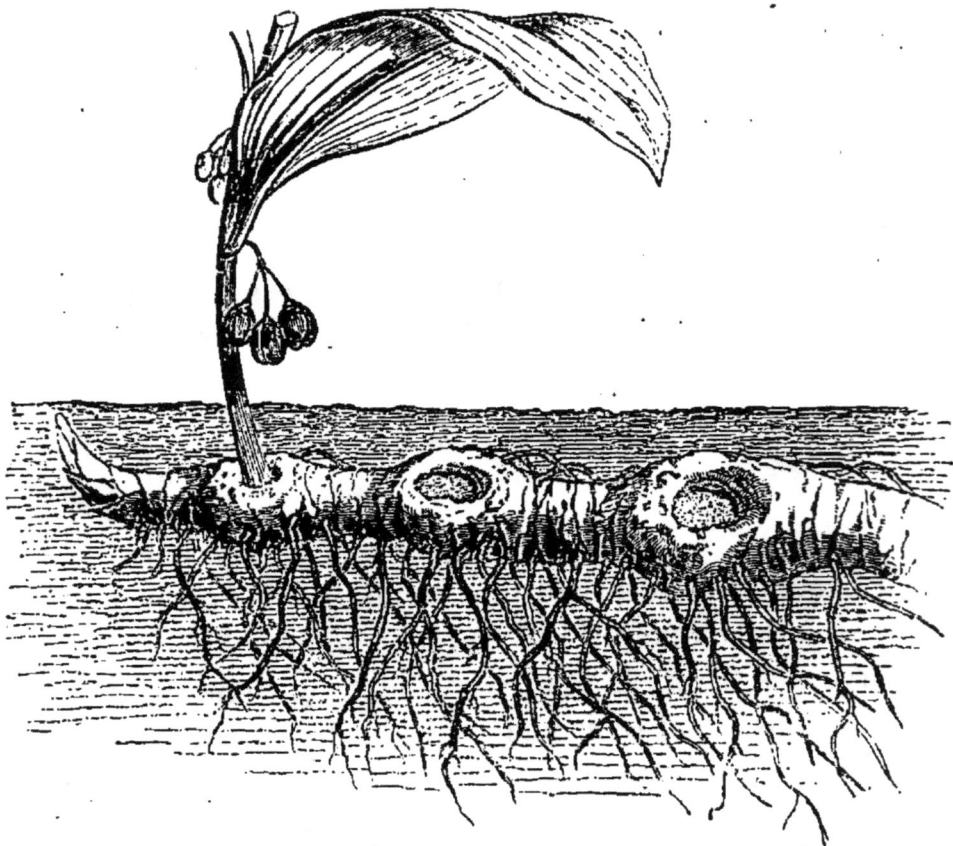

Fig. 46. — Sceau de Salomon. La tige souterraine ou rhizome est chargée de racines adventives et porte de distance en distance des empreintes aux endroits qu'occupaient les rameaux des années précédentes.

dans l'air atmosphérique, les unes sont si faibles, qu'elles retombent sur le sol et s'allongent couchées, relevant en vain la tête, comme pour chercher à se tenir debout; telles sont certaines Véroniques. D'autres, faibles et couchées, comme les précédentes, pro-

fitent du voisinage du sol pour y envoyer des racines
adventives, et plusieurs, telles que les Lysimaques
monnoyères, voyagent en s'allongeant d'un côté et se
détruisant de l'autre ; d'autres encore, comme la
Véronique Teucrium, couchent leur jeune tige, lui font
émettre des racines adventives, puis relèvent la tête
et se dressent dans leur partie libre, qui s'allonge dès
lors verticalement dans l'athmosphère. Quelques plantes profitent hardiment du voisinage d'un arbre, d'une
perche, d'un échalas ; elles s'élancent dessus et s'a-
vancent vers son sommet par mille procédés différents. Le Lierre grimpe au moyen de nombreux crampons qui le maintiennent solidement attaché ; la
Bryone, la Vigne, les Pois, etc., grimpent au moyen
de filaments qui s'accrochent aux différentes parties
de leur soutien et dont ils se servent comme d'autant
de mains. Les Houblons, les Volubilis, les Tamiers,
les Ignames, etc., s'élèvent en enroulant leur tige
en spirale sur l'appui qu'ils ont trouvé. La spire décrite
va de droite à gauche ou de gauche à droite selon la
plante qu'on examine. Ainsi le Houblon s'enroule toujours de gauche à droite et le Liseron toujours de droite
à gauche.

Lorsque les tiges sont assez fortes pour s'élever indépendantes dans l'air, elles sont parfois simples, sans
ramifications et ressemblent ou à une baguette, ou à
la plupart des Palmiers ; leur allure donne au paysage
un aspect tout particulier ; souvent la tige se ramifie,
et la ramification se fait selon un ordre qui est le
même pour les plantes de la même espèce, ordre qui
nous fait reconnaître, à première vue, les Poiriers et
les Pommiers, les Cerisiers et les Pêchers, les Peu-

Fig. 47. — Iris. — La tige souterraine ou rhizome porte des rameaux aériens et de nombreuses racines adventives.

pliers, les Chênes. Dans le Gui, la Petite Centaurée, la loi de ramification est facile à trouver ; chaque branche se divise au même niveau en deux autres, par Dichotomie. Dans la Vigne, les rameaux se pla-

Fig. 48. — Véronique officinale. Tige couchée.

cent les uns au-dessus des autres, comme s'ils formaient une même tige, chacun d'eux usurpant la direction du rameau sur lequel il est né et le forçant à devenir latéral.

Rien n'est variable comme la consistance des tiges ; celle des herbes est molle, celle des arbres est dure, celle des Cactus, des Joubarbes est charnue. Lorsque la tige est dure, elle peut l'être plus à la périphérie

qu'au centre, comme chez les Palmiers, et dans ce
cas, on l'emploie entière dans les charpentes. Si la

Fig. 49. — Pois. Tige grimpante. Une portion des feuilles se transforme
en vrille.

partie périphérique est moins dure que le centre,
comme chez les Chênes, les Châtaigniers, il est bon

de n'employer en charpente que des arbres équarris, c'est-à-dire privés de leur partie périphérique et non durcie. Il est de ces tiges qui, malgré leur faiblesse

Fig. 50. — Houblon. Tige volubile.

apparente, sont si résistantes, que l'industrie humaine en a emprunté la forme pour l'appliquer aux constructions. Les géomètres et les physiciens ont montré que

les chaumes de nos céréales ont le plus de solidité
possible pour le peu de matière qui les compose : ce
canal central, ces diaphragmes qui les coupent de dis-

Fig. 51. — Liseron. Tige volubile

tance en distance, sont nécessaires, selon eux, pour
faire porter par une tige grêle un épi souvent si
lourd. C'est peut-être après avoir observé la structure

Fig. 52. — Paysage du Brésil, avec des Palmiers.

des chaumes, que Robert Stephenson inventa les ponts
tubulaires. L'un des plus beaux qu'on connaisse est
celui de Meney, en Angleterre ; trois piles, distantes
l'une de l'autre de 140 mètres, supportent deux
poutres tubulaires qui forment la double voie ferrée
et établissent un pont de 460 mètres sur un bras de
mer.

Les formes de tiges les plus bizarres sont celles qui
sont fournies par les plantes grasses, et c'est dans les
pays chauds qu'elles arrivent à leur plus grand développement. Les unes sont formées de raquettes placées
les unes sur les autres : telles sont celles qui nous
fournissent les *Figues d'Inde* ou encore celles qui
nourrissent la cochenille du Mexique ; les autres sont
globuleuses, simples ou formées d'une multitude de
petites sphères, comme les Mamillaires ; d'autres encore, les *Pilocereus*, s'élèvent droits, cylindriques,
acquièrent une grande taille, se couvrent de poils
gris, et ressemblent à d'immobiles et tristes vieillards ;
d'autres encore, comme les cierges, s'élèvent simples
à une grande hauteur, puis se ramifient à la manière
des candélabres. A voir ces singuliers végétaux pen-
chés au bord d'un précipice, sur une terre aride, on
les prendrait, dit un voyageur, pour des désespérés
qui lèvent au ciel leurs bras suppliants. Ailleurs
c'est l'Euphorbe officinale qui s'élève du sol comme
une colonne à nombreuses cannelures, et porte, vers
le sommet, des colonnes latérales et plus petites. Ces
plantes sont rarement nues ; elles se recouvrent de
duvet, d'aiguilles, d'épines souvent fort longues ;
elles croissent ordinairement dans les endroits arides
et contribuent à donner au paysage un aspect désolé.

Elles sont parfois si abondantes qu'elles interceptent tout passage et font reculer les animaux eux-mêmes.

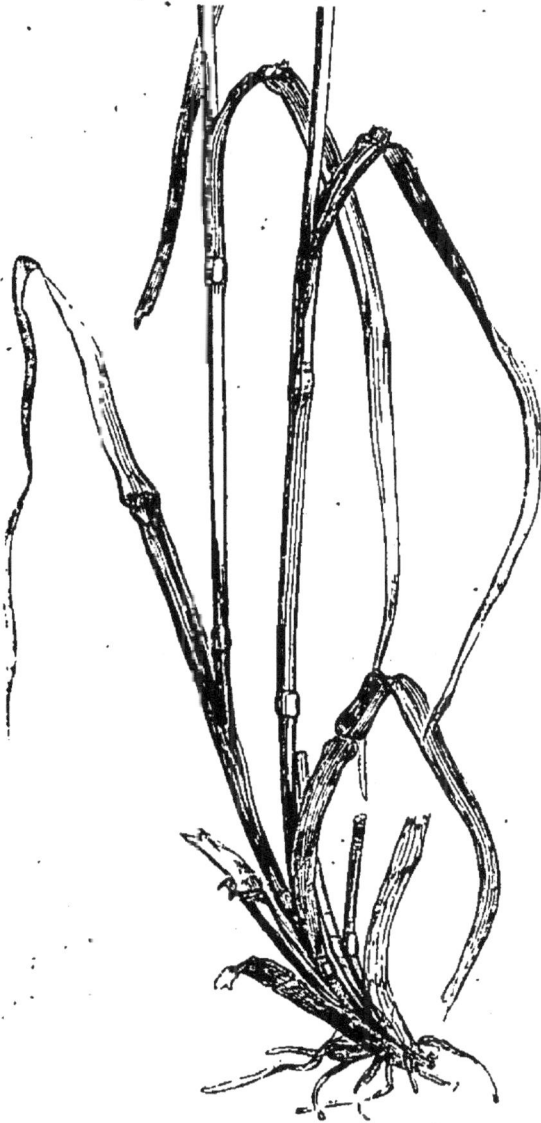

Fig. 53. — Chaume du Seigle.

Le mulet du Chilien ose presque seul s'aventurer dans ces parages hérissés de piques, il frappe brusquement de son sabot les gros Mélocactes épineux, et abaissant

Fig. 54. — Paysage du Mexique, avec un Opuntia et des Cierges géants.

la bouche sur la blessure récente qu'il a produite, il étanche la soif qui le tourmente.

Enfin les tiges et les rameaux prennent parfois la forme de racines, de feuilles, se transforment en épi-

Fig. 55. — Mamillaire en fleurs.

nes, en vrilles, etc. ; ils dérouteraient ceux qui cher-cheraient à en connaître la nature, si malgré les mé-tamorphoses, ces parties axiles n'obéissaient aux lois qui les font reconnaître par les naturalistes.

Les feuilles ne le cèdent ni aux tiges ni aux ra-meaux pour la diversité des formes : elles caractéri-sent assez bien, en général, les végétaux auxquels elles appartiennent. Les unes, celle du Gouet, par exemple, sont composées d'une gaîne qui embrasse la tige, d'une queue ou pétiole qui lui fait suite et d'une portion aplatie ou limbe. La plupart des feuilles n'ont qu'un pétiole et un limbe : telles sont celles du Lilas,

Fig. 56. — Rameau d'Acacia à feuilles dissemblables. Certaines feuilles sont réduites à un pétiole aplati (phyllode), d'autres sont décomposées en folioles.

du Pommier, de l'Abricotier, etc. Enfin il en est qui n'ont pas de pétiole.

La forme du pétiole est très variable ; chez la Ca-

Fig. 57. — Rameau de Fragon ou Petit-Houx. — Les feuilles F sont réduites
à de petites écailles ; certains rameaux R sont aplatis, plusieurs portent
des fleurs.

pucine, il est rond, long, et sert à la plante pour grimper ; chez le Peuplier-tremble, il est long et aplati transversalement, de sorte que le plus léger courant d'air qui vient le frapper fait osciller le limbe placé à son extrémité ; cette particularité a fait donner au Tremble le nom qu'il porte. Certains Acacias ont des feuilles réduites au pétiole seulement, et comme ce pétiole est aplati transversalement, il s'ensuit que, lorsque le soleil brille, l'ombre projetée est une ligne et non une surface ; aussi le célèbre botaniste anglais Robert Brown fut-il étrangement surpris, lorsque, arrivant à la Nouvelle-Hollande, près d'une forêt formée d'arbres semblables, il constata une grande clarté où de loin il avait vu un épais fourré. Les feuilles ont un limbe tantôt à bord uni, tantôt à bord divisé ; dans l'un comme dans l'autre cas, elles peuvent prendre toutes les dimensions. Les feuilles de l'Asperge sont microscopiques, celles de la Victoria s'étalent à la

Fig. 58. — Sommité d'Asperge. Les feuilles sont réduites à de petites écailles et les rameaux axillaires ont la forme d'aiguilles.

surface des étangs de la Guyane, formant un cercle parfait d'environ 2 mètres de diamètre. Le limbe est très élégamment découpé dans les Chardons, les Artichauts, les Acanthes, les Figuiers, les Chênes, la Vigne, etc., etc., et doit aux formes gracieuses qu'il

7

présente d'être employé comme ornementation des
maisons et des édifices. D'autres feuilles ne sont plus
seulement découpées ; elles sont formées par un ensemble de folioles, aussi les nomme-t-on feuilles composées. Tantôt ces folioles sont disposées comme les
doigts d'une patte d'oiseau : telles sont celles de la
feuille de Marronnier, de Vigne vierge, de Chanvre,
de certains Aralias ; tantôt elles sont disposées de côté
et d'autre de l'axe de la feuille composée à la manière des barbes d'une plume : telles sont celles du
Rosier, du Robinia, etc.; parfois même, la division va
plus loin, comme dans la Sensitive. On conçoit bien
que toutes ces formes doivent donner au paysage,
selon la prédominance de telles ou telles, un aspect
particulier.

Les feuilles qui appartiennent au même végétal
ont ordinairement la même forme ; cependant il est
des circonstances qui peuvent la modifier. Ainsi, les
feuilles du Lierre commun, dont le limbe est découpé ordinairement en trois ou cinq segments, lorsqu'elles appartiennent à un rameau stérile, ont un
limbe uni, cordiforme, lorsqu'elles sont placées sur
un rameau florifère ou fructifère. Les feuilles de la
Sagittaire affectent deux formes ; celles qui sont hors
de l'eau ont deux portions distinctes, un pétiole allongé et un limbe en forme de fer de flèche, celles qui
sont submergées ont la forme de longs cordons ou de
longs rubans. Les feuilles aériennes de la Macre ou Châtaigne d'eau, de la Renoncule aquatique, ont un limbe
bien marqué ; celles qui vivent dans l'eau sont réduites
à de nombreux filaments.

Enfin les feuilles peuvent se transformer en vrilles,

en épines, comme les tiges. Il est facile de reconnaître la véritable nature des organes transformés, lorsqu'on se rappelle que les rameaux naissent à l'aisselle des feuilles. Ainsi, une épine a-t-elle une feuille ou une trace de feuille au-dessous d'elle, c'est un ra-

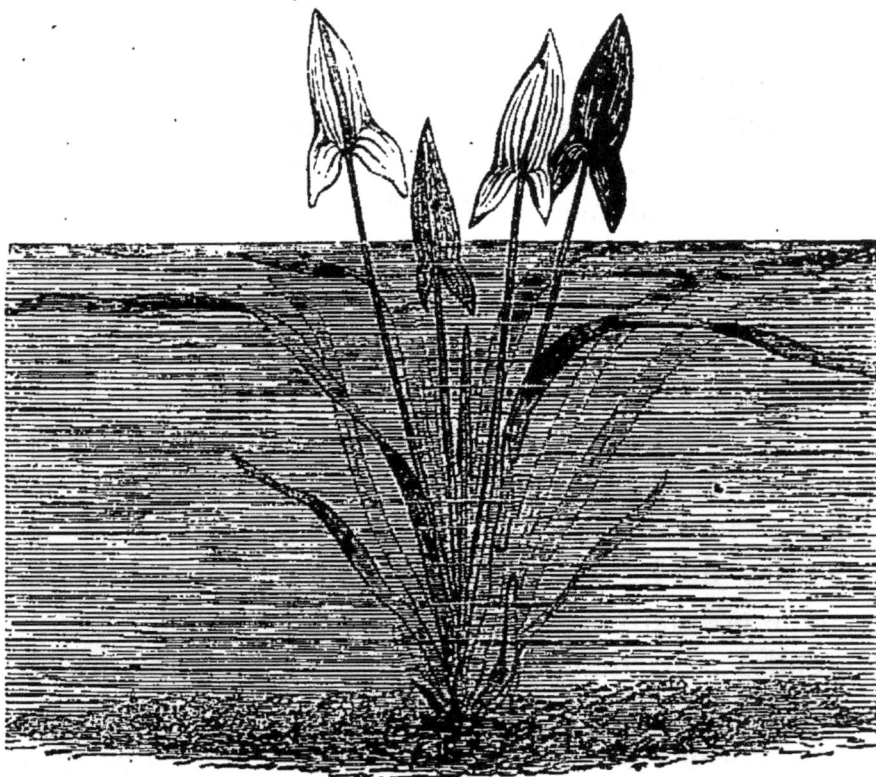

Fig. 59. — Sagittaire.

meau transformé, et elle peut porter feuilles et fleurs : n'a-t-elle rien au-dessous d'elle, c'est une feuille transformée, et il est ordinaire de trouver un bourgeon à son aisselle. Les épines des Néfliers, des Féviers, des Prunelliers, sont de la nature des rameaux ; les épines des Épines-vinettes sont de la nature des feuilles.

L'une des feuilles les plus curieuses qu'on connaisse est celle des *Nepenthes*, plantes de l'Asie tropicale et de Madagascar. Ces plantes, que nous avons vues en quantité considérable chez les horticulteurs anglais et qui se trouvent parfois assez bien représentées dans les serres du Muséum, vivent habituellement dans les lieux marécageux. La feuille se compose de quatre parties assez distinctes : 1° de la base de la feuille qui ressemble assez bien à une feuille de Lis; 2° d'un fil long, rigide ou spiralé qui la surmonte; 3° d'une sorte de grosse pipe suspendue à l'extrémité du fil, verte ou tachetée, plus ou moins ornée, selon les espèces, portant à son extrémité supérieure une ouverture élégamment ourlée, et 4° d'un couvercle en forme de feuille qui surmonte l'ouverture, la clôt d'abord et se relève ensuite. Malgré la complication de cette feuille, on a pu reconnaître dans ses différentes parties celles qui entrent dans la composition des feuilles en général.

Fig. 60. — Épine-vinette, Feuilles transformées en épines à trois branches.

Le *Cephalotus follicularis*, qui vit à la Nouvelle-Hollande, présente deux sortes de feuilles; les unes planes, les autres presque analogues à celle des Nepenthes; elles n'en diffèrent guère que par le support de l'urne, qui est grêle et court et non large à la base.

La Sarracénie pourprée, qui est commune dans les
marais de l'Amérique du Nord, à de longues feuilles
d'un beau rouge qui représentent un grand cornet ailé
dont l'ouverture est supérieure. Cette ouverture est

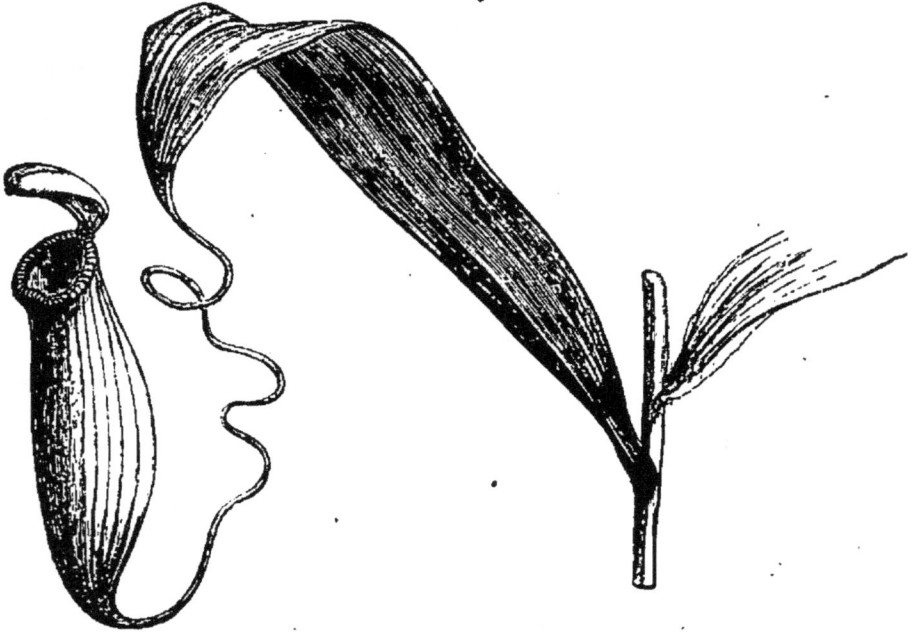

Fig. 61. — Feuille de Nepenthes.

limitée par deux lèvres ; l'une en forme d'ourlet, l'autre allongée en pavillon.

Le Rossolis ou Drosera à feuilles rondes peut se
rencontrer dans les marais tourbeux des environs de
Paris : les feuilles sont petites, en cercle élégamment
cilié. Chez la Dionée gobe-mouche, plante qui se
trouve dans les marais de l'Amérique du Nord, le cercle cilié est partagé en deux moitiés unies comme par
une charnière, qui peuvent se rabattre l'une sur l'autre
ou s'écarter.

Le limbe des feuilles présente à sa surface des cordons saillants dans lesquels courent des vaisseaux et

des fibres ; ces cordons sont des nervures, et leur disposition, qui est sensiblement la même pour chaque
espèce de plante, peut varier d'une espèce à l'autre.
Chez le Buis, le Lilas, le Tilleul, etc., une grosse ner-

Fig. 62. — Sarracénie pourprée.   Fig. 63. — Feuille de dionée
                                         gobe-mouche.

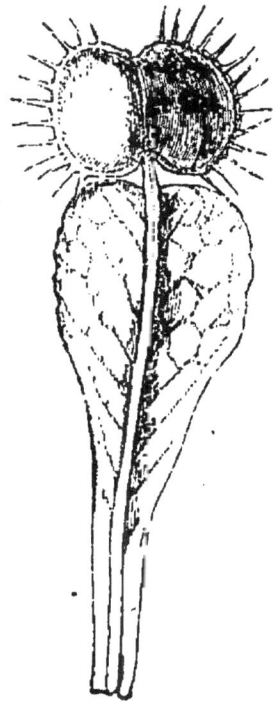

vure part de la base de la feuille et va jusqu'au sommet, donnant à droite et à gauche d'autres petites nervures, qui sont disposées par rapport à la première
comme les barbes d'une plume sur les côtés de l'axe ;

dans la Mauve, le Lierre, plusieurs grosses nervures naissent à la base du limbe et s'écartent en divergeant comme les doigts d'un canard ; dans l'un comme dans l'autre cas, les petites nervures se réunissent les unes aux autres et forment des réticulations. Ce sont ces nervures, ces réticulations, qui restent sur les feuilles mortes enfouies depuis quelque temps dans le sol. Chez le Lis, les Iris, les Narcisses, le Blé, les nervures des feuilles sont toutes parallèles, non réticulées ; chez les Bananiers, la nervation est pennée, mais les nervures ne sont pas réticulées. L'observation montre que les plantes dont l'embryon n'a que deux feuilles primordiales ou cotylédons, ont des feuilles à nervures réticulées ; que celles dont l'embryon n'a qu'un cotylédon ont des nervures ordinairement sans réticulations, le plus souvent parallèles.

Une personne qui ne regarderait les choses que superficiellement croirait difficilement que toutes les feuilles des plantes ont une position réciproque déterminée, aussi exactement calculée que la place occupée par les fenêtres d'un édifice. Quelques observations la convaincraient bientôt :

Les Verveines, les Sauges, les Orties blanches, etc., ont les feuilles disposées deux par deux et placées chacune à l'extrémité d'un même diamètre de la tige ; une paire quelconque de ces feuilles est toujours disposée en croix, par rapport à la paire qui précède ou à celle qui suit immédiatement.

Une plante commune dans les marais, la Pesse d'eau, a ses feuilles disposées par couronnes nombreuses autour de la tige.

Les feuilles du Tilleul, de l'Orme, sont isolées, mais

si l'on essaye de faire passer un fil en spirale par cha.
cune des feuilles d'un rameau, en s'élevant vers le sommet, on remarquera que la feuille du point de départ,
celle qu'on peut nommer n° 1, sera d'un côté de la

Fig. 64. — Ortie blanche Les feuilles sont opposées et décussées.

tige, tandis que le n° 2 sera du côté opposé; le n° 3
sera du même côté que le n° 1 et placé au-dessus de
celui-ci; le n° 4 sera du même côté que le n° 2 et placé
au-dessus. En un mot, les feuilles de l'Orme sont rangées sur deux lignes verticales, distantes d'une demi-
circonférence; sur l'une de ces lignes sont toutes
les feuilles impaires, sur l'autre, toutes les feuilles
paires.

Les feuilles de l'Aulne sont isolées, mais elles sont
disposées dans un ordre qui diffère de celui des feuilles

du Tilleul. En faisant passer un fil spiral par chacune, en allant de la base au sommet d'un rameau, on voit que ce fil passe par trois feuilles avant d'arriver à la feuille n° 4, qui est placée immédiatement au-dessus

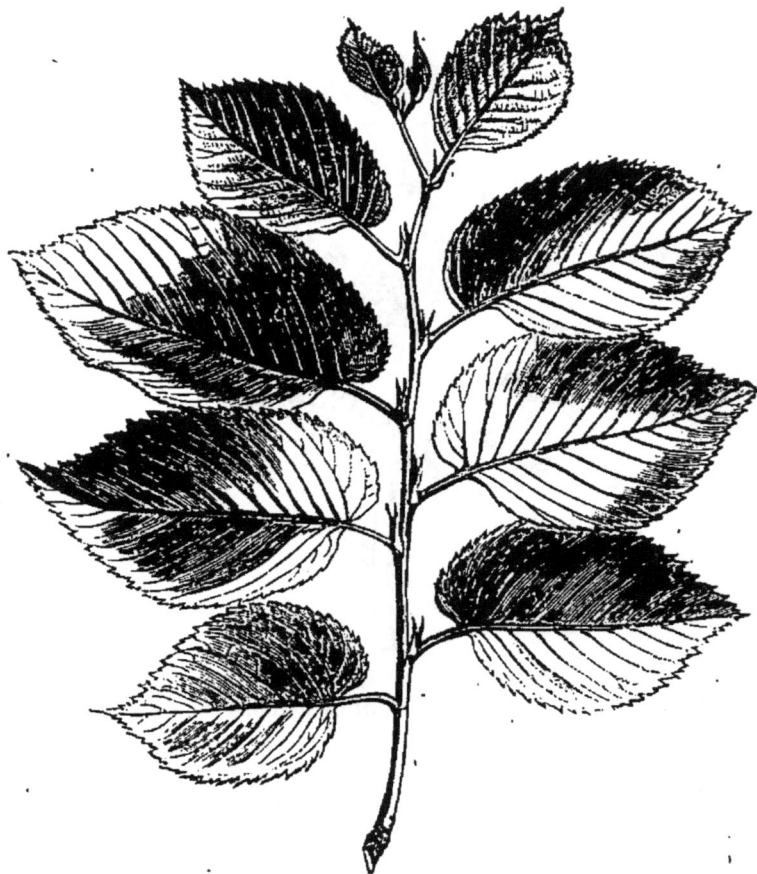

Fig. 65. — Rameau d'Orme.

de la feuille n° 1 ; la feuille n° 5 est placée au-dessus de la feuille n° 2 ; la feuille n° 6 est placée au-dessus de la feuille n° 3 ; la feuille n° 7 est placée au-dessus des feuilles n°s 1 et 4. En résumé, les feuilles d'un rameau d'Aulne sont disposées sur trois lignes verticales, distantes chacune d'un tiers de circonférence.

En enroulant un fil de la même manière autour d'un rameau de Saule, de Peuplier, de Pêcher, de Reine-des-prés, etc., on pourrait voir qu'avant de trouver une feuille placée immédiatement au-dessus de la

Fig. 66. — Rameau d'Aulne.

première, il faudrait en rencontrer cinq, et faire deux tours de circonférence. Le n° 6 est au-dessus du n° 1 ; le n° 7 est au-dessus du n° 2 ; le n° 8 au-dessus du n° 5 ; le n° 9 au-dessus du n° 4 ; et ainsi de suite. Toutes les feuilles du rameau sont disposées sur cinq lignes verticales, distantes chacune de 1/5 de circonférence, mais chaque feuille est éloignée d'un arc équivalent à 2/5 de celle qui la précède ou la suit immédiatement.

Ces dispositions ne sont pas les seules que l'observation et le calcul aient fait connaître, mais elles suffisent pour démontrer que les feuilles ne sont pas placées çà et là, sans ordre.

Il est de ces végétaux dont la base porte des feuilles isolées, tandis que le sommet porte des feuilles groupées par paires; tel est souvent le Chanvre. D'autres portent à la base des feuilles disposées par paires et en ont au sommet d'autres groupées par trois; tel est le Laurier-rose.

On conçoit combien il devient important pour ceux qui cherchent à imiter la nature, pour les sculpteurs, les dessinateurs, les peintres, par exemple, d'observer consciencieusement les œuvres qu'ils ont à reproduire. Si les lois qui président à la disposition, à l'arrangement des parties des plantes sont méconnues, l'artiste est incapable de créer; c'est en vain qu'il représente exactement les formes d'une feuille, qu'il donne à la tige et aux rameaux leur tournure caractéristique, qu'il montre une étude approfondie des couleurs et des jeux de lumière, il ne produit qu'une œuvre de pure fantaisie.

Que de fois j'ai vu, dans nos expositions annuelles, des personnes regarder les tableaux représentant des

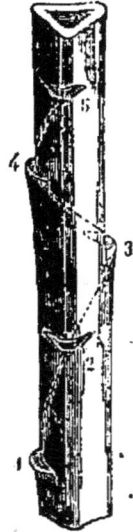

Fig. 67. — Portion de rameau d'Aulne, avec une spirale passant par la base des feuilles.

rameaux, des fleurs, des fruits, admirer chaque partie
de la composition, juger l'ensemble digne d'un grand
artiste et se dire : « On a voulu représenter telle

Fig. 68. — Rameau de Pêcher.

plante, la forme de la feuille me l'indique, mais il
manque un je ne sais quoi dans l'allure qui m'en-
pêche de la reconnaître. » Ce qui manque souvent,
c'est la disposition des parties conformément aux lois

qui gouvernent chaque végétal. Assurément, un portrait ne serait pas ressemblant, bien que représentant exactement les yeux, le nez, la bouche d'une personne, si ces différentes parties du visage n'étaient pas à des distances réciproques égales ou proportionnées à celles du modèle.

La connaissance de la disposition des feuilles amène celle de la disposition des rameaux, car ceux-ci naissent dans l'aisselle de la feuille, c'est-à-dire dans l'angle supérieur que fait cette feuille en rencontrant la tige, Un rameau est tout d'abord un bourgeon, et un bourgeon, nous l'avons dit plus haut, est composé, comme la gemmule de l'embryon, d'un axe et de petites feuilles en miniature ; c'est un individu qui, né sur une plante, vivra aux dépens de cette plante.

La nourriture de chaque bourgeon se prépare, sous notre climat, dès la fin de l'été ; elle s'emmagasine à la base de la feuille pour servir à la formation plus ou moins lente des différents éléments du bourgeon. Chez la plupart de nos arbres fruitiers, les bourgeons sont déjà visibles avant les frimas et ils se garnissent d'organes de protection qui ne sont autres que des organes foliacés, modifiés pour la circonstance. Les bourgeons des Frênes, des Charmes, des Groseilliers, des Pruniers, des Rosiers, etc., sont entourés par des écailles qui s'imbriquent à la manière des tuiles d'un toit, et qui ressemblent d'autant moins à des feuilles qu'elles sont plus extérieures. Chez le Peuplier, l'Aulne, le Marronnier, etc., on constate aussi l'existence d'écailles protectrices autour des bourgeons, mais, par surcroît de précaution contre l'humidité, ces écailles sont agglutinées par une substance résineuse, de sorte que le bourgeon paraît protégé à la manière d'un goulot de bouteille cacheté ou goudronné. On conçoit très bien la nécessité de telles dispositions ; si l'eau de l'atmosphère arrivait librement dans le bourgeon pendant l'hiver et qu'un froid rigoureux

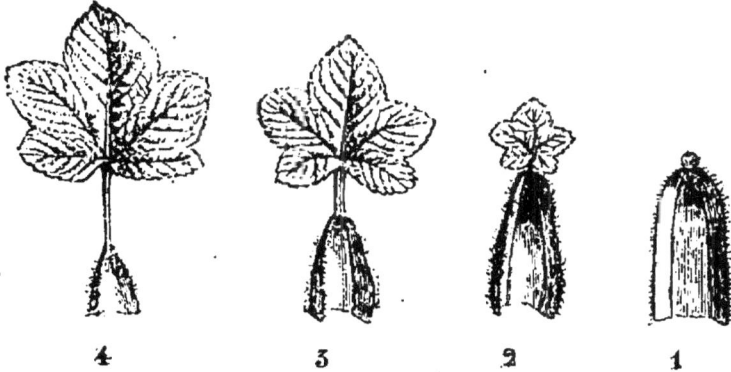

Fig. 69. — Modifications successives de l'extérieur à l'intérieur (1 à 4) des folioles d'un bourgeon de Groseillier.

gelât cette eau, la glace, occupant un plus grand volume que l'eau, déchirerait le tissu délicat des jeunes éléments du bourgeon. Ce fâcheux résultat se constate toutes les fois que des gelées se font sentir au mois d'avril, lorsque les bourgeons commencent à s'ouvrir. Les écailles, la matière cireuse, ne sont pas les seuls moyens employés pour la protection du bourgeon ; très souvent, les écailles inférieures et toutes les jeunes feuilles sont protégées par une bourre ou couvertes par un duvet qui s'oppose à la trop grande déperdition de la chaleur.

Les bourgeons de l'aisselle des feuilles (bourgeons axillaires) existent en concurrence avec d'autres qui se trouvent à l'extrémité des tiges, des branches ; on peut en voir aussi dans tous les endroits de la plante où des entailles, des sections, des froissements ont été faits. Il est de remarque journalière que lorsque le soc de la charrue, un instrument tranchant ou contondant, une roue de voiture a froissé fortement ou entaillé un tronc, une racine, il se montre sur la partie lésée un ou plusieurs bourgeons dits *adventifs*, qui deviennent des branches. L'arboriculture a fait profit de l'observation.

Lorsqu'on a voulu multiplier les rameaux d'une plante, on a coupé la tige de cette plante, et, à la surface de section, il s'est produit des rameaux. On coupe les troncs d'arbres des forêts, afin que de nombreux bourgeons adventifs apparaissent, se développent en branches et transforment ces forêts en taillis. On coupe la tête des Saules, afin que les surfaces de section produisent, selon l'espèce cultivée, de nombreuses branches employées comme échalas ou de petits rameaux qui constituent l'osier.

Parmi les bourgeons, les uns se hâtent de prendre à la plante sur laquelle ils s'établissent une ample provision de nourriture qu'ils mettent en magasin ; puis, une fois pourvus, ils se détachent, tombent à terre, s'y développent et vivent ensuite comme une bouture, indépendants de la famille ; tels sont les bourgeons qui ont reçu le nom de bulbilles, de bulbes, chez la Ficaire, les Lis, etc., mais la plupart des bourgeons restent à l'endroit où ils sont nés, puisant en frères leur nourriture journalière au centre commun.

Il est certain que si le nombre de bourgeons frères diminue, la plante mère fournissant la même quantité de nourriture, les bourgeons restants auront plus à se partager et deviendront plus robustes. De cette

considération sont nées les opérations de culture connues sous les noms de *taille*, d'*éborgnage*, d'*ébourgeon-
nement*. Tailler un arbre, c'est en couper les branches

Fig. 70. — Saules cultivés en têtard. Les sommets ont été coupés et de
nombreux rameaux se sont développés sur les sections.

de manière à ne laisser à leur base qu'un petit nombre
de bourgeons qui par suite de la suppression des
autres, se développeront avec vigueur. Éborgner un
arbre, c'est détruire une partie de ses yeux ou bourgeons; cette opération se pratique à l'automne, dans
le moment où les bourgeons sont encore fermés ; on

reconnaît ordinairement ceux qui donneront des fleurs
en ce qu'ils sont renflés, et ceux qui ne donneront
que des feuilles, du bois, en ce qu'ils sont effilés,
pointus. Ébourgeonner un arbre, c'est supprimer
une partie des bourgeons déjà ouverts; cette opéra-

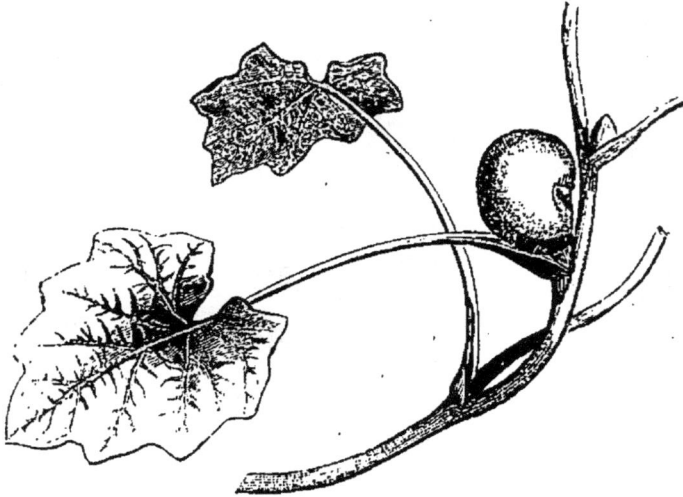

Fig. 71. — Rameau de Ficaire portant un bulbille.

tion se pratique au printemps; à cette époque, la
distinction des bourgeons à fleurs et des bourgeons à
bois est, chez tous les arbres, et pour toutes personnes,
très manifeste. La nature se joue parfois des
calculs du cultivateur : elle arrête souvent la fécondité
de la plante en ne laissant pas développer au printemps tous les bourgeons qui s'étaient montrés à l'automne, et favorise ainsi le développement des autres; ou
bien elle mesure la force d'absorption de cette plante
au nombre de ses bourgeons; ou bien encore, il arrive
que les élus du cultivateur, malgré leur bonne mine,
s'atrophient en bas âge.

Lorsqu'une mère est trop faible pour nourrir son

8

nouveau-né, elle le confie à une nourrice, et l'on fait
en sorte que la nourrice possède toutes les conditions
nécessaires au développement de l'enfant. De même,
lorsqu'un arbre fruitier, fatigué par la culture et sa

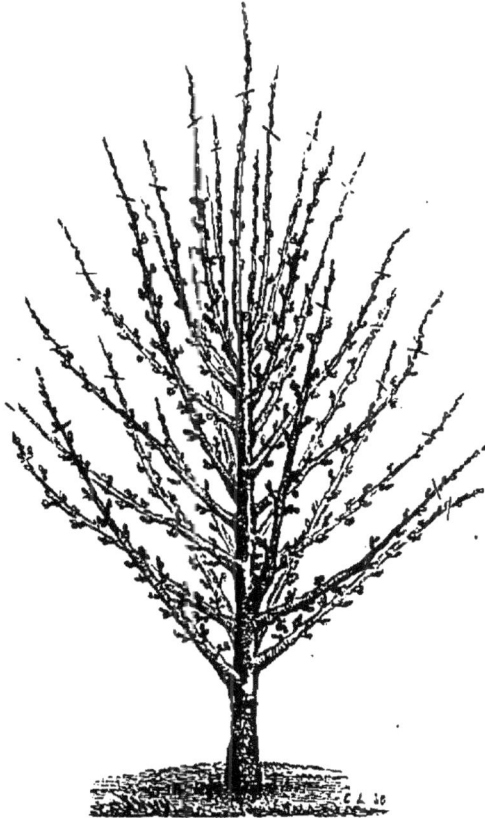

Fig. 72. — Poirier cultivé en pyramide. Les lignes transversales
indiquent les endroits de la taille.

fécondité, produit de nouveaux bourgeons, on peut
confier ces bourgeons à une nourrice. La nourrice
choisie est ordinairement un *sauvageon*, un arbre des
bois, un arbre qui n'est pas abâtardi par la culture
et qui représente dans son essence l'espèce à laquelle
appartient l'arbre fruitier fatigué. On peut choisir
aussi pour nourrice une plante qui a une grande ana-

logie avec le nourrisson. Confier ainsi des bourgeons
à une autre plante, c'est *greffer*.

On greffe de plusieurs manières : tantôt on détache
adroitement le bourgeon de la plante sur laquelle il
est né, puis on le porte sur la nourrice (sujet), en le

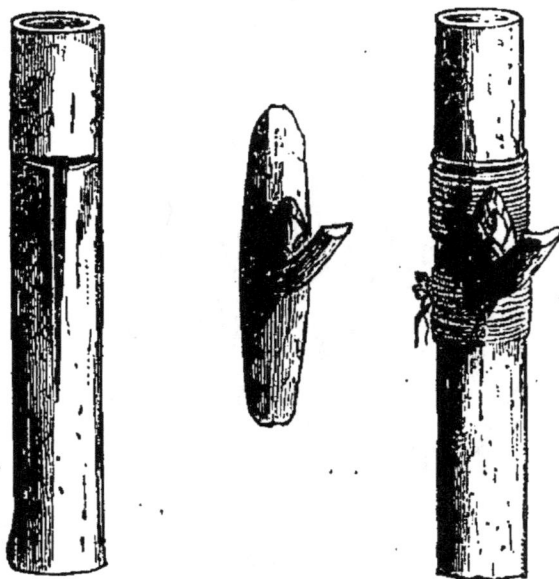

Fig. 75. — Greffe par bourgeon.

1. Portion de rameau de la nourrice sur lequel a été faite l'entaille en T ; 2, bourgeon
ou nourrisson ; 5, bourgeon en place sur la nourrice.

plaçant dans une entaille en T faite sur l'écorce ; ce
bourgeon se développe absolument comme la gemmule
de la graine mise en terre. Tantôt, on met un rameau
détaché, portant un ou plusieurs bourgeons, dans
une fente faite sur le tronc ou sur un rameau de la
nourrice, et l'on a soin de bien établir le contact nécessaire ; le rameau vit sur sa nourrice à la manière
d'une bouture mise en terre. Tantôt encore, deux rameaux d'arbres voisins, non détachés de la plante
mère, sont entaillés, approchés par l'endroit dénudé
et maintenus pendant quelque temps l'un contre

l'autre. Ces deux rameaux vivent ensuite réunis l'un à l'autre. Cette manière de greffer est souvent pratiquée naturellement dans les forêts par des branches de Hêtres rapprochées ; elle rappelle le développement des branches par marcottes. Ces trois ordres de greffes portent les noms de greffe par bourgeons, greffe par rameaux ou scions, greffe par approche ; les procédés employés sont nombreux.

La condition indispensable pour la réussite des greffes entre plantes bien choisies, est que le contact soit immédiat entre les tissus vivants ; dans la pratique, on s'arrange de manière que la partie sous-jacente à l'écorce de la nourrice ou sujet, soit en communication avec la partie semblable de la greffe ou nourrisson.

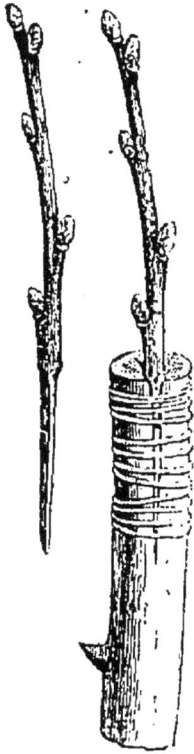

Fig. 74. — Greffe en fente.

Le nourrisson prend la nourriture que lui donne la nourrice, la transforme en sa propre substance, en *soi*, et montre, en se développant, non les caractères de la plante sur laquelle il vit, mais tous ceux de la plante sur laquelle il est né. Des bourgeons d'Abricotier nourris par un Pêcher donneront, après leur développement, des abricots. et non des pêches ; des bourgeons de Poirier nourris par un Cognassier donneront plus tard des poires, et non des coings ; vingt bourgeons ou rameaux appartenant à vingt variétés différentes de Pommiers, portés sur vingt rameaux différents d'un même Pommier ou d'un même

Néflier, produiront, après développement, vingt variétés différentes de pommes. La greffe permet de faire porter par une même plante des feuillages dis-

Fig. 75. — Greffe par approche.

semblables, des fleurs différentes de forme et de couleur, de conserver les variétés obtenues par la culture de plantes recherchées, de multiplier les plantes incapables de donner des graines, et, comme la nourrice et la greffe conservent leur bois particulier, de

varier la nuance des bois employés en marqueterie et
en ébénisterie, etc., etc.

Lorsque les feuilles sont groupées dans le bourgeon,
elles affectent entre elles et dans leurs différentes
parties un agencement particulier, agencement qui
varie d'une plante à l'autre et qui est d'un précieux
secours, en hiver, pour la détermination des espèces
forestières. La feuille de la Vigne est plissée en éven-
tail, celle du Charme a ses deux moitiés latérales
appliquées l'une contre l'autre, celle du Peuplier est
contournée en volute sur ses deux bords, celle du Balisier est enroulée en cornet, les frondes de la Fougère sont disposées en crosse d'évêque, etc. Les
feuilles de l'Œillet, du Saule, de l'Iris, sont à cheval
l'une sur l'autre dans le bourgeon, celles de la Sauge
officinale se disposent comme les doigts de deux mains
jointes, etc. Nous renvoyons, pour plus de développements, le lecteur aux traités de botanique où ces
différents agencements sont exposés. Ce que nous
voulions montrer, c'est que dans les plus petites parties des plantes, tout est disposé selon un ordre parfait
et d'après des modes auxquels obéissent tous les individus.

Dès que la chaleur du printemps se fait sentir, les
bourgeons s'entr'ouvrent, la résine qui les envelop-
pait se fond, les écailles protectrices, devenues inutiles, tombent, les feuilles intérieures se déplissent,
s'étalent peu à peu à la lumière et parcourent souvent
la gamme chromatique du blanc au vert, en passant
par le jaune. La couleur verte est due au développement, dans les cellules de la feuille, d'une matière
verte, la chlorophylle, dont la présence est nécessaire

pour l'absorption de l'acide carbonique de l'air. L'axe
du bourgeon, d'abord très raccourci, s'allonge, comme
une jeune tige, dans toute son étendue ; les entre-
feuilles ou entre-nœuds mesurent une plus grande
longueur, ils s'écartent les uns des
autres comme les anneaux d'une lon-
gue-vue qu'on développe. Enfin, la
branche est constituée ; elle est, pour
nos arbres, le portrait fidèle de la tige
sur laquelle elle est née ; ses feuilles

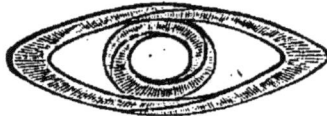

Fig. 77. — Coupe transversale d'un bourgeon
de Sauge.

Fig. 76. — Bour-
geons de Peuplier
en voie de déve-
loppement.

ont adopté entre elles la disposition
mathématique suivie par leurs aînées.

Cette disposition reçoit cependant
parfois quelques modifications ; la
spire sur laquelle sont placées les
feuilles de la tige, et qui s'enroulait
de droite à gauche, peut, sur les
rameaux successifs et placés les uns
au-dessus des autres, s'enrouler de gauche à droite
pour le rameau de seconde génération, puis de
droite à gauche sur le rameau de troisième génération, puis encore de gauche à droite sur le rameau
de quatrième génération, et ainsi de suite, changeant
de direction pour chaque rameau nouveau. L'aspect
de la plante qui subit ce changement n'est que peu
modifié, si les rameaux prennent une assez grande

longueur ; mais le changement devient manifeste,
lorsque les rameaux sont fort courts. Dans les Myo-

Fig. 78. — Grande Patience. Feuilles dans les différentes phases
d'épanouissement.

sotis, les Consoudes, les Bourraches, les Héliotropes,
où ces rameaux sont très courts et portent une fleur,

ils paraissent placés les uns au-dessus des autres, ne portent de fleurs que d'un côté qui devient convexe, tandis que l'autre côté de-vient concave, et l'inflorescence simule un seul axe recourbé en crosse.

Pendant le printemps, pendant l'été, les feuilles de la majorité de nos arbres fruitiers et forestiers restent vertes, bien vivantes ; elles rivalisent d'activité avec les autres parties de la plante. Aux approches de l'automne et pendant cette saison, les feuilles changent d'aspect, la chlorophylle change d'état[1], la couleur verte disparaît peu à peu, et fait place à une couleur jaune pâle, comme dans le Peuplier, ou à une belle couleur rouge éclatante, comme cela se voit sur les feuilles du Bouleau et de la Vigne-vierge ; enfin survient cette couleur caractéristique de feuille morte. Les cellules de la feuille qui, dans les derniers temps,

Fig. 79. — Rameaux de Myosotis. Les rameaux floraux placés les uns au-dessus des autres, simulent un seul axe en crosse.

---

1. D'après M. Fremy, la chlorophylle est formée de deux principes : l'un jaune, assez stable ; l'autre bleu, plus fugace.

ralentissaient leur activité; ne fonctionnent plus; elles sont mortes.

Si l'on compare l'aspect de la campagne dans le mois d'octobre à celui qu'elle présente aux mois d'avril et de mai, on le trouve bien différent. Au printemps, c'est la vie qui se montre, c'est l'espérance qui renaît, c'est l'animation, l'activité partout ; aux approches de l'hiver, c'est la vie qui s'éteint, les arbres prennent une teinte sombre et élèvent vers le ciel leurs rameaux décharnés ; le silence s'établit.

Lors même que la nature semble prendre le deuil, elle prépare la venue de générations nouvelles. Que faire maintenant de ces feuilles décolorées, sans vie, qui s'agitent tristement au haut des arbres, qui sont devenues inutiles dans la position qu'elles occupent?... Elles ne resteront pas là, elles tomberont, s'accumuleront sur le sol, protègeront pendant la saison d'hiver les jeunes graines ou les jeunes fruits ; puis, elles rentreront définitivement comme engrais dans la terre qui a fourni à l'arbre ses éléments nutritifs.

Les feuilles ne tombent pas toutes au même moment ; les unes n'ont qu'une existence courte ; d'autres, telles que celles des Buis, des Lauriers-cerises, des Chênes verts, des Pins, des Sapins, etc., restent plusieurs hivers ; d'autres encore, comme celles du Chêne de nos forêts, ne tombent qu'après l'automne, pendant l'hiver suivant, ou au commencement du printemps ; mais la plupart des feuilles des climats tempérés tombent au commencement de l'automne. Elles se détachent de l'arbre nettement, en un endroit facile à indiquer. C'est en cet endroit qu'il s'établit, un peu avant la chute de la feuille, un tissu cellulaire particulier. Les éléments de ce tissu se dissocient de la partie supérieure à la partie inférieure du pétiole, et la dissociation provoque la chute de la feuille desséchée, à la moindre agitation de l'air.

La chute des feuilles, lorsqu'elle se fait normalement, indique que les plantes entrent dans la période de repos. C'est la période, l'époque la plus favorable pour opérer l'arrachage des arbres, pour exécuter leur transplantation ; c'est celle qu'on choisit pour l'établissement des parcs, des jardins ou pour les modifications qu'ils doivent subir.

Les racines, les tiges, les feuilles des végétaux exécutent parfois des mouvements qui pourraient faire croire que les plantes sont douées de volonté. Ces mouvements sont lents ou instantanés.

Qu'on place un plante en pot dans une salle éclairée d'un seul côté, la sommité de la plante se dirigera lentement vers la lumière. Vient-on à tourner le pot à fleurs de manière que la sommité de la plante soit dirigée vers l'obscurité, le lendemain ou quelque temps après, cette sommité se sera retournée d'elle-même vers la fenêtre.

Qu'on essaye de placer de jeunes germinations la radicule en l'air, cette position ne sera pas longtemps conservée ; la radicule se recourbera et se dirigera dans le sens centripète. La racine semble aimer l'humidité ; aussi lorsque les tuyaux de conduite d'eau, de drainage, sont dans son voisinage, elle paraît en avoir conscience. Elle s'allonge, pénètre les obstacles qu'elle rencontre sur son passage, les renverse ou se détourne et finit par arriver dans le tuyau cherché. Là

elle s'étend, se ramifie à l'infini et forme souvent ces
immenses chevelures qui encombrent les tuyaux, que
les constructeurs d'aqueducs craignent si fort, et qu'ils
appellent *queues-de-renard*.

Il a été dit plus haut que la tige volubile du Houblon s'enroule naturellement de gauche à droite sur
son support ; essayez de contrarier sa direction, de
l'enrouler de droite à gauche, par exemple, elle re-
prendra peu de temps après sa position naturelle, si
toutefois vous ne l'avez pas lésée dans ses tissus. Si
vous l'attachiez à son support, dans la direction forcée,
sa végétation s'arrêterait et la plante mourrait sur
place. Les tiges volubiles du Liseron, du Tamier, peuvent présenter les mêmes phénomènes. « Les bestes
(ce m'aid' Dieu), si les hommes ne font pas trop les
sourds, leur crient : Vive liberté ! » s'exclamait La
Boétie ; on pourrait dire que les plantes manifestent
encore plus d'indépendance que les animaux, puisqu'elles se révoltent dès que la main de l'homme vient
les contrarier brusquement ; qu'elles meurent même,
si elles ne peuvent triompher de l'obstacle qu'on leur
oppose.

Si, à l'exemple du naturaliste Bonnet, on renverse,
on courbe des rameaux, de manière à forcer la face
supérieure des feuilles à devenir inférieure, cette position antinaturelle des feuilles ne peut être longtemps
gardée ; le pétiole se contourne, se replie de manière
à replacer la feuille dans la position convenable. Le
retournement se fait d'autant plus vite que la feuille
est moins âgée et que la lumière est plus vive.

Les feuilles des Rossolis exécutent des mouvements
lorsqu'on les touche. Si l'on promène légèrement une

pointe sur le milieu du limbe, toutes les parties de ce limbe se contractent vers le point de l'irritation. Les poils glanduleux des bords jouissent également de la sensibilité et s'inclinent sur la face de la feuille.

Chez la Dionée gobe-mouche, les mouvements sont plus marqués. Si l'on passe légèrement une pointe sur la portion médiane du limbe, les deux portions latérales, d'abord étalées, s'appliquent l'une sur l'autre comme les deux parties d'un livre qu'on fermerait. Le mouvement est souvent si rapide, qu'une mouche placée au point irritable peut être saisie et maintenue prisonnière au moyen des longs poils qui bordent la feuille. Ce n'est qu'au bout d'un certain temps que les deux portions du limbe peuvent s'étaler de nouveau. Tels sont les faits qu'on peut vérifier ; il ne faudrait pas croire, avec certains voyageurs, que la feuille est une insectivore, qu'elle prend les mouches pour se nourrir, qu'elle les imbibe souvent d'un mucilage comme pour en faciliter la décomposition ; ces récits sont imaginaires.

De toutes les plantes qui exécutent des mouvements la Sensitive (*Mimosa pudica*) est la plus sensible et celle dont les mouvements ont été le mieux étudiés. Cette plante croît naturellement au Brésil ; la singularité des phénomènes qu'elle présente la fait rechercher partout. Il n'est guère de serre qui, aujourd'hui, n'en possède un ou plusieurs individus. Les feuilles de la Sensitive sont de celles qui ont reçu l'épithète de décomposées ; le pétiole commun porte à son extrémité deux ou quatre pétioles secondaires, selon la hauteur qu'il occupe sur le rameau ; chaque pétiole secondaire est assez allongé et porte à droite et à gauche un

nombre plus ou moins grand de folioles opposées ; un
petit renflement se montre à la base du pétiole commun, à la base de chacun des pétioles secondaires et à
la base de chaque foliole.

Lorsqu'on pique avec beaucoup de ménagement la
partie inférieure du renflement qui est à la base d'une
foliole, cette foliole, d'abord étalée, s'applique brus-

Fig. 80. — Feuille décomposée de Sensitive. Les deux portions terminales
sont représentées à l'état de sommeil.

quement sur le pétiole ; si l'on pique le renflement
d'un pétiole secondaire, ce pétiole secondaire s'abaisse
et souvent toutes les folioles qui y sont attachées s'appliquent brusquement sur lui, se rapprochent les
unes des autres et s'imbriquent à la manière des
tuiles sur un toit ; enfin, si la piqûre a été faite au
renflement du pétiole commun, ce pétiole commun
s'abaisse, les pétioles secondaires s'abaissent aussi et
se rapprochent, les folioles se rapprochent et s'imbriquent. Le plus souvent, lorsqu'une partie excitable

de la feuille est touchée, les parties voisines participent à l'excitation, et la motilité se propage d'autant plus loin que l'irritation a été plus grande.

Si l'on approche une allumette enflammée des dernières folioles, ces deux folioles se rapprochent en même temps, puis les deux avant-dernières exécutent le même mouvement, immédiatement ou à quelques secondes d'intervalle ; puis c'est le tour de la paire qui précède et ainsi de suite, jusqu'à ce que la feuille tout entière soit à l'état d'abaissement complet.

Ainsi le mouvement progressif s'opère aussi bien dans le sens centripète que dans le sens centrifuge, mais, dans ce dernier cas, il est ordinairement plus rapide. Quelque temps après l'excitation, les différentes parties de la feuille reprennent leur position naturelle et dans l'ordre même suivi pour le rapprochement antérieur.

Les excitations brusques sur l'une ou l'autre extrémité n'amènent pas toujours un abaissement centrifuge ou centripète continu.

Les mouvements sont d'autant plus rapides que la plante est exposée à une plus vive lumière et placée dans un milieu où la température est voisine de 20 à 30° environ.

Des botanistes, des voyageurs, ont remarqué, au Brésil, que le galop d'un cheval, les pas pressés d'un homme, suffisent pour agir sur des Sensitives qui croissent aux bords des chemins.

Un courant d'air, des changements brusques de température ou de lumière, les décharges électriques, les acides, les bases énergiques, les brûlures, provoquent la motilité de la Sensitive.

Si la plante est soumise aux vapeurs d'éther ou de chloroforme, sa motilité disparaît, les folioles restent ouvertes, si elles étaient ouvertes au moment de l'expérience; elles restent fermées, si elles étaient fermées.

Dans certaines circonstances, la Sensitive semble s'habituer aux excitations fréquemment répétées et perdre son excitabilité. Desfontaines, ayant placé un vigoureux pied de cette plante dans une voiture qu'il mit en marche, vit toutes les folioles se fermer. Puis, la voiture roulant toujours, toutes ces feuilles se redressèrent, comme si elles étaient devenues insensibles aux chocs répétés. La voiture fut arrêtée, puis, après quelque temps, mise en mouvement; les feuilles s'affaissèrent de nouveau et reprirent plus tard leur position étalée.

On a voulu expliquer l'excitabilité de la Sensitive par la présence, dans cette plante, d'un système nerveux analogue à celui des animaux déjà élevés en organisation; on a voulu voir des parties sensitives et motrices produisant tous les phénomènes de l'action réflexe[1].

Cette hypothèse n'est pas soutenable lorsqu'on compare un à un les faits produits chez les animaux à ceux produits chez la Sensitive; mais ces derniers n'en sont pas moins merveilleux. On ne trouve pas de tissu nerveux ni de tissu contractile analogues aux tissus des animaux, mais l'étude microscopique montre dans les renflements une zone particulière de cellules,

---

1. On appelle action réflexe la propriété qu'a notre système nerveux de provoquer des mouvements après des impressions dont nous n'avons pas conscience, qui ne sont pas perçues.

et c'est en elle que réside plus particulièrement la motilité. Tout se passe comme si ce tissu se composait de deux ressorts ; l'un, représenté par le dessous du renflement et qui aurait pour but de porter le pétiole en haut ; l'autre, représenté par la partie sus-pétiolaire du renflement, qui aurait pour but de porter le pétiole en bas. L'expérience a démontré qu'à la lumière solaire, la tension du ressort supérieur est à celle du ressort inférieur comme 1 est à 3 [1].

Plusieurs plantes du même genre sont excitables, mais à un moindre degré : telles sont la Mimosa chaste, la Mimosa vive, la Mimosa sensitive, la Mimosa rude, etc. A côté de ces plantes se placent l'Œschynomène sensitive, l'Œschynomène des Indes, etc., le *Biophytum sensitivum* DC, qui manifestent des mouvements plus ou moins brusques lorsqu'ils sont excités.

Il est des plantes qui, sans excitation artificielle préalable, exécutent des mouvements brusques. Le Sainfoin oscillant (*Hedysarum gyrans* L. ou *Desmodium gyrans* DC.) est l'une de celles qui présentent les phénomènes les plus surprenants. C'est une plante originaire du Bengale, mais qui est assez souvent cultivée dans nos serres. (Je l'ai en ce moment sous les yeux, dans les serres du Muséum d'histoire naturelle.) Les feuilles sont composées chacune de trois folioles elliptiques ; l'une est terminale et atteint une longueur de $0^m,06$ à $0^m,07$, les deux autres sont latérales, n'ont guère que $0^m,015$ à $0^m,020$ de long et sont pla-

---

1. Voir, pour plus de détails, les travaux sur ce sujet par Dutrochet, Meyen, Brucke, Sacks, Fée, Le Clerc. P. Bert.

cées sur le pétiole, en face l'une de l'autre, à quelques
millimètres de la grande foliole. Celle-ci exécute des
mouvements particuliers et différents de ceux des deux
folioles latérales. Lorsque le ciel est sans nuages, que la
lumière est intense, la grande foliole se dresse ; si la
nuit arrive, cette foliole s'abaisse de telle façon qu'elle
peut appliquer son sommet contre la tige ; elle est
tellement sensible que lorsque des nuages interceptent
un moment la lumière, elle oscille comme l'aiguille
d'une balance en fonction ; le pétiole, moins sensible,
il est vrai, que la foliole, se balance pour la même
cause et dans le même sens. Le mouvement des folioles
latérales est continu et n'est nullement lié à celui de
la foliole terminale, il s'exécute aussi bien pendant
le jour que pendant la nuit ; l'une s'abaisse pendant
que l'autre s'élève, ordinairement par saccades, et fait
chaque fois un mouvement de torsion sur sa base ;
de sorte que celle qui monte dirige sa face supérieure
et son sommet au dedans, tandis que celle qui descend dirige sa face supérieure et son sommet au dehors. Le mouvement de ces folioles est d'autant plus
vif que l'humidité et la chaleur sont dans un rapport
analogue à celui qui existe dans les pays où le Sainfoin
oscillant croît naturellement.

Des mouvements analogues, mais d'nne intensité
moins grande, ont été constatés chez l'*Hedysarum
vespertilionis* L. f. et chez l'*Hedysarum cuspidatum*
Willd.

Les feuilles d'un grand nombre de plantes prennent,
à l'approche de la nuit, une disposition qu'elles gardent jusqu'à ce que le jour ait reparu. Ce fait est
connu depuis longtemps ; de Candolle rapporte que

« Garcia de Horto remarqua dans l'Inde, en 1567, que les folioles du Tamarin se fermaient le soir sur leur pétiole commun, et se rouvraient le matin ; » — que Val. Cordus observa, en 1581, un mouvement analogue sur les feuilles de la Réglisse. Linné appela l'attention sur le phénomène, après avoir été le jouet d'une singulière aventure : il avait vu fleurir dans la journée un Lotus-pied-d'oiseau qu'il tenait de Sauvage, professeur de Montpellier : ayant eu occasion d'aller la nuit dans une serre où se trouvait la plante, il en chercha en vain la fleur, elle avait disparu ; Linné la crut enlevée. Le lendemain, au jour, la fleur était de nouveau visible, et à la même place que la veille ; elle disparut de nouveau le soir ; ce n'est que le jour suivant, à l'approche de la nuit, que Linné put voir les feuilles voisines de la fleur se serrer, s'approcher autour d'elle et la dérober aux regards. L'illustre naturaliste suédois, avec cette disposition particulière d'esprit que lui avait donnée l'étude de la nature, appela le phénomène le *sommeil des plantes*. De Candolle fait remarquer « que ce terme emprunté au règne animal ne représente pas les mêmes idées dans les deux règnes. Dans les animaux, il représente toujours un état de flaccidité des membres, de souplesse des articulations ; dans les végétaux, il indique bien un changement d'état ; mais la position nocturne est déterminée avec le même degré de rigidité et de constance que la position diurne : on romprait la feuille endormie plutôt que de la maintenir dans la position qui lui est propre pendant le jour. »

Linné et, plus tard, de Candolle, en étudiant le mouvement que les feuilles des différents végétaux

exécutent le soir, pour s'endormir (en nous servant
du langage métaphorique de Linné), virent qu'elles
peuvent prendre onze positions différentes. Les unes,
telles que celles des Arroches ou Bonnes-dames
(plantes qui se trouvent dans tous les jardins), du
Mouron des oiseaux, dorment face à face. On peut les
voir, le soir, quand vient la nuit, se relever lentement et appliquer l'une contre l'autre leurs faces
supérieures. Les feuilles de plusieurs Onagres se relèvent contre la tige, l'embrassent, l'entourent de leurs
bords enroulés ; dans cette position, elles protègent les
fleurs ou les bourgeons qui sont à leur aisselle. Les
feuilles de la Stramoine pomme-épineuse se relèvent
aussi, mais elles prennent la disposition d'un cornet,
leur sommet n'étant pas appliqué contre la tige. Celles
de la Balsamine se rabattent de manière à servir d'au-
vent aux fleurs situées au-dessous d'elle. Les folioles
du Trèfle incarnat se relèvent de manière à se toucher
par leur sommet ; elles forment ainsi une sorte de
refuge, de berceau, dans lequel les fleuves peuvent se
loger. Les folioles des Mélilots se relèvent, se rapprochent par le bas et divergent par le haut. Celles des
Alleluia, des Oxalis en général, se rabattent de manière à se toucher par leur partie inférieure. La feuille
de la Sensitive prend, en dormant, la position pen-
chée avec les folioles imbriquées, déterminée par l'excitation. Les folioles du Robinia (plante qui porte, à
tort, chez nous, le nom d'Acacia) s'abaissent aux approches de la nuit. Les folioles du Baguenaudier s'élèvent, le soir, de chaque côté du pétiole commun, et
sont, la nuit, appliquées l'une contre l'autre par leurs
faces supérieures, au-dessus de ce pétiole. Des phéno-

mènes analogues à ceux qui viennent d'être décrits sont présentés par un grand nombre de végétaux ; le lecteur les constatera, à coup sûr, chez les Fèves, les Réglisses, les Lupins, les Tamarins, les Féviers, chez plusieurs Mauves, etc.

Beaucoup de plantes exécutent des mouvements déterminés par les changements qui surviennent dans l'état hygrométrique de l'atmosphère. Le Porliera hygrométrique, qui est originaire du Pérou, a des feuilles qui rappellent celles du Robinia ; ses folioles se rapprochent lorsque la pluie va tomber. La Sélaginelle lépidophylle, qui est originaire de l'Amérique du Nord, peut être arrachée et conservée desséchée impunément assez longtemps sans mourir. Les nombreux échantillons que j'ai vus cette année avaient l'aspect d'une touffe de chicorée desséchée, mais lorsqu'on les plaçait dans l'eau, toutes les feuilles s'étalaient, prenaient une belle teinte verte, et continuaient leur végétation interrompue. La rose de Jéricho ou *Anastatica*[1] est une plante des déserts de l'Arabie, de la Syrie, de l'Égypte ; lorsqu'elle est morte sur pied, elle ressemble à une sorte de pelote, toutes ses feuilles sont rabattues l'une sur l'autre, comme les pétales d'une rose, c'est ce qui l'a fait comparer à une rose ; vient-on à l'humecter, toutes les folioles, qui sont très hygroscopiques, s'écartent et s'étalent. Aujourd'hui encore, la rose de Jéricho est citée comme une merveille ; les charlatans qui la montrent sur les champs de foire ne manquent pas de débiter sur elle les contes les plus absurdes.

---

1. *Anastatica* vient du grec ἀναστατικός (qui excite).

Beaucoup de plantes d'eau, telles que les Potamots, les Algues, desséchées après avoir été tirées de leur élément, redeviennent flexueuses et vivantes si on les humecte. « Roussel a cherché les rapports des modifications hygroscopiques des cheveux[1] à celles des lanières de Fucus exposées à l'air, et a trouvé que tandis que la différence d'allongement ou raccourcissement dans un lieu donné était pour le cheveu de $0^m,008$, celle de Fucus tendo était de $0^m,050$, de Fucus digité de $0^m,070$, de Fucus à aspect de cuir de $0^m,090$, et enfin de Fucus sucré de $0^m,170$. Il assure avoir fait un hygromètre très sensible avec ce dernier varech, etc. » J'ai fait des expériences analogues, l'année dernière, au bord de la mer, et ai pu m'assurer de la propriété hygroscopique très grande de plusieurs espèces de Fucus, des Laminaires. Les habitants des campagnes avoisinant la mer emportent chez eux ces grandes laminaires appelées vulgairement *Baudriers de Neptune*, les suspendent à une fenêtre et s'en servent en guise de baromètre.

Les effets hygroscopiques peuvent se faire sentir sur toutes les parties des plantes ; ils expliquent l'enroulement et le déroulement des longues barbes de l'Orge, de l'Avoine, des grandes arêtes des Géraniums ; ils déterminent les fentes ou les trous de déhiscence d'un grand nombre de fruits. Nous les étudierons plus loin chez les fleurs et particulièrement chez celles qui ont mérité le nom de *fleurs météoriques*.

---

1. La construction de l'hygromètre de Saussure repose sur les propriétés hygroscopiques des cheveux.

CHAPITRE VI

L'AGE DES PLANTES

Nos arbres disent leur âge.

Nos arbres portent toujours avec eux leur acte de naissance. Cette pièce est écrite avec des caractères nets et en une langue facile qu'un peu d'observation apprend à traduire.

Coupez transversalement la tige d'un Chêne, d'un Érable, d'un Châtaignier, etc., qui n'ait pas plus d'un an, et vous remarquerez que déjà cette tige est formée : 1° d'une partie périphérique ou entourante, qui revêt l'arbre comme un fourreau, et 2° d'une partie entourée, dont l'axe est occupé par la moelle. La première constitue *l'écorce*, la seconde constitue le *bois*. Opérez de même à la fin de la seconde année, vous constaterez que le bois de l'année précédente a perdu sa teinte claire, et qu'il est séparé de l'écorce par une couronne de nouveau bois. Au bout de la troisième année, on trouverait trois anneaux concentriques de bois; on en verrait quatre au bout de quatre années.

De sorte qu'un Chêne, qu'un Érable, qu'un Châtaignier de trente, de quarante, de cinquante ans possède un bois formé par trente, quarante, cinquante zones plus ou moins épaisses et distinctes. Des dépôts d'écorce se font en même temps contre la partie

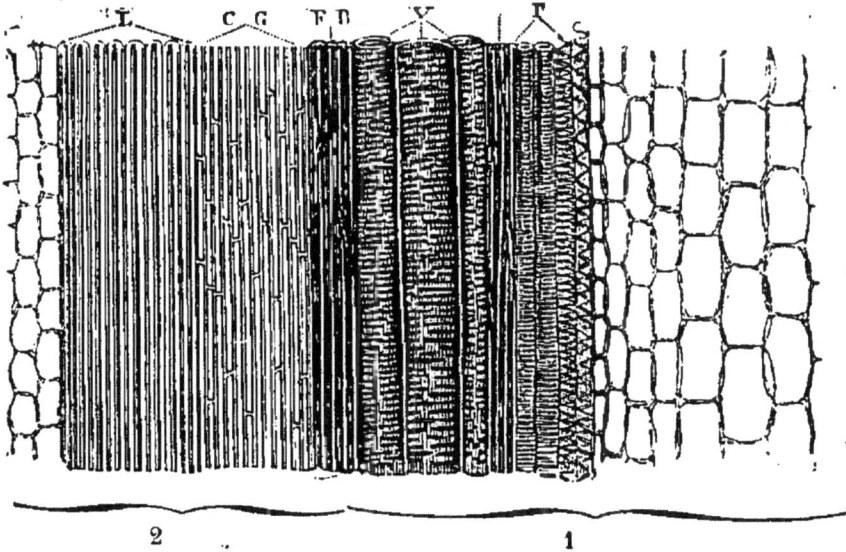

Fig. 81. — Coupe longitudinale, vue au microscope, d'une tige de Chêne blanc âgé d'un an.

1, bois; 2, écorce, à droite, tissu cellulaire qui constitue la moelle; T, trachée F, fibre; vaisseaux rayés; FB, fibres; CG, couche génératrice ou zone d'accroissement; L, liber; le tissu cellulaire de gauche appartient au tissu cellulaire de l'écorce.

interne de l'écorce, mais ils sont bien moins épais et moins faciles à constater.

· La disposition de zones, la différence des teintes sont facilement expliquées. Dans nos climats tempérés, les arbres ne s'accroissent pas également à toutes les époques de l'année; la végétation se ralentit à l'automne, devient nulle ou presque nulle pendant l'hiver et reprend au printemps avec une nouvelle énergie. Le tissu qui se dépose sur le bois, du prin-

temps à l'automne, ne contient pas partout les mêmes
éléments; la partie la plus interne consiste le plus
souvent en de nombreux vaisseaux entre lesquels se
forme un peu de matière ligneuse; la partie la plus
externe, celle qui se forme à la fin de la période végétative, n'est formée que de prosenchyme ou tissu
fibreux; enfin la partie intermédiaire contient à la fois
des vaisseaux et de la matière ligneuse, répartis en
proportions à peu près égales. Cette disposition explique pourquoi la partie interne de chaque dépôt
annuel est d'une faible densité et d'une teinte claire,
pourquoi la partie externe en est plus dense et plus
foncée, pourquoi la teinte passe graduellement du clair
au foncé, du moins dense au plus dense. Les dépôts
de deux années consécutives sont bien distincts, puis-
que la partie claire, moins dense, du dernier formé,
est toujours contre la partie la plus foncée et la plus
dure de celui qui le précède.

Les dépôts qui s'appliquent sur l'écorce ne se juxta-
posent pas de dehors en dedans, comme ceux du bois,
mais toujours de dedans en dehors (en prenant pour
axe l'axe même de la plante). Ils ne contiennent pas
les vaisseaux particuliers au bois; ils sont formés
principalement d'un tissu ligneux, clair, se superpo-
sant feuillets par feuillets, et formé de fibres plus ou
moins longues. Aussi donne-t-on le nom de *liber* à la
partie interne de l'écorce, comme pour rappeler l'origine de ces lames d'écorce sur lesquelles on écrivait.
Cette partie de l'écorce est parfois riche en vaisseaux
laticifères.

Ces portions de bois et d'écorce qui se forment
chaque année et qui, sur une coupe horizontale, ont

la forme d'anneaux concentriques, sont autant de portions de cônes emboîtés les uns dans les autres et dont
l'ensemble forme le tronc de l'arbre.

Chaque année il se fait de nouveaux dépôts entre le
bois et l'écorce, dans cette partie que les botanistes
appellent zone d'accroissement. La nouvelle production de bois recouvre tout le cône de bois déjà formé,
et la nouvelle production de liber tapisse toute la partie
interne de l'écorce. Ces faits expliquent l'accroissement en diamètre des arbres ainsi que leur accroissement en hauteur ; ils justifient le procédé consistant à
connaître l'âge des plantes par le nombre des cercles
concentriques de leur bois.

Depuis bien longtemps déjà, les ouvriers qui tra-
vaillent le bois connaissent et appliquent ce procédé.
Michel Montaigne[1] (1581) s'exprime ainsi : « J'ache-
tai une canne d'Inde pour m'appuyer en marchant...
L'artiste, homme habile et renommé pour la fabrique
des instruments de mathématiques, m'apprit que tous
les arbres ont intérieurement autant de cercles et de
tours qu'ils ont d'années. Il me les fit voir à toutes les
espèces de bois qu'il avait dans sa boutique ; car il
est menuisier. La partie du bois tournée vers le sep-
tentrion ou le nord est plus étroite, a les cercles plus
serrés et plus épais que l'autre ; ainsi quelque bois
qu'on lui porte, il se vante de pouvoir juger quel âge
avait l'arbre et dans quelle situation il était. »

On a même pu, à l'inspection de la coupe transversale de certains bois, reconnaître, à l'inégalité de

---

1. Michel Montaigne, *Journal du voyage en Italie*, éd. avec notes
de de Querlen, III, 205 (1774).

développement des zones, l'influence heureuse ou fâcheuse de telle ou telle année sur la végétation, et aux cercles secondaires d'une même zone, les variations

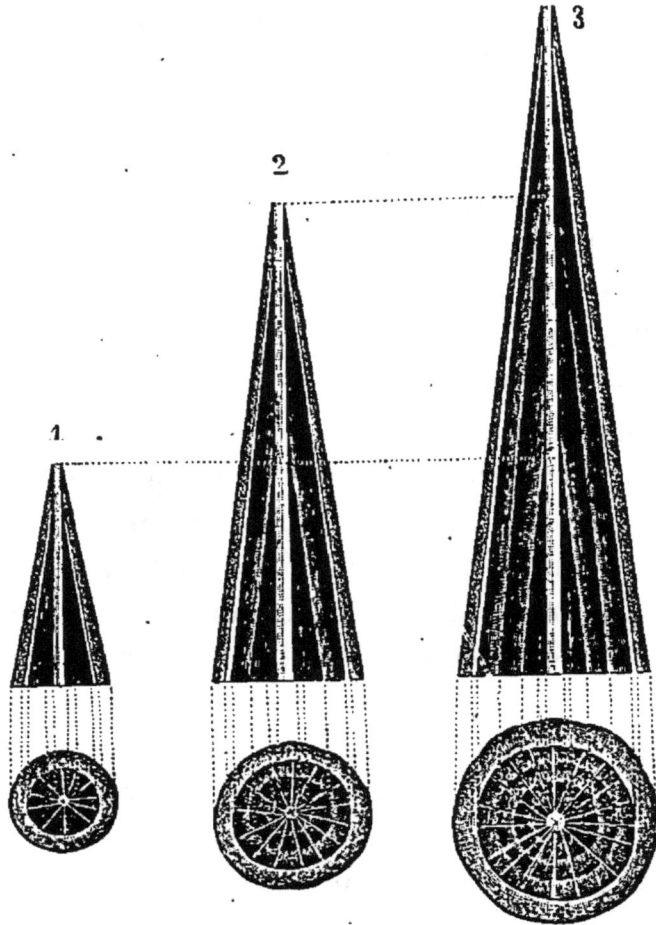

Fig. 82. — Accroissement d'un chêne en longueur et en diamètre, à la fin de la 1re, de la 2e et de la 3e année. Le cylindre central blanc représente la moelle d'où partent les rayons médullaires sur les projections horizontales. Une ligne blanche oblique réprésente la zone d'accroissement et sépare le bois de l'écorce.

de la température d'une même saison. Un arbre peut donc devenir ainsi un calendrier rétrospectif.

Lorsqu'on pratique sur des troncs d'arbres vivants des incisions assez profondes pour pénétrer l'écorce

et attaquer le bois, ces incisions subsistent jusqu'à la
destruction de la plante, en se déformant plus ou moins.
Comme le tissu végétal s'accroît tout autour, ces inci-

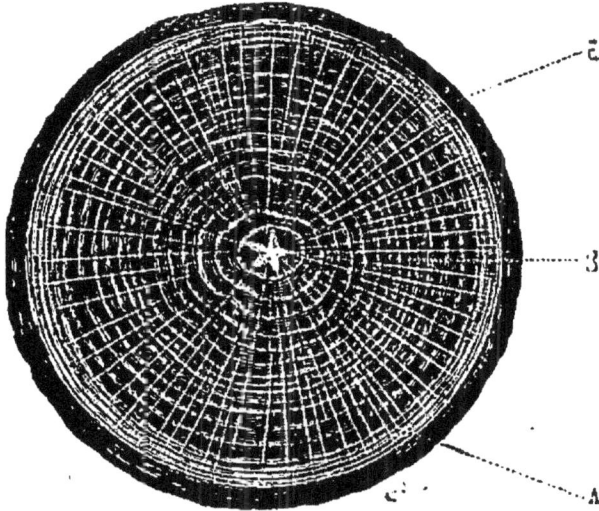

Fig. 85. — Coupe transversale d'un tronc de Chêne blanc âgé de 18 ans.

E, écorce ; A, aubier ou bois récent ; B, bois parfait.

sions sont, au bout d'un certain nombre d'années,
complètement incluses au sein de l'arbre.

Pendant longtemps, les populations furent frappées
de terreur à l'aspect de signes cabalistiques trouvés
par hasard dans des bûches fendues. « Le peuple, dit
Fougeroux de Bondaroy, frappé du merveilleux, ne
cherche pas à approfondir l'objet de sa superstition
qu'il porte jusqu'à l'enthousiasme... Ces figures qui,
souvent, dépendent du jeu de la nature, prennent un
sens que l'imagination suggère... »

Aujourd'hui, toute personne pourra lire sans terreur le récit des faits suivants, qu'on avait crus dignes
d'attirer l'attention de l'Académie:

En fendant un Hêtre, à Hanovre, on trouva entre

l'écorce et le cœur de l'arbre plusieurs majuscules romaines.

En 1647 on trouva dans un Chêne coupé longitudinalement une étoile à six rayons.

En 1688, un bûcheron, fendant un Hêtre, vit avec étonnement, entre les couches ligneuses, la figure d'un pendu ; l'arbre s'était partagé de lui-même au lieu où se voyaient ces dessins. Les figures paraissaient sur les deux côtés du tronc de l'arbre qui s'étaient désunis ; on y voyait la potence et la figure du pendu ; dans une autre portion de cette bûche, on découvrit l'échelle.

Dans le territoire de l'évêché de Hildesheim, dans le cercle de la basse Saxe, à un lieu nommé Gibbesen,

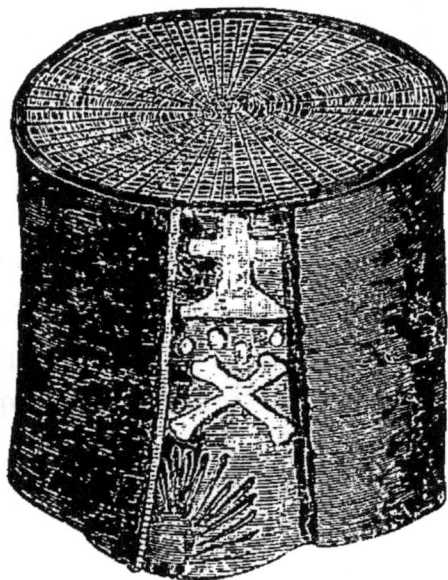

Fig. 81. — Tronc de Hêtre dans lequel ont été trouvés une croix, deux os croisés, etc.

en fendant le tronc d'un Hêtre, on aperçut la lettre **H** surmontée d'une croix.

En sciant un arbre, on trouva en Hollande, dans les couches ligneuses, la figure d'un calice d'où sortait une épée surmontée d'une couronne et au-dessous du calice, les chiffres 177., qui désignaient probablement l'année où l'on aura tracé ce dessin, dont le dernier chiffre n'aura pas été marqué sur le bois.

M. le duc de Croy trouva une croix au milieu d'une bûche provenant d'un Hêtre croissant sur ses domaines.

Une bûche de Hêtre devant être débitée pour faire des boutons, se fendit en un endroit, et l'on vit, sur chacune des faces éclatées, les figures d'une croix avec son support; au-dessous, deux os croisés en sautoir, des larmes, une pique et d'autres figures analogues à ce sujet. Le dessin est éloigné de l'écorce de l'arbre de 66 lignes (environ $0^m,05$).

A Landshut, en 1755, on coupa un Hêtre, et l'on vit dans l'intérieur des couches ligneuses les lettres J. C. H. M. avec les chiffres 1737. On compta 19 couches concentriques depuis le dessin jusqu'à l'écorce.

On abattit, en automne 1777, dans la forêt de Hochberg, un Hêtre qu'on débitait pour le chauffage; en les séparant, on trouva dans les couches ligneuses de cet arbre les lettres F. W. et le nombre 1701. Depuis les caractères jusqu'à l'écorce, on comptait 75 couches ou cercles concentriques, ce qui s'accorde avec l'âge de l'arbre [1].

---

1. Ces citations sont empruntées à l'*Histoire de l'Académie des sciences*, année 1777.

Enfin, on peut voir, au Muséum d'histoire naturelle de Paris, une coupe d'un tronc de Hêtre qui porte dans son épaisseur la date 1750 ; l'arbre a été abattu en 1805, et l'on compte 55 couches entre les deux dates.

Toutes les plantes ne peuvent pas révéler leur âge de cette manière.

Dans les pays chauds, et chez certains arbres, il peut se faire que la végétation n'ait pas d'interruption ; alors les dépôts successifs sont homogènes et indistincts ; les arrêts de végétation lorsqu'ils existent, correspondent toujours à. des époques déterminées ; tantôt ils sont périodiques et annuels, tantôt ils sont multiples en une seule année.

Il est des plantes qui ne peuvent voir que deux printemps successifs, elles naissent, fleurissent, fructifient et meurent dans la même année : telles sont le Blé, le Seigle, l'Orge, l'Avoine, le Chanvre. Ces plantes ne vivent jamais plus d'une année ; la durée de leur existence est fixée, pour la plupart, à neuf mois ; on les dit *annuelles*.

D'autres plantes passent leur première année à acquérir de la nourriture ; pendant la seconde année, elles fleurissent, fructifient et meurent, on les dit *bisannuelles*, telles sont la Carotte, le Navet, la Betterave, etc.

La période pendant laquelle certains végétaux prennent leur nourriture avant de fleurir est variable. La plante connue sous le nom d'Agave d'Amérique amasse des sucs nourriciers pendant 50, 60 et même 100 ans ; elle fleurit ensuite, fructifie et meurt.

De Candolle appelait monocarpiennes toutes ces

plantes qui ne fructifient qu'une fois en leur vie ; il
réservait le nom de polycarpiennes pour toutes celles
qui, comme les Cerisiers, les Pommiers, les Abrico-
tiers, fructifient plusieurs fois. Dans le langage ordinaire, toutes les plantes qui vivent plus de deux ans
sont dites *vivaces*.

CHAPITRE VII

LES PLANTES RESPIRENT

« Il se faut entr'aider, c'est la loi de nature, »
LA FONTAINE.

Le chimiste anglais Priestley fit (1772) l'expérience suivante : il plaça des souris sous une cloche dont l'air n'était pas renouvelé ; au bout de peu de temps, ces petits animaux y moururent. Il introduisit ensuite dans cette cloche, qui était exposée aux rayons solaires, une plante verte, une Menthe ; celle-ci y vécut fort bien. La Menthe fut, à son tour, remplacée par des souris vivantes, et ces dernières s'accommodèrent de l'atmosphère qui leur avait été faite par le végétal.

De là cette opinion qui a régné si longtemps : les animaux vicient l'air qu'ils respirent, les végétaux le revivifient.

Aujourd'hui, les expériences variées, les faits mieux examinés, mieux interprétés, ont apporté un correctif à une opinion si généralement partagée.

D'ailleurs, si les plantes avaient toujours la faculté

10

de purifier l'air que nous respirons, pourquoi ces ma-
laises, ces défaillances de personnes séjournant avec
des plantes dans une chambre à air peu renouvelé?
(Toutes précautions prises d'abord, bien entendu, pour
n'attribuer le malaise qu'au résultat de la respiration
des plantes.)

Les plantes ne jouent donc pas toujours dans l'air
le rôle de réparatrices ; elles sont dans plusieurs de
leurs parties, et à certains moments, des foyers de
corruption.

En quoi consiste donc la respiration végétale?

La réponse à cette question est tout entière dans le
résultat de quelques expériences faciles à répéter.
Mais, avant de rapporter ces expériences, rappelons la
composition de l'air atmosphérique et connaissons
les changements que lui fait subir la respiration ani-
male.

L'air atmosphérique est un mélange d'environ
1/5 d'oxygène, gaz indispensable à la vie, à la combustion; et qui s'unit facilement à un grand nombre de
corps ; d'environ 4/5 d'azote, gaz qui n'entretient ni
la vie, ni la combustion, qui se combine difficilement
aux autres corps, mais qui semble ici n'avoir pour
but que de tempérer l'action de l'oxygène. Outre ces
deux corps fondamentaux, l'air atmosphérique contient encore du gaz acide carbonique (qui n'entretient
pas la combustion) dans la proportion de 4 à 6/10 000 ;
il contient aussi de la vapeur d'eau en quantité variable, et, selon les temps et les lieux, des matières qui
échappent plus ou moins à nos moyens d'investiga-
tions, sans changer d'une manière sensible le mélange
atmosphérique.

Lorsqu'on fait brûler une bougie dans de l'air, sous une cloche, la flamme est tout d'abord normale, brillante; puis elle pâlit; la bougie s'éteint. L'analyse établit, après la combustion, que dans le mélange gazeux de l'intérieur de la cloche, l'oxygène est remplacé en partie par de l'acide carbonique et par un peu de vapeur d'eau.

Lorsqu'on place un animal, un oiseau, par exemple,

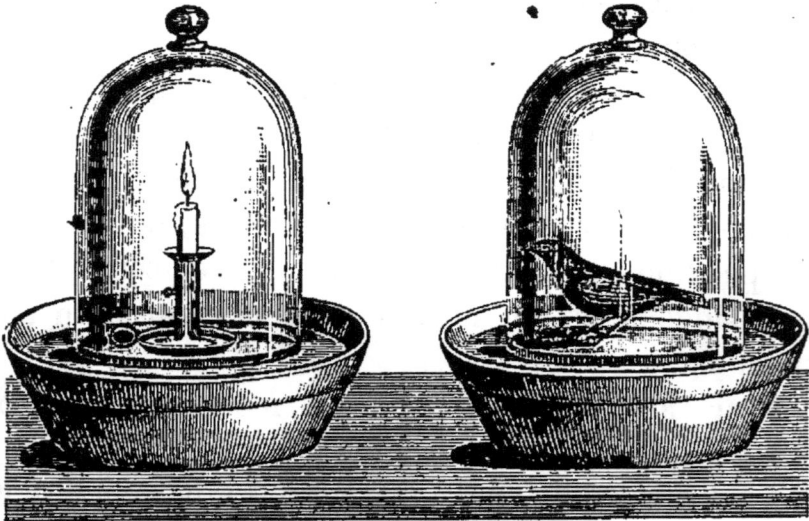

Fig. 85. — Combustion et respiration.

dans l'air atmosphérique, sous une cloche, l'oiseau respire d'abord librement; plus tard, sa respiration s'embarrasse, ses mouvements deviennent anxieux; il meurt. L'analyse établit, après l'expérience, que dans le mélange gazeux de l'intérieur de la cloche, les proportions ne sont plus les mêmes; l'oiseau a pris de l'oxygène, il a rendu de l'acide carbonique et de la vapeur d'eau. En un mot, il a exécuté le même phénomène que la bougie. Respirer, c'est donc brûler. Respiration et combustion sont synonymes.

Que fait la bougie en brûlant? Elle a combiné de l'oxygène de l'air avec le carbone et l'hydrogène qui entrent dans sa composition; il en est résulté de l'acide carbonique et de la vapeur d'eau. Qu'a fait l'oiseau en respirant? Il a pris de l'oxygène à l'air atmosphérique, l'a combiné au sein de son organisme avec du carbone et de l'hydrogène qui entrent dans la composition de son sang : il en est résulté de l'acide carbonique et de la vapeur d'eau.

Mais, dira-t-on, la bougie en brûlant développe une chaleur très forte, elle fait flamme; rien de semblable chez l'oiseau qui respire. Répondons que bien que la chaleur développée par la respiration de l'oiseau ne développe pas de flamme, elle existe cependant; elle est si manifeste que l'animal a toujours une température d'environ 40°, aussi bien pendant l'hiver que pendant l'été, sur le sommet des montagnes comme dans le fond des vallées, sous l'équateur comme dans les parages polaires. Il n'y a de différence entre les deux phénomènes que l'intensité de la combustion ; elle est vive et prompte dans le premier cas, lente et mesurée dans le second.

Que l'animal vive dans l'eau ou qu'il vive dans l'air le phénomène reste le même, quant au résultat; car le mélange atmosphérique pressant sur les masses liquides, se dissout continuellement dans l'eau. La dissolution est telle, que l'oxygène s'y trouve, par rapport à l'azote, en plus grande quantité que dans l'air atmosphérique. L'air respiré dans l'eau est donc de l'air atmosphérique dissous.

Connaissons les résultats des expériences sur la respiration des plantes. Une graine ne peut germer ni dans le vide, ni dans l'azote, ni dans l'acide carbonique, etc. Son embryon ne se développe que s'il est placé dans l'oxygène ou dans un milieu oxygéné; comme un animal, il s'empare de l'oxygène, en combine une partie avec du carbone qui entre dans la composition de ses tissus et rejette de l'acide carbonique.

Les jeunes bourgeons respirent comme un embryon.

Toutes les parties des plantes qui ne contiennent pas de chlorophylle ou matière verte, — telles sont ordinairement les fleurs, les fruits mûrs, etc., — toutes les plantes sans chlorophylle respirent comme les bourgeons, les embryons, c'est-à-dire comme les animaux.

Les parties vertes des plantes ont une respiration (s'il est permis de donner le nom de respiration aux deux phénomènes), dont les résultats sont différents, selon qu'elle se fait sous l'influence des rayons solaires ou dans l'obscurité. Dans l'obscurité ou même à l'ombre, les parties exécutent les mêmes phénomènes que les embryons, les bourgeons, les parties non vertes, les animaux; elles absorbent l'oxygène et rendent de l'acide carbonique. Exposées à ciel ouvert, à l'influence des rayons solaires, elles agissent tout autrement; elles *absorbent l'acide carbonique, gardent le carbone et exhalent de l'oxygène.* Ce phénomène d'exhalation d'oxygène est plus fréquent qu'il ne le paraît d'abord, car il n'est guère de plantes qui, même colorées, ne contiennent de chlorophylle, et l'action directe du soleil s'exerce continuellement à la surface de la terre, à tel ou tel horizon. L'intensité de l'action est excessivement variable.

Il résulte de ces faits que les plantes vicient l'air par leur respiration, comme les animaux, dans tous les cas, à l'exception d'un seul, c'est *lorsque leurs parties vertes sont exposées, à ciel ouvert, à l'action du soleil.*

Voilà pourquoi l'hygiène recommande de ne pas coucher la nuit dans une chambre où séjournent des plantes ou portions de plantes ; voilà pourquoi elle demande de renouveler souvent l'air pendant le jour dans les appartements où se trouvent des bouquets, des plantes colorées ; voilà pourquoi elle conseille de placer les jardinières, les pots de fleurs près des fenêtres, pour faire recevoir aux plantes les rayons solaires.

La privation du soleil produit sur les organes verts des plantes un effet presque analogue à celui qui est amené par les rues sombres sur les populations de quelques grandes cités. Ces populations au teint blême, aux chairs flasques, semblent préparées à recevoir le germe de toutes les maladies. Les végétaux, qui, à l'air, développeraient de la matière verte, s'étiolent lorsqu'on les cultive à l'obscurité, dans des caves ; leurs tissus se décolorent, deviennent flasques, aqueux, sans saveur. La décoloration est cependant parfois recherchée par les jardiniers ; ainsi, les touffes de Chicorée sont liées, afin que le centre de la touffe reste dans l'obscurité, et par conséquent, ne prenne ni amertume ni couleur verte ; les salades cultivées dans les caves ne développent jamais de chlorophylle ; la partie centrale des Choux, recouverte par les feuilles périphériques, reste sans coloration verte ; il en est de même pour les parties enterrées des Céleris, des Cardons, etc.

Les plantes n'exhalent pas seulement de l'oxygène ou de l'acide carbonique, elles rendent aussi de la vapeur d'eau. Le physicien Halles, expérimentant sur un Grand Soleil cultivé en pot, trouva que cette plante perdait presque 1 kilogramme de vapeur d'eau en vingt-quatre heures. Si l'on réfléchit à l'immense quantité de plantes qui vivent à la surface du sol, on conçoit que le poids de l'eau exhalée s'exprime par un nombre prodigieusement élevé.

Des expériences nombreuses ont montré que la transpiration d'une même plante augmente avec l'intensité de la lumière, avec le degré de chaleur, avec l'agitation de l'air; qu'elle diminue en raison inverse de l'humidité du milieu. On a constaté aussi que les plantes ligneuses transpirent moins, en général, que les plantes herbacées, qu'une feuille adulte transpire plus qu'une feuille jeune ou qu'une feuille vieillie.

Les surfaces par lesquelles s'échappe la vapeur d'eau, seule ou unie à quelques produits volatils, peuvent être toutes celles de la plante, mais les faces des feuilles sont plus spécialement le siège du phénomène.

C'est, en effet, à la surface des feuilles qu'apparaissent en plus grand nombre que sur les autres parties du végétal de petites ouvertures, en forme de bouches ou de boutonnières, qui ont reçu le nom de *stomates*. Un stomate consiste le plus souvent en une ouverture allongée, en une fente bordée par deux cellules renflées, et il présente une certaine ressemblance avec une boutonnière. L'ouverture communique avec une cavité sous-jacente qui, elle-même, est en rapport avec le tissu central ou parenchyme de la feuille. La position des stomates est très variable; tantôt ces petites

fentes sont à la partie superficielle de la feuille, comme
dans les Lis, les Iris, les Glaïeuls ; tantôt elles sont placées au fond de petites cavités en cul-de-sac, isolées
comme dans les Vaubiers, les *Grevillea*, les *Protea*,
ou groupées comme dans le Laurier-cerise ; elles sont
ordinairement plus nombreuses à la face inférieure de
la feuille qu'à la face supérieure, où elles peuvent

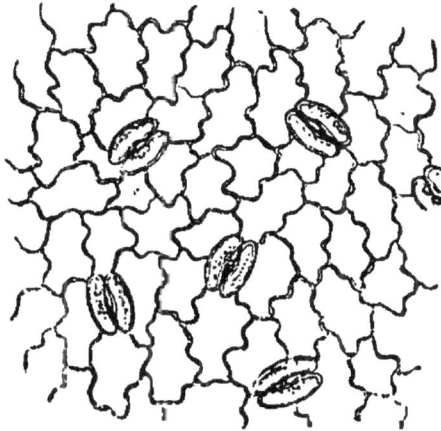

Fig. 86. — Cellules superficielles de la face inférieure d'une feuille.
On y voit des stomates.

manquer ; elles siégent au contraire à la surface supérieure des feuilles flottantes et manquent sur les
feuilles submergées. Les dimensions des stomates sont
très petites et variables, comme leur nombre, pour
deux plantes différentes ; ainsi, le plus grand diamètre
de ces petites ouvertures est de $\frac{30}{1000}$ de millimètres chez
le Buis, et de $\frac{33}{1000}$ chez le Chêne ; la face inférieure de
la feuille de Buis contient 149 stomates par millimètre
carré, celle du Chêne en contient 250 dans le même
espace.

Les cellules qui bordent l'ouverture du stomate
sont hygroscopiques ; elles peuvent, sous l'influence de

l'humidité ou de la sécheresse, s'écarter ou se resserrer; par conséquent, élargir l'ouverture ou la rétrécir, et, par ce moyen, favoriser ou gêner la sortie des gaz et des vapeurs.

Toute la vapeur d'eau qui s'échappe du végétal n'est pas, comme la vapeur de l'air expiré par un animal à poumons, le résultat d'une combustion intérieure ; loin de là, c'est surtout une véritable transpiration dont les variations sont soumises aux lois du phénomène physique appelé évaporation.

Essayons de nous faire une idée de cet immense mouvement de matière que produit la respiration.

Un homme fait, en moyenne, 16 à 18 inspirations par minute, et enlève chaque fois à l'atmosphère environ un demi-litre de gaz. Il introduit donc dans ses poumons 8 litres d'air par minute, ou 480 par heure, c'est-à-dire plus de 11 mètres cubes par jour. L'air expiré contient, sur 100 parties en volume, 4,87 d'oxygène en moins que l'air inspiré ; un homme prend donc à l'atmosphère environ 1 litre 23 d'oxygène par minute, ou 74 litres par heure et 1776 litres par jour. En évaluant la population du globe terrestre à un milliard, on trouverait que la quantité d'oxygène prise à l'air par tous les hommes est, en un jour, de 1,776,000,000 de mètres cubes. Nombre immense, mais qui n'est qu'une petite fraction de celui qui exprimerait la quantité d'oxygène enlevée par la respiration de tous les êtres vivants et par les différentes combustions.

Depuis les milliers de Protozoaires qui grouillent dans une goutte de liquide, jusqu'aux monstres géants de l'Océan, depuis le fétu de paille qui se pourrit

lentement, jusqu'aux immenses dépôts végétaux ense-
velis dans le sol, depuis l'allumette ou la veilleuse qui
brûlent, jusqu'à ces immenses fourneaux d'usine et ces
gigantesques brasiers souterrains qui ont un volcan
pour cheminée ; tous, animaux, végétaux, corps qui
s'oxydent, consomment de l'oxygène.

C'est ainsi que l'air atmosphérique s'appauvrit
sans cesse du gaz qui lui donne ses meilleures propriétés.

Tous ces consommateurs d'oxygène n'appauvris-
sent pas seulement l'air, ils le vicient. En échange
du gaz de la vie, ils donnent le gaz de la mort, ou,
pour parler avec plus de vérité, un gaz brûlé, l'acide
carbonique.

L'air expiré par l'homme contient, sur 100 parties,
4,23 d'acide carbonique en plus que l'air inspiré ; ce
qui, d'après les données précédentes, indique qu'un
homme brûle, en une heure, un poids minimum de
carbone égal à 9 grammes. En un jour, le poids de
carbone brûlé est de 216 grammes ; en un an, il est
d'environ 79 kilogrammes. De sorte qu'en un an, un
homme de proportion ordinaire brûle un morceau de
carbone dont le poids est au moins égal au sien. Si
l'on essaye de se représenter le volume du carbone
consommé pour faire de l'acide carbonique, pendant
une vie humaine seulement, par tous les représentants
de l'humanité, par tous les animaux, par tous les végétaux pendant les nuits et leurs parties colorées pendant le jour, par tous les foyers de combustion lente et
de combustion vive, il se dresse devant l'imagination
effrayée une immense montagne de charbon.

Mais l'homme et les animaux n'apportent pas en

naissant cette grande quantité de carbone qu'ils brûlent en respirant; ils sont forcés de l'acquérir chaque jour; chaque jour, et bouchée par bouchée, ils s'approprient la dose qui leur est nécessaire. Cette dose de charbon, qui la leur fournit? — L'air appauvri d'oxygène par l'inspiration, vicié par l'expiration, perd ses propriétés vitales; qui les lui rend?

Ce sont les parties vertes des plantes.

Les parties vertes sont représentées en grande partie par les feuilles, et ces organes se montrent, dans nos contrées tempérées, chaque année, au printemps. Aussi le printemps est-il pour nous un symbole de vie, de résurrection. La terre renouvelle sa parure végétale, les insectes naissent, les oiseaux joyeux gazouillent et se recherchent. Multipliez, animaux de toutes espèces, les nouvelles feuilles ont apparu; elles vous rapportent l'air de la vie et la nourriture.

L'homme lui-même, quoique modifié par la civilisation, est loin d'être insensible aux phénomènes de résurrection qui l'entourent; ses pensées deviennent riantes, son énergie redouble; le jeune homme sent naître en lui les aspirations les plus vives; le malade sans forces et le vieillard abattu reviennent à l'espérance.

Comment les parties vertes des plantes rendent-elles à l'air vicié ses propriétés vitales? Comment préparent-elles la nourriture des animaux? Sous l'influence directe du soleil, ces parties épurent l'air; elles lui enlèvent l'excès d'acide carbonique qu'il contient, décomposent ce produit dans leur tissu, et en séparent les deux éléments, l'oxygène et le carbone. L'oxygène est, en partie, rendu à l'air, qui reprend ses propriétés vivifiantes ; beaucoup de carbone est emmagasiné. Les plantes ne gardent pas ce dernier corps à l'état de liberté, elles l'unissent aux matières qu'elles puisent dans le sol et font, avec le tout, du tissu végétal qui devient racine, tige. rameaux, feuilles, fleurs ou fruits et fabrique les éléments de notre alimentation[1].

En mangeant ce tissu végétal, l'homme ou l'animal mange donc du charbon : il devient comparable à un fourneau ; son combustible est constitué par sa nourriture, et l'oxygène qu'il prend à l'air exécute au dedans de lui cette combustion appelée respiration.

Ainsi la plante nourrit l'animal, et l'animal nourrit la plante. Tous les êtres vivants sont liés par la plus étroite solidarité. En examinant de plus près les phénomènes, il devient évident que le règne organique est tout aussi intimement lié au règne inorganique, que tout dans la nature a son rôle à remplir, que rien n'est inutile, que la suppression radicale du plus petit être, du moindre grain de poussière, si elle était possible, amènerait un cataclysme universel.

---

1. Bien que le charbon ne soit pas apparent dans une plante, il y existe cependant. En effet, c'est avec des fagots qu'on obtient le charbon de bois ; lorsqu'on soumet à une très forte chaleur une pomme, une poire, une partie des éléments se dégage en vapeurs ou forme des cendres et il y a un résidu de charbon noir ; lorsque des végétaux sont enfouis dans le sol, une combustion lente s'établit, une partie des éléments du bois est brûlée et il reste une forte proportion de carbone qui, uni à d'autres matières, prend le nom de houille ou de charbon de terre.

CHAPITRE VIII

LES PLANTES SE MARIENT

« ... Je ne juge pas, je raconte...
                              MONTAIGNE.

Les plantes se marient[1]; le moment du mariage
est annoncé par l'apparition des fleurs. Ces fleurs ne
sont pas toutes semblables ; les unes sont d'une exces-
sive simplicité, d'autres sont bourgeoisement mises,
d'autres encore sont d'une rare élégance. Quelles
qu'elles soient, elles ne diffèrent guère, en définitive,
que par l'habit. Ainsi les fleurs de l'If sont nues ;
chacune se compose : 1° d'un petit corps central, ovi-
forme, qu'on appelle *ovule*, et 2° d'un petit sac blanc
verdâtre qui contient l'ovule, et qui, pour cette raison,
a été nommé *ovaire*.

Les fleurs de Saule ne sont pas plus vêtues que
celles de l'If, mais leur ovaire forme, à sa partie su-

---

1. Le mot de mariage, est, dans ce chapitre, pris dans le sens
d'union, l'union momentanée d'une cellule végétale à une autre. Il
est, par conséquent, détourné de son acception primitive.

périeure, un prolongement terminé par un renflement bilobé, glanduleux et humide[1]. Celles de l'Ortie n'ont qu'un court vêtement[2] ; il est composé de quatre folioles qui entourent la base de l'ovaire. Celles du Melon, de la Citrouille sont plus et mieux vêtues ; car

Fig. 87. — Fleur de l'If.

1, Fleur entière avec les écailles situées au-dessous d'elle ; 2, la même fleur coupée par un plan vertical et médian, et montrant l'ovule dans l'ovaire.

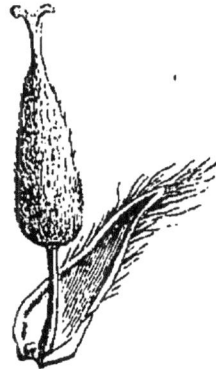

Fig. 88. — Fleur du Saule à l'aisselle d'une bractée ou petite feuille.

la partie supérieure de l'ovaire est protégée par une double enveloppe festonnée ; l'une externe, verte, l'autre interne, jaune[3].

L'If, le Saule, l'Ortie, le Melon, produisent encore d'autres fleurs que celles dont il vient d'être question ; ces autres fleurs sont habillées comme les premières, mais elles en diffèrent en ce qu'elles n'ont ni ovaire, ni ovule. L'ovaire est remplacé par un plus

1. En langage botanique, le prolongement s'appelle le *style*, et le renflement porte le nom de *stigmate*. Ovaire, style et stigmate constituent l'ensemble appelé *pistil*. Le pistil ou l'ensemble des pistils d'une fleur constitue son *gynécée*.

2. Ce vêtement s'appelle en botanique un *périanthe*.

3. L'enveloppe externe a reçu le nom de *calice*, l'enveloppe interne celui de *corolle*.

ou moins grand nombre de baguettes terminées par une poche allongée ; et dans la poche se trouve

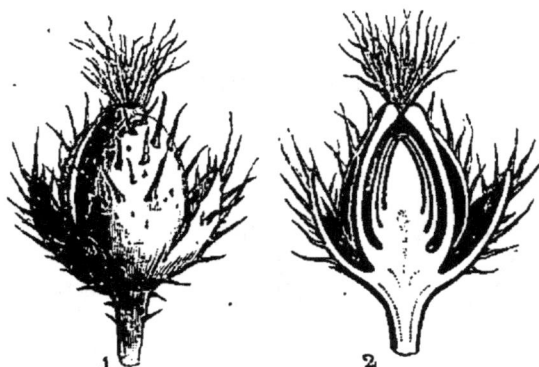

Fig. 89. — Fleur de l'Ortie.

1, Fleur entière ; 2, la même fleur coupée par un plan vertical et médian. Son ovule, qui est unique dans l'ovaire, est revêtu de deux enveloppes.

une poussière formée de grains libres ou rarement réunis[1].

Les fleurs munies d'ovaires et d'ovules, ou autrement dit d'un gynécée, sont les seules qui puissent donner des fruits et des graines : ce sont donc des *fleurs femelles*, on les appelle aussi *fleurs pistillées*. Elles ne donnent fruits et graines qu'autant qu'elles ont reçu le concours des fleurs qui possèdent des étamines ; ces dernières fleurs sont donc des *fleurs mâles*, on les appelle aussi des *fleurs staminées*. Il y a des fleurs qui, comme celles de la Primevère, du Fuchsia, de la Mauve, de la Vigne, du Tabac, renferment ovaires et étamines ; elles constituent, par conséquent, des fleurs *hermaphrodites*. Un arbre femelle est celui

1. Ces baguettes sont des *étamines*, leur partie grêle est le *filet* ; la bourse terminale est l'*anthère*, la poussière contenue est le *pollen*, l'ensemble des étamines d'une fleur constitue son *androcée*.

qui ne porte que des fleurs femelles ; il y a des Ifs
femelles, des Saules femelles, des Chanvres femelles.
Un arbre mâle est celui qui ne porte que des fleurs
mâles ; il y a des Ifs mâles, des Saules mâles, des

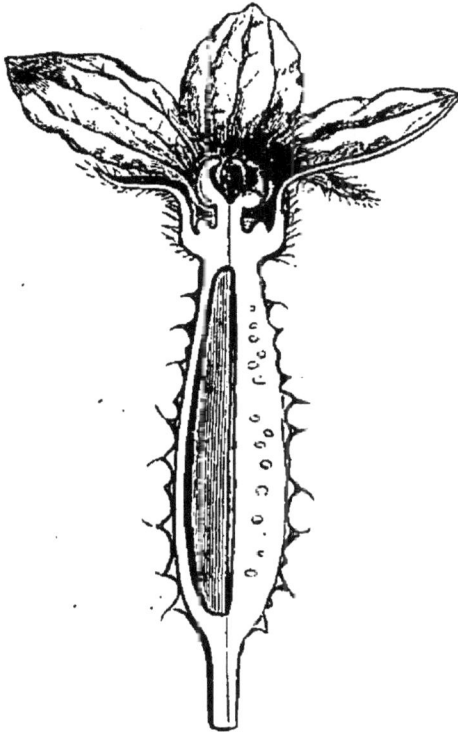

Fig. 91. — Fleurs sta-
minée ou mâle de l'If.

Fig. 90. — Fleur de Melon coupée par un
plan vertical et médian. L'ovaire est
constitué par le réceptacle floral, les
ovules sont nombreux ; plusieurs, à
droite, ont été atteints dans la coupe.

Fig. 92. — Fleur sta-
minée ou mâle du
Saule à l'aisselle
d'une bractée.

Chanvres mâles. Les Melons, les Ricins, etc., portent,
sur le même pied, des fleurs mâles et des fleurs femelles ; on dit de ces plantes qu'elles sont *monoïques*.
Les Ifs, les Saules, etc., dont les fleurs mâles se trouvent sur des pieds différents de ceux qui portent les
fleurs femelles, ont reçu le nom de plantes *dioïques*.

Lorsqu'une plante, telle que la Pariétaire, porte, sur le même pied, ou sur des pieds différents, des fleurs

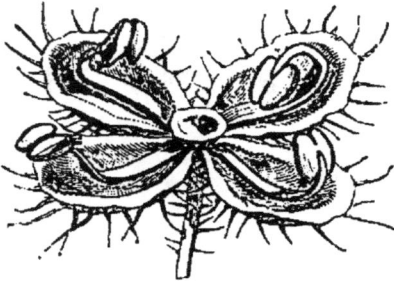

Fig. 93. — Fleur staminée ou mâle du Chanvre.

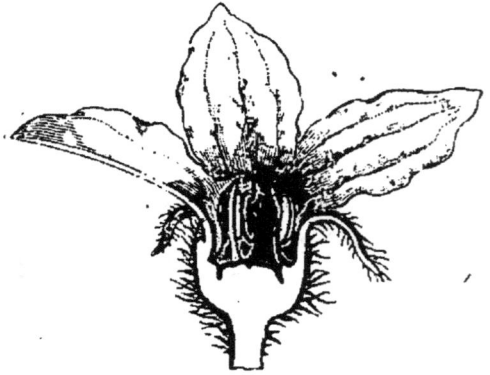

Fig. 94. — Fleur staminée ou mâle du Melon, coupée par un plan vertical et médian.

A   B

Fig. 95. — Fleur de la primevère.

A, fleur entière; B, fleur coupée par un plan vertical et médian, montrant la moitié de l'androcée et la moitié du gynécée (le style est entier).

mâles, des fleurs femelles et des fleurs hermaphrodites, on la dit *polygame*. Les plantes hermaphrodites sont les plus nombreuses et celles dont les fleurs sont

11

les plus complètes ; les Pommiers, les Cerisiers, les
Pruniers, les Groseilliers, les Mauves sont des plantes
hermaphrodites.

La fleur la plus complète se compose donc essen-

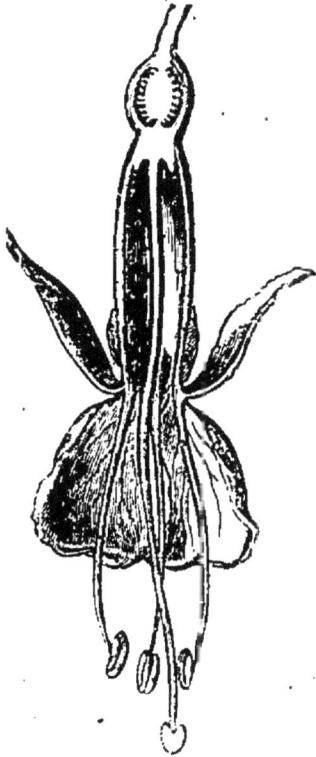

Fig. 96. — Fleur renversée de
Fuchsia, coupée par un plan vertical et médian.

Fig. 97. — Fleur de tabac.

tiellement d'un gynécée, d'un androcée, et d'un périanthe double ou multiple. Quelle est la nature de
ces différentes parties? Gœthe, botaniste non moins
célèbre que poète illustre, les a assimilées à des
feuilles. Il suffit, pour se convaincre de la vérité de
cette assertion, de suivre les différentes folioles dans
leur évolution, depuis leur naissance jusqu'à leur complet développement; on peut encore s'éclairer en

examinant des exemples où toutes les transitions sont ménagées. Ainsi chez les Hellébores, les Pivoines, les folioles extérieures de la fleur ou sépales rappellent la

Fig. 98. — Fleur de Vigne réduite à l'androcée et au gynécée. Le calice et la corolle ont été coupés.

Fig. 99. — Fleur de Mauve, réduite à l'androcée et au gynécée. Le calicule qui l'entourait à la base, le calice et la corolle ont été coupés.

forme des feuilles supérieures. Chez le Nénuphar blanc, les sépales perdent leur couleur verte sur les bords et sur leur paroi interne; les pétales, à leur tour, se modifient insensiblement, à mesure qu'ils se rapprochent du centre de la fleur, de sorte que leur transformation en étamines est des mieux graduées. Les folioles placées plus haut encore, ou *feuilles carpellaires*, se referment par leurs bords, comme chez les Ancolies, ou se réunissent bords à bords, comme dans les Verveines, les Millepertuis, et constituent une cavité qui prend le nom d'ovaire. Les sommets des feuilles qui surmontent l'ovaire sont les styles. Il est vrai que souvent l'ovaire n'est pas formé entièrement par des feuilles ; c'est dans le cas où le réceptacle floral a son sommet profondément concave ; alors le réceptacle lui-même devient l'ovaire, et les feuilles qui le surmontent ne servent souvent qu'à fermer l'ouverture et à constituer les styles. Enfin, les ovules sont portés sur l'axe qui se dispose en placenta simple ou divisé ; on pourrait presque les assimiler à des bourgeons, mais ils sont de nature plus complexe.

Toutes les parties de la fleur sont d'abord agencées les unes sur les autres et forment le bouton, comme les jeunes feuilles réunies formaient le bourgeon. Elles sont placées sur l'axe, disposées les unes par rapport aux autres selon des lois fixes, comme les feuilles ; toutes les fleurs de la même espèce sont composées du même nombre d'éléments semblablement placés. La position même de chaque fleur est déterminée d'avance, aussi bien lorsqu'elle est isolée sur une plante que lorsqu'elle est réunie à d'autres pour former ce qu'on appelle une *inflorescence* en bouquet. La connaissance de toutes ces particularités exige une étude que nous ne pouvons entreprendre ici ; nous renvoyons aux traités de botanique.

Lorsque les pétales ont une belle couleur ou renferment des principes odorants, on cherche à les multiplier. On y arrive en cultivant la plante par des procédés connus. On double, triple, quadruple les pétales, ou l'on transforme en pétales les nombreuses étamines d'une fleur. On obtient ainsi des fleurs doubles, mais qui, souvent, sont incapables de se reproduire par graines.

Fig. 100. — Chanvre.

1, pied femelle ; 2, pied mâle.

L'observation des faits établit nettement que les distinctions de sexe, chez les plantes, ne sont pas des rêveries, des jeux de l'imagination. Hérodote, qui mourut 406 ans avant notre ère, raconte que les Babyloniens distinguaient les Dattiers mâles des Dat-

Fig. 101. — Groupe de fleurs ou inflo- rescence d'un Saule femelle.

Fig. 102. — Groupe de fleurs ou inflorescence d'un Saule mâle.

tiers femelles et qu'ils rapprochaient les branches fleuries de ces deux plantes pour obtenir des dattes. En Égypte, les cultivateurs qui exploitent les Dattiers multiplient les pieds femelles et ne conservent que peu de pieds mâles ; la proportion est d'environ 1 pour 100 ; souvent même, les pieds femelles sont seuls conservés. A chaque époque de floraison, des bouquets de fleurs staminées sont rapportés de régions éloignées et secoués sur les fleurs pistillées. En 1800, les fellahs égyptiens, tourmentés par l'armée française,

ne purent aller dans les déserts chercher des fleurs
mâles, les Dattiers femelles ne furent pas fécondés et
toute la récolte de dattes manqua.

Chaque jour, de nouvelles expériences montrent

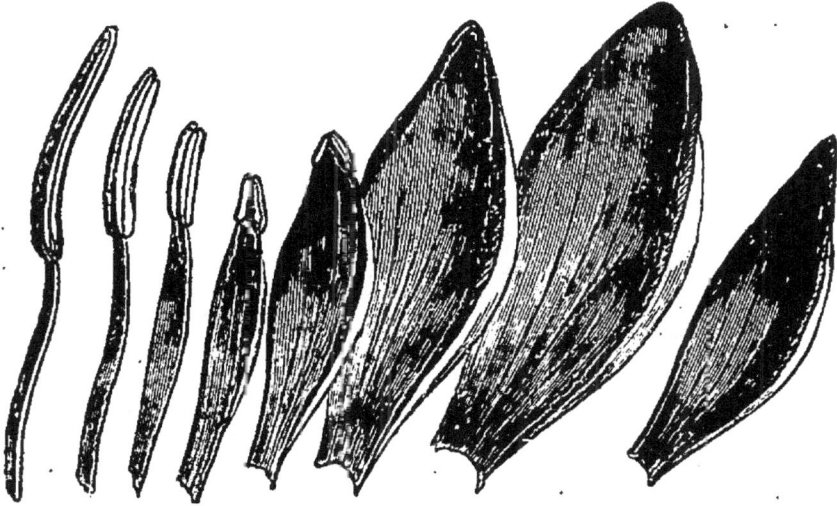

Fig. 105. — Nénuphar blanc. — Transformation insensible des folioles
du périanthe en étamines.

que des plantes femelles nées en prison et maintenues
isolées ne donnent jamais de graines.

Lorsqu'une plante femelle arrive des contrées loin-
taines dans notre pays, elle peut fleurir, mais elle ne
donne de graines que lorsque le pied mâle est venu la
rejoindre.

Qu'on mutile à temps une fleur hermaphrodite en
lui coupant les filaments mâles et qu'on empêche tout
contact avec les fleurs voisines de la même espèce, la
fleur sera incapable de transformer ses ovules en
graines.

La partie active des fleurs mâles, celle qui est indispensable à la fécondation, c'est la poussière contenue
dans la poche de l'étamine.

Fig. 104. — Ricin.

1, rameau portant une inflorescence dont les fleurs femelles occupent le sommet et
les fleurs mâles la base ; 2, feuille ; 3 fleur staminée ; 4, fleur pistillée réduite au
gynécée ; 5, graine ; 6, coupe verticale et médiane de cette graine.

En effet, il suffit qu'un peu de cette poussière projetée naturellement ou artificiellement arrive sur l'extrémité glanduleuse du prolongement de l'ovaire (le
stigmate), pour qu'il
y ait grande chance
de fécondation heu-
reuse.

Les jardiniers de
nos serres font chaque
jour des mariages en-
tre leurs plantes (mi-
ses à l'abri des vents
et de l'atteinte des in-
sectes). C'est au pro-
cédé qu'ils emploient
que l'île de la Réunion
doit aujourd'hui sa
grande production de
vanille. Jusqu'en
1841, cette colonie
renfermait peu de Va-
nilliers ; parmi les
fleurs qui se mon-
traient, quelques-unes
seulement étaient sui-

Fig. 105. — Petite Centaurée. Inflorescence
ou disposition des fleurs.

vies d'un fruit, ce qui tenait au voyage rarement
heureux du contenu de l'étamine. A cette époque, un
jeune nègre de douze ans, chargé de soigner des Vanilliers, s'avisa de porter sur la sommité glanduleuse
du prolongement de l'ovaire la masse de poussière
conglomérée contenue dans l'anthère, et il s'aperçut
qu'un fruit succédait à chacune des fleurs sur les-

quelles il avait opéré. Le procédé qui multipliait les fruits, multipliant en même temps la richesse du propriétaire, ne put être tenu secret bien longtemps. Tous les colons pratiquèrent bientôt la fécondation artificielle. Aujourd'hui, les Vanilliers sont si nombreux à la Réunion, que le prix de la vanille a considérablement diminué.

Chez un très grand nombre de plantes, le contenu

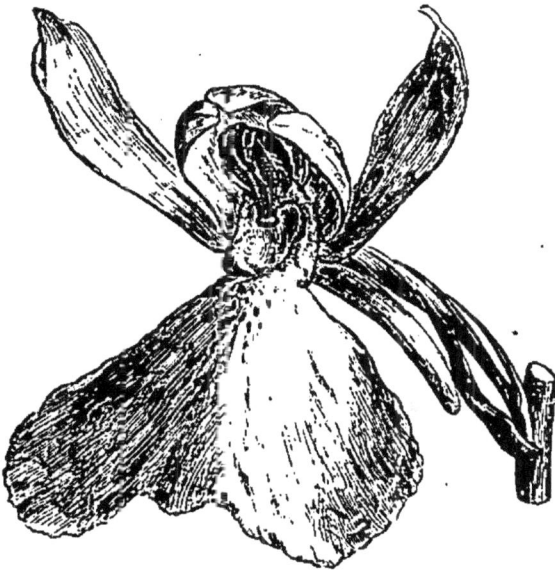

Fig. 106. — Fleur grossie d'Orchis tacheté. L'androcée consiste en deux poches qui contiennent du pollen aggloméré en masses, comme celui de la Vanille.

de l'étamine ne s'échappe qu'après l'épanouissement de la fleur ou pendant qu'il se fait. L'épanouissement consiste dans le déplacement, la disjonction des folioles qui constituent le bouton. Il s'opère, pour chaque plante, à des époques particulières de l'année, à certaines heures de la journée, par un temps plus ou moins humide. De sorte que l'on a pu établir, avec assez de raison, ce que l'on appelé un calendrier de Flore, une horloge de Flore, un hygromètre de Flore.

En prenant pour guide un calendrier de Flore, on pourra se procurer l'agrément de voir fleurir, avec une approximation variable, aux environs de Paris, dans les jardins :

. En janvier, l'Hellébore rose de Noël, le Safran, le Tussilage odorant ou Héliotrope d'hiver, etc. ;

En février, la Galanthine perce-neige, l'Éranthe d'hiver, l'Hellébore pourpre, la Violette de Parme, etc. ;

En mars, l'Anémone sylvie, la Grande Pervenche, les Pâquerettes, la Giroflée jaune, etc. ;

En avril, le Lilas, diverses Anémones, des Scilles, des Narcisses, des Fritillaires, des Tulipes, etc. ;

En mai, la Giroflée quarantaine, la Gentiane bleue, l'Ancolie, quelques Campanules, etc. ;

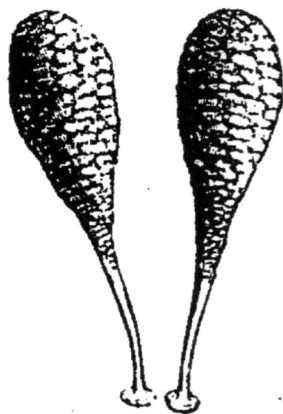

Fig. 107. — Pollen en masses de la fleur d'Orchis tacheté.

En juin, les Balisiers, les Capucines, les Glaïeuls, la Digitale pourprée, etc. ;

En juillet, le Soleil Tournesol, les Trigidia, les Scabieuses, l'Amaryllis belladona, les Gouets, etc. ;

En août, le Jonc fleuri, la Balsamine à fleurs doubles, les Belles-de-nuit, les Stramoines, les Pieds-d'alouette, etc. ;

En septembre, la Campanule pyramidale, les Dahlias, les Ketmies, des Lupins, des Verveines, des Scabieuses, etc. ;

En octobre, des Reines-Marguerites, des Mufliers,

des Ricins, le Gynerium argenté, le Réséda odorant, etc. ;

En novembre, le Cobæa grimpant, la Capucine des Canaries, l'Eupatoire à feuilles molles, différentes espèces de Morelle, etc. ;

En décembre, la Jacinthe romaine blanche, le Tritelia à fleur isolée, la Tulipe dite duc de Thol, etc.

Le tableau qui précède ne doit pas être pris à la lettre. Parce qu'une plante est indiquée comme fleurissant dans le mois de mai, il ne s'ensuit pas qu'elle ne soit en fleurs que pendant ce mois, ni qu'elle ait commencé à fleurir ce mois même, ni qu'elle défleurisse le 31 de ce mois, pour être remplacée par d'autres qui se montreront précisément le 1er juin. Il est des plantes, telles que le Dahlia, les Primevères, les Violettes, les Cobæa grimpant, etc., qui produisent une longue série de fleurs et restent fleuries pendant plusieurs mois. D'ailleurs, la variabilité dans les saisons peut avancer, retarder la floraison ou la faire cesser, dans un même endroit.

De Candolle a remarqué qu'à Paris, en été :

Le liseron des haies s'épanouit entre trois et quatre heures du matin.

La Matricaire odorante, entre quatre et cinq heures.

Le Pavot à tige nue (*P. nudicaule L.*), à cinq heures.

Le Liseron tricolore, la Lampsana commune ou Herbe à six mamelles, entre cinq et six.

Les Épervières, les Laitrons, entre six et sept.

Les Nénuphars, les Laitues, à sept heures.

Le Miroir de Vénus (*Specularia speculum*), de sept à huit.

Le Mouron des oiseaux, à huit heures.

La Nolane couchée, entre huit et neuf.

Le Souci des champs, à neuf heures.

La Glaciale, entre neuf et dix.

La Ficoïde nodiflore, de dix à onze.

Le Pourpier, à onze heures, ainsi que le Trigidia queue de paon (appelé, pour cette raison, *Dame-d'onze-heures*).

La plupart des Ficoïdes, à midi.

Le Silène noctiflore, entre cinq et six heures du soir.

La Belle-de-nuit, entre six et sept.

Le Cierge à grandes fleurs, l'Onagre à quatre ailes, entre sept et huit.

Le Liseron pourpre, que les jardiniers ont nommé *Belle-de-jour* (sans doute parce qu'ils la trouvaient toujours ouverte avant leur lever), s'épanouit à dix heures du soir.

Les fleurs des Cistes, des Lins, qui s'épanouissent entre cinq et six heures du matin, se détruisent avant midi.

Les fleurs du Trigidia queue de paon, qui s'épanouissent entre six et sept heures du soir, se ferment vers minuit.

L'Ornithogalle en ombelle épanouit ses fleurs pendant quelques jours à onze heures du matin, et les ferme à trois heures du soir.

La Ficoïde noctiflore, qui s'épanouit plusieurs jours de suite à sept heures du soir, se referme vers six ou sept heures du matin.

Plusieurs fleurs changent d'aspect à l'approche de la pluie et reprennent leur position première lorsque

l'atmosphère cesse d'être humide. Ce fait est fréquent
chez les plantes dites Composées, telles que les Pissenlits, les Chicorées, certains Soucis, les Laitrons, etc. .
La plupart ferment leurs fleurs et prennent un aspect
triste lorsqu'il pleut. D'autres, qui ont les fleurs dres-
sées quand le ciel est serein, les ont pendantes et ren-
versées si l'orage survient.

L'Hélianthe annuel présente un singulier phénomène : la tige se termine par un large plateau qu'on
appelle à tort sa fleur, mais qui, en réalité, est une
réunion d'un grand nombre de fleurs ; tandis que les
fleurs du centre ont une corolle peu apparente, celles
de la périphérie ont des folioles d'un beau jaune :
c'est ce qui a fait donner à la plante le nom de Soleil.
Le support de cette réunion de fleurs se tord sur lui-
même, de manière que, le matin, le plateau floral
regarde l'orient, à midi, il regarde le midi ; le soir,
il regarde l'occident. Il semble, pour parler le langage ordinaire, que cette partie de la plante suive le
soleil dans sa course. Ce fait, connu depuis très longtemps, a fait donner à l'Hélianthe annuel un troisième
nom, celui de Tournesol. Beaucoup de plantes des
champs imitent le Tournesol. « Lorsque le soir, dit
Hegel, on entre dans une prairie en regardant le cou
chant, on n'y voit que fort peu de fleurs, parce
qu'elles sont toutes tournées vers le soleil couchant ;
au contraire, si l'on arrive du côté opposé, on voit la
prairie briller de l'éclat de mille et mille corolles. De
même, lorsque, de grand matin, l'on se dirige vers la
prairie en regardant l'occident, on n'y aperçoit pas
de fleurs, parce qu'elles sont restées inclinées du côté
où le soleil s'est couché ; mais on les verra se retour-

1   2

Fig. 108. — Vallisnérie spirale.

1, pied femelle ; 2, pied mâle laissant aller à la surface de l'eau des bouquets de fleurs.

ner vers l'orient à mesure que le soleil s'élèvera sur l'horizon. »

Tous les êtres organisés ont en eux un foyer de vie entretenu, avivé par toutes les forces de la création. Ces forces se combinent entre elles de mille manières et produisent, comme résultante, cette harmonie universelle qui apparaît si admirable lorsqu'on peut y penser sans vertige. L'être vivant n'a pas seulement la vie dans toutes ses parties, il jouit du droit de constituer, avec une portion de lui-même, un autre être vivant. Tantôt cette portion, telle qu'un bourgeon de polype, de végétal, se détache et constitue immédiatement un individu distinct; tantôt elle ne devient être distinct qu'après son rapprochement d'une portion analogue fournie par un être de l'autre sexe.

Ce n'est pas seulement l'homme qui devient l'agent matrimonial des plantes ; c'est un être quelconque, abeille, mouche ou papillon ; c'est le zéphir ou l'ouragan. Mais combien de plantes se privent d'intermédiaire ! Nées immobiles, fixées au sol, elles ne se sont jamais déplacées, même pour chercher leur nourriture ; mais le moment de perpétuer l'espèce est arrivé, et elles exécutent des mouvements lents ou saccadés les plus surprenants.

Il suffit de regarder pendant quelques instants une couche de Melons fleuris pour remarquer des abeilles volant de fleur en fleur, se plongeant avidement au fond de chacune, se retournant et se trémoussant dans la coupe dorée ; au moyen de ces mouvements, l'insecte ébranle la fleur, fait tomber sur ses membres ou sur son corps la poussière fécondante des étamines, et, messager d'amour à son insu, la porte sur les fleurs femelles visitées à leur tour.

Dans l'Amérique tropicale, les colibris, les oiseaux mouches remplissent, par rapport aux plantes, le rôle dont se chargent chez nous les abeilles et la petite gent ailée.

Il est des arbres qui fleurissent avant l'éclosion des insectes : tels sont l'If, le Pin, le Sapin, etc. ; les mouches ne peuvent donc pas être, pour eux, des agents de mariage, elles sont remplacées par les courants atmosphériques. En effet, à la fin de l'hiver, au commencement du printemps, les Ifs, les Pins, etc., se garnissent de petites poches remplies d'une poussière jaune pâle ou pollen, et, à un moment donné, ces petites poches s'ouvrent ; elles donnent issue à la poussière, qui est enlevée, disséminée par les vents et portée sur les Ifs femelles ou sur les fleurs pistillées des Pins, des Sapins.

Parfois, la quantité de pollen répandue à certains endroits est si considérable, qu'elle a fait croire à des pluies de soufre. Le vent est vraiment un grand marieur ; il se joue de la distance et des barrières qui séparent les futurs conjoints ; il marie les Palmiers au désert et les plantes des enceintes les mieux gardées.

La Vallisnérie spirale se passe du bon office des insectes et des courants d'air. C'est une herbe qui croît au fond des eaux tranquilles ; elle est très commune dans quelques lacs et étangs du midi de la France, et en particulier dans le canal du Languedoc. Comme le Saule, comme l'If, elle a des pieds mâles et des pieds femelles. Les fleurs pistillées sont à l'extrémité de pédoncules qui peuvent s'allonger assez pour les amener à la surface de l'eau ; elles ne s'épanouissent que lorsqu'elles sont arrivées en cette position. Les fleurs staminées sont groupées, protégées par des écailles et placées au fond de l'eau sur de courts pédoncules qui ne peuvent s'allonger. Lorsque le moment de l'union est arrivé, ce qui est indiqué par l'épanouissement des fleurs pistillées, le groupe des fleurs staminées se détache brusquement du pied qui le porte, monte à la surface de l'eau, et, à l'aide des mouvements d'onde, se rapproche en s'épanouissant de chaque fleur pistillée. L'acte est accompli, le long pédicule se raccourcit en spirale et ramène au fond de l'eau la fleur femelle qui mûrit son fruit.

Ce phénomène curieux est connu depuis longtemps ; Castel le raconte (1797) dans son poème *les*

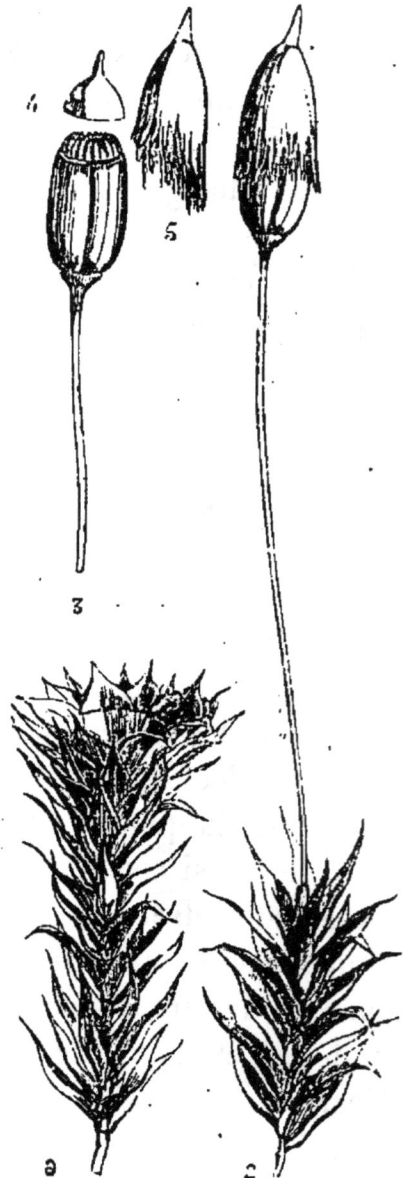

Fig. 109. — Polytric commun.

2, pied femelle surmonté par une urne remplie de spores ; 3, urne dont la coiffe 5 et le chapeau 4 sont retirés : les dents du bord de l'ouverture sont relevées pour laisser échapper les spores ; pied mâle avec sa rosette terminale.

Plantes, l'abbé Delille le chante à sa manière pompeuse dans *les Trois Règnes* (1809), etc.

Chez un grand nombre de plantes telles que des Algues, des Mousses, des Fougères, etc., la poussière fécondante des étamines est remplacée par de petits corpuscules droits ou courbes, doués de motilité dès qu'ils sont échappés de la poche qui les contient. Ils sont souvent munis de cils qui les font progresser et arriver sur l'organe rempli de spores en voie de développement. La recherche et l'examen de ces petits corps ne présentent aucune difficulté. Qu'on ramasse des pieds mâles et adultes de cette belle Mousse si abondante dans nos bois qui porte le nom de Polytric commun, de Mousse dorée, qu'on place une goutte d'eau sur l'espèce de rosette terminale de chaque rameau et qu'on secoue cette rosette sur le porte-objet d'un microscope, on assistera à un spectacle des plus singuliers. La goutte d'eau devient un océan dans lequel des centaines d'êtres (anthérozoïdes) exécutent des courses vagabondes ; ces êtres ont la forme d'ha-

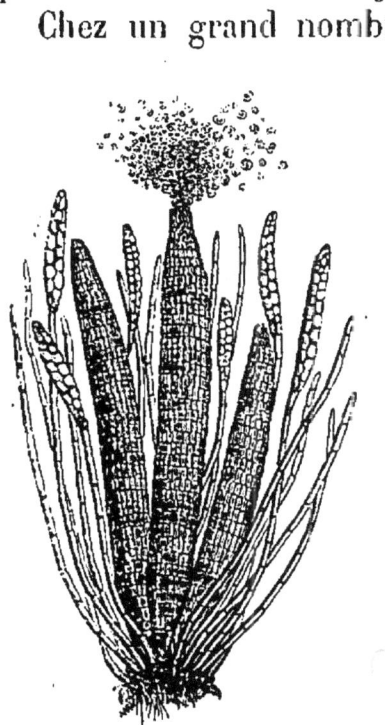

Fig. 110. — Anthérozoïdes s'échappant des poches qui les contiennent.

Fig. 111. — Anthérozoïdes ou corps fécondateurs du Polytric commun.

meçons, de crochets ; leur tête est munie de deux longs
cils qui flottent en arrière comme la crinière d'un cheval en course. Courses inutiles puisqu'elles ne doivent

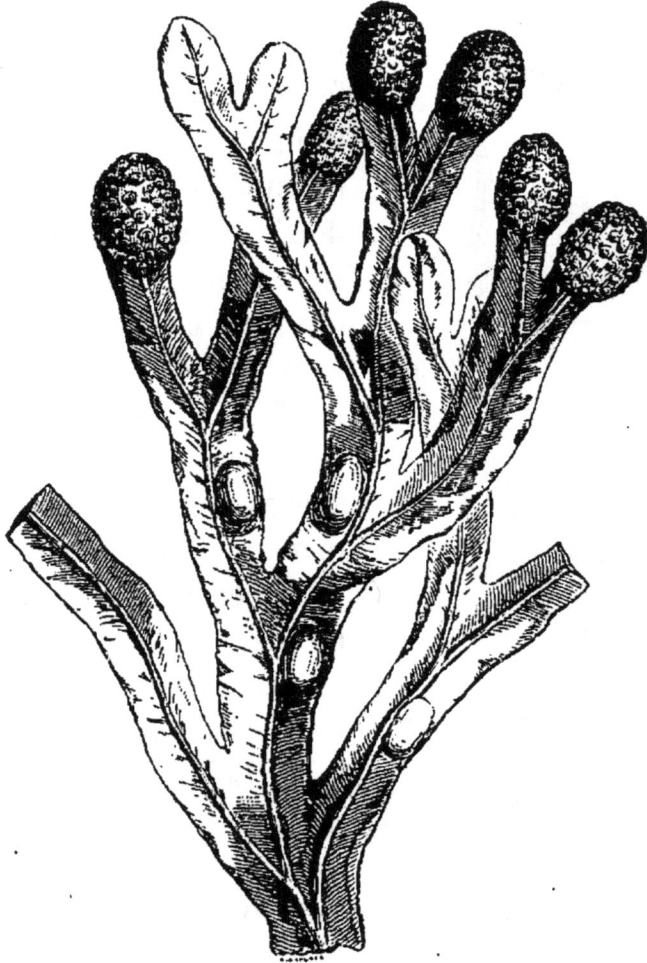

Fig. 112. — Portions du Fucus vésiculeux avec les renflements terminaux
qui contiennent les poches à spores.

pas, dans notre expérience, atteindre le but indiqué
par la nature.

Mais, dans les bois, les pieds femelles se trouvent
ordinairement à proximité des pieds mâles, et, soit
que le corps ait été lancé par élasticité, soit qu'il ait

été soulevé par un courant d'air, il vient s'engager dans une petite cavité terminale que porte le pied femelle. Dès lors, celle-ci est apte à développer sa postérité, elle s'allonge en un beau filament soyeux terminé par une urne élégante qui se remplit de spores.

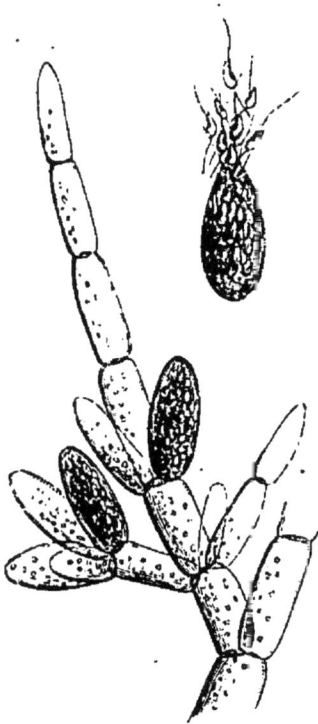

Fig. 114. — Anthérozoïdes ou organes fécondateurs de *Pellia*.

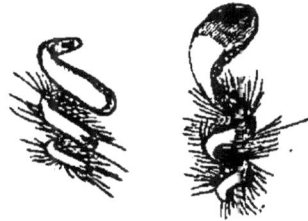

Fig. 115. — Cellules à anthérozoïdes de Fucus. L'une d'elles, séparée, laisse échapper son contenu.

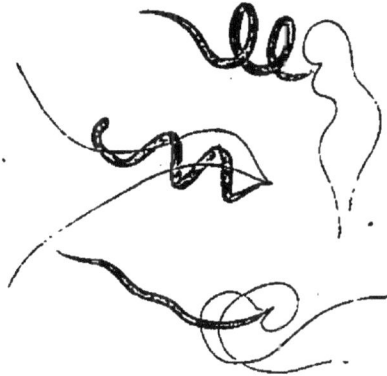

Fig. 115. — Anthérozoïdes de Fougère (d'après M. Thuret).

Chez les Charagnes, les petits corps qui font féconder les spores ont une forme spéciale. Ils sont en grand nombre et situés dans de longs poils placés à proximité du sac à spores; chacun est renfermé dans une loge particulière. Lorsqu'un de ces corps s'échappe de sa prison, il a la forme d'un petit serpent; sa tête amincie porte deux longs cils vibratiles qui s'agitent comme deux longs cheveux, et sa queue est renflée dans une assez longue portion de son extrémité. Si l'on reçoit ces petits corps singuliers dans une goutte

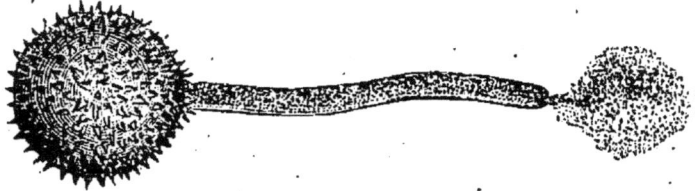

Fig. 116. — Pollen trop humecté; une portion de son enveloppe s'allonge en tube, se rompt et laisse échapper le contenu.

d'eau placée sur le porte-objet d'un microscope, on les voit tournoyer sur leur axe, agiter continuellement leurs cils et progresser à la manière d'une hélice ri-

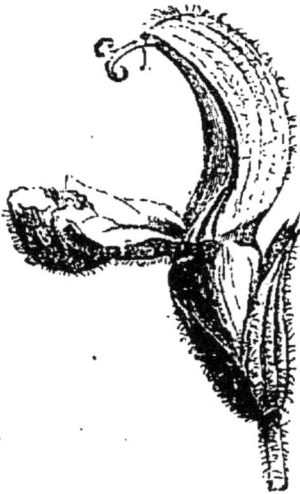

Fig. 117. — Fleur de Sauge

Fig. 118. — Fleur de Lamier blanc ou Ortie blanche.

gide. C'est au mois de juin ou de juillet qu'il faut se livrer à leur recherche; on les trouve facilement; on constate que leurs mouvements durent souvent pendant toute une journée.

Dans un grand nombre d'algues, telles que le *Fucus*, on voit, à l'époque convenable, de petits corps analogues (anthérozoïdes) doués de mouvement ; ils ont le plus souvent la forme d'une petite sphère munie de deux cils ; chez d'autres plantes, les *Pellia*, par exemple, ils ont la forme d'une anguille et portent également deux cils ; chez les Prêles, ils ont la forme d'une virgule et leur tête est munie d'un panache ; chez beaucoup de Fougères, c'est un ressort attaché à une sphère, etc.

Une certaine humidité favorise le phénomène de la fécondation, trop d'eau lui nuit ou l'empêche de s'accomplir. On sait que si de grandes pluies surviennent au moment de la floraison de la Vigne, des Céréales, la récolte en vin, en froment, manque ou est faible. Les vignerons, les cultivateurs attribuent, dans ce cas, la disette à la *coulure*.

Qu'est-ce que la coulure ?

Le mot coulure a été appliqué à divers phénomènes. Il désigne tantôt le fait qui se produit lorsque les grandes pluies, frappant le pollen, l'enlèvent des organes qui le produisent, sans le laisser adhérer au sommet du pistil, tantôt aussi il désigne la rupture intempestive et prématurée du grain de pollen, sous l'influence d'une trop grande humidité, rupture qui fait échapper le contenu du grain. Dans l'un comme dans l'autre cas, la fécondation est impossible.

C'est pour empêcher la coulure que, dans ces derniers temps, on a proposé de passer sur la tête des céréales, aussitôt l'épanouissement des fleurs, avant les pluies, une corde frangée qui, dans son passage, collectionnerait les grains de pollen et les déposerait sur les stigmates. Le procédé, n'ayant pas répondu aux espérances qu'on avait conçues, est déjà abandonné.

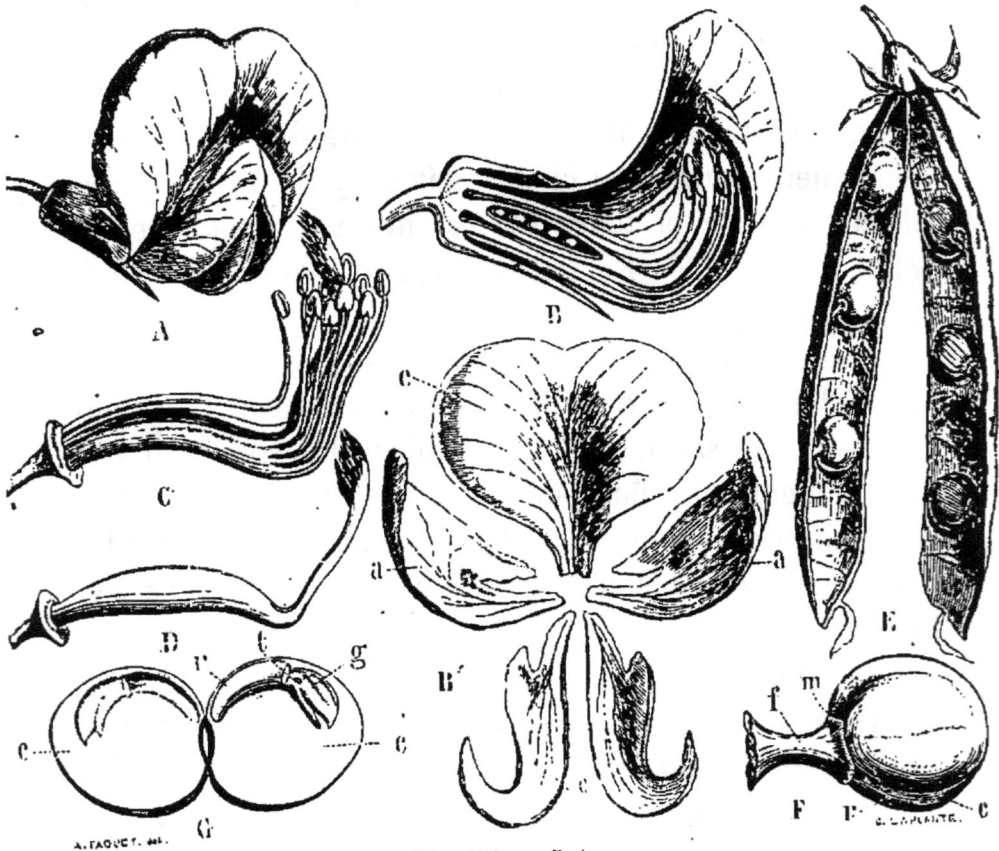

Fig. 119. — Pois.

A, fleur entière; B, fleur coupée par un plan vertical et médian pour montrer la disposition de ses parties; B', les folioles de la corolle, ou pétales, détachées; c, carène séparée en deux portions; a. a. ailes; e. étendard; C, fleur réduite à l'androcée et au gynécée : le calice et la corolle ont été retranchés; le pistil est entouré par dix étamines dont neuf forment un faisceau, l'autre est isolée; D, pistil : le calice, la corolle et l'androcée ont été retranchés; l'extrémité du style est garnie de poils qui forment une brosse soyeuse; E, ovaire devenu fruit, conservant le calice à sa base; on l'a ouvert pour montrer l'attache des ovules devenus des graines; F, une graine isolée; f, funicule qui attachait la graine au placenta; m, micropyle, trou par lequel s'est opérée la fécondation de l'ovule; r, saillie indiquant la présence intérieure de la radicule de l'embryon; c, place d'un cotylédon; G, deux graines placées l'une à côté de l'autre et auxquelles un des cotylédons a été retranché; r, radicule de l'embryon; t, sa tigelle; g, sa gemmule; c, cotylédon restant.

La plupart des plantes ont reçu, pour leurs organes intimes, une disposition qui leur permet de braver la

pluie ; ces organes sont efficacement abrités. La variabilité des formes de l'abri multiplie la diversité des
aspects, et chaque fleur présente une disposition
caractéristique. L'abri, dans les fleurs de la Sauge, du
Romarin, de l'Ortie blanche, etc., est constitué par
une portion de corolle disposée en casque, et c'est au

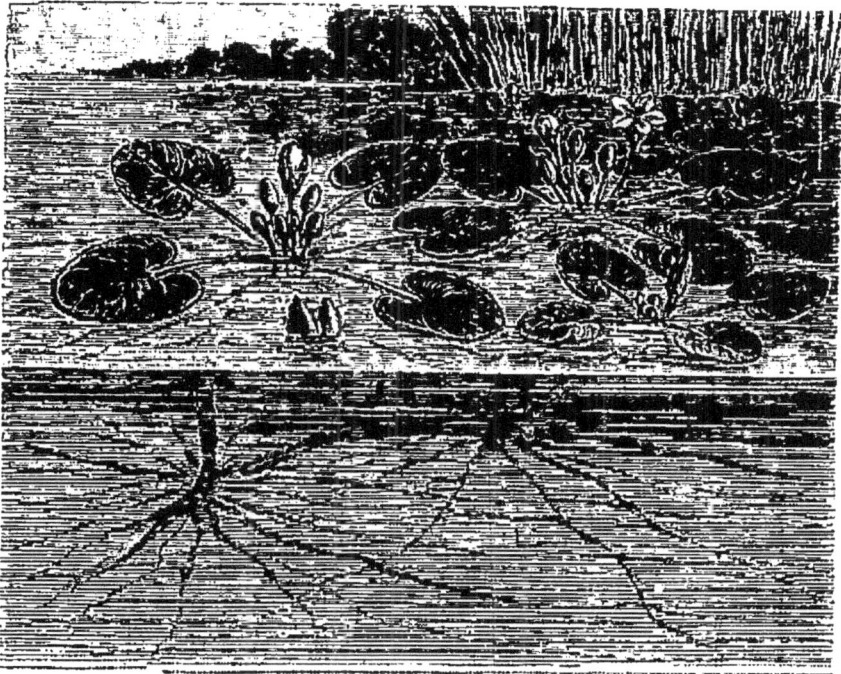

Fig. 120. — Faux Nénuphars au moment de la floraison.

fond du casque que s'accomplit la jetée du pollen sur
le stigmate. Dans les fleurs de Pois, de Haricot, de
Genêt, etc., l'abri est une sorte de nacelle à bords
rapprochés, recouverts par deux folioles de la corolle
et surmontés d'un élégant pavillon.

C'est particulièrement pour les plantes aquatiques
que les dispositions les plus ingénieuses ont été prises
afin d'assurer le contact nécessaire.

Chez les unes, la fécondation se fait au sein du liquide, mais, afin de mettre le pollen à l'abri de l'eau,

Fig. 121. — Macre ou Châtaigne d'eau au moment de la floraison.

tantôt la fleur reste close, tantôt, chez les Zostères marines, par exemple, les fleurs restent incluses dans un repli de la feuille ; ce repli se remplit d'air et constitue une sorte de petite cloche à plongeur où le phénomène s'accomplit. Ailleurs, les fleurs sortent de l'eau au moment de leur épanouissement. Chacun a pu remarquer que le pédoncule de la fleur des Nénuphars s'allonge jusqu'à ce que celle-ci ait dépassé le niveau de la surface de l'eau ; on a même essayé d'augmenter ce niveau en faisant arriver, dans l'endroit où la plante s'était développée, une plus grande quantité d'eau, et l'on a remarqué que le pédoncule s'allongeait de plus en plus jusqu'à ce que la fleur fût parvenue dans l'air atmosphérique. Si le pédoncule n'atteint pas le niveau indiqué, la fleur ne s'épanouit pas.

Les fleurs des faux Nénuphars(*Villarsia nymphoïdes*) viennent aussi à la surface de l'eau, mais par un autre moyen, car leur pédoncule ne peut s'allonger. A l'époque de la floraison, la plante qui, jusque-là, faible et délicate, se tenait cachée au fond de l'eau, rompt les faibles liens qui la rattachent à la vase, profite de sa légèreté, et monte tout entière à la surface ; là, les fleurs s'étalent ; ce sont elles qui constituent ces magnifiques rosaces jaunes, à folioles élégamment ondulées et festonnées, que les promeneurs parisiens admirent dans les eaux de la Seine et de la Marne.

La Macre ou Châtaigne d'eau (*Trapa natans*), les Utriculaires, vivent sous l'eau pendant leur jeunesse et pendant l'hiver ; elles doivent, comme les Nénuphars et les faux Nénuphars, amener leurs fleurs à la surface pour l'épanouissement, mais elles n'ont ni le pédoncule allongeable des premiers, ni la légèreté des seconds ; un autre procédé est mis en usage. Vers les mois de juin et de juillet, au moment de la floraison, les feuilles qui forment une rosette au sommet de la

tige de la Macre présentent un phénomène singulier,
Leur queue ou pétiole se renfle en un point pour
former une sorte de vessie pleine d'air. Dès lors, la
rosette, possédant une grande légèreté spécifique, devient un scaphandre qui monte à la surface de l'eau.
Or c'est à l'aisselle des feuilles en rosette que sont les
fleurs; ces dernières sont donc, par ce mécanisme,
amenées dans l'air atmosphérique et devenues suscep-
tibles de laisser s'opé-
rer le rapprochement
fécondant. Il est à
peine effectué, que
l'air s'échappe des ves-
sies développées pour
la circonstance et est
remplacé par du mu-
cilage. Dès lors, la
partie émergée de la

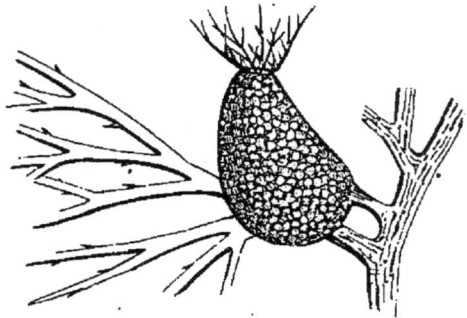

Fig. 122. — Utriculaire. Poche pyriforme
de l'aisselle des feuilles.

plante est devenue plus dense, incapable de surnager;
elle redescend sous l'eau et y mûrit ses fruits appelés
communément Châtaignes d'eau.

L'appareil qui permet le flottage des Utriculaires en
temps utile est beaucoup plus compliqué. Ces plantes,
communes dans les étangs, les fossés, les mares, les
flaques d'eau des tourbières, ne sont pas visibles en
hiver; elles reposent sur la vase. Leur tige allongée,
grêle, traînante, est garnie de feuilles réduites à des
filaments ramifiés. A l'aisselle des feuilles ainsi transformées, on remarque une sorte de petite poche pyriforme, dont l'extrémité supérieure et aiguë est munie
d'une ouverture. Cette ouverture porte une soupape
qui ne peut s'ouvrir que de dehors en dedans; les

bords en sont garnis de poils ramifiés ; l'intérieur de
la poche est tapissé d'autres petits poils sécréteurs qui
lui donnent l'aspect de velours. Lorsque le moment
de la floraison est arrivé, les petites outres axillaires
se remplissent d'air ; plus cet air tend à s'échapper,
mieux il ferme la soupape. En définitive, il donne à la
plante une grande légèreté spécifique et l'amène à la
surface de l'eau. C'est alors seulement que s'épanouissent ces charmantes petites fleurs jaunes qui simulent
de bizarres petits museaux aux lèvres plus ou moins
renflées, dont le palais est strié de lignes orangées ou
ferrugineuses. Pendant les mois de juin, juillet, août,
elles montrent leurs fraîches couleurs au milieu des
détritus végétaux, s'élevant gracieusement au-dessus
de l'eau bourbeuse. Quelle est la jeune fille en vacances
qui n'ait risqué son élégante chaussure pour arracher
ces petites merveilles à leur indigne entourage? —
Mais la fécondation s'est effectuée, le fruit se développe,
les rôles changent ; l'eau ambiante pèse sur la soupape
des utricules, l'enfonce, se précipite dans la cavité,
alourdit la plante et la force à redescendre dans la vase.

L'ingénieur qui, le premier, attacha au bâtiment
coulé à fond un appareil de flottage, pour le ramener
à la surface de l'eau, ne se doutait guère qu'un procédé analogue au sien était en usage depuis des milliers d'années.

Combien de connaissances seraient acquises si nous
savions observer les êtres qui nous entourent! à quel
degré de bien-être arriverait rapidement l'humanité
si nous voulions imiter les moyens que la nature met
en harmonie avec le but qu'elle se propose d'atteindre!
que de tâtonnements supprimés!

Mais revenons à notre sujet. Les plantes des champs et de jardins fournissent, comme les plantes d'eau, des faits dignes d'attirer l'attention de l'observateur et de frapper l'esprit du penseur.

Dans les fleurs hermaphrodites de Chardon, de Bleuet, de Séneçon, de Chrysanthème, toutes les étamines sont réunies latéralement par leurs anthères et forment un fourreau qui embrasse étroitement le style. Au moment de l'épanouissement de la fleur, la partie stigmatique parcourt le fourreau en s'allongeant et ramasse la poussière fécondante.

Chez les Fuchsia, le style est plus long

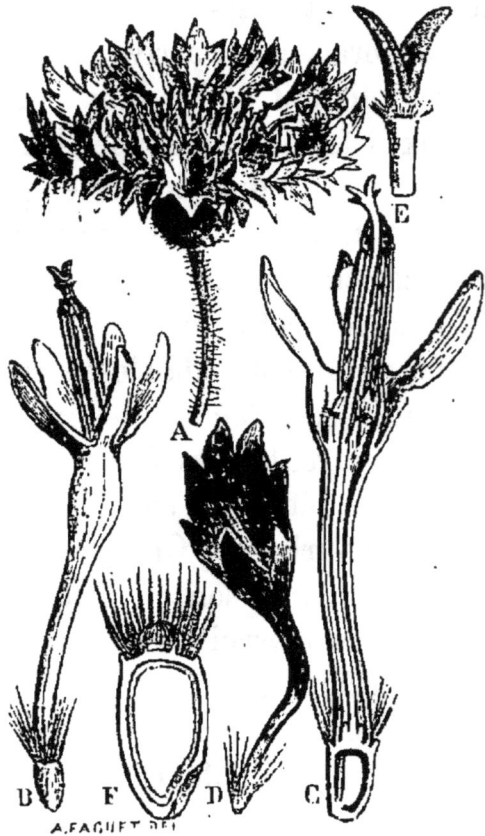

Fig. 125. — Bleuet.

A, inflorescence; les fleurs de la périphérie diffèrent de celles du centre; B, fleur du centre, les anthères forment un fourreau que traverse le style; C, fleur du centre coupée par un plan vertical et médian, et montrant l'ovule en place; D, fleur neutre de la périphérie; E, extrémité du style et stigmate; F, fruit et graine coupés par un plan vertical et médian (l'embryon n'a pas été dessiné).

que les étamines; mais, pour faciliter la tombée du pollen sur le stigmate, la fleur est pendante. Chez les Grenadiers, le style est plus court que les étamines; le pollen, en s'échappant naturellement, tombe sur le stigmate, la fleur est dressée. Chez les plantes qui por-

tent à la fois des fleurs staminées et des fleurs pistillées (plantes monoïques), les premières sont souvent
placées au-dessus des secondes, de sorte que la poussière staminale, en s'échappant, tombe sur les secondes ; c'est ce qu'on peut voir chez les Arum.

Chez l'Aristoloche clématite, chez l'Aristoloche si-
phon, les étamines sont immobiles et si courtes qu'elles
ne peuvent atteindre le stigmate. La fécondation cour-
rait grand risque de ne pas s'effectuer, si des moucherons ne prêtaient leur concours. Ces insectes sont at-
tirés vers les fleurs par une liqueur que sécrètent les
glandes stigmatiques. Mais l'entrée de la fleur n'est
pas libre ; elle est défendue par une barrière formée
de poils obliques dirigés de dehors en dedans. Le
moucheron frappe sur la barrière, abaisse les poils,
entre, se précipite sur la liqueur désirée et la hume à

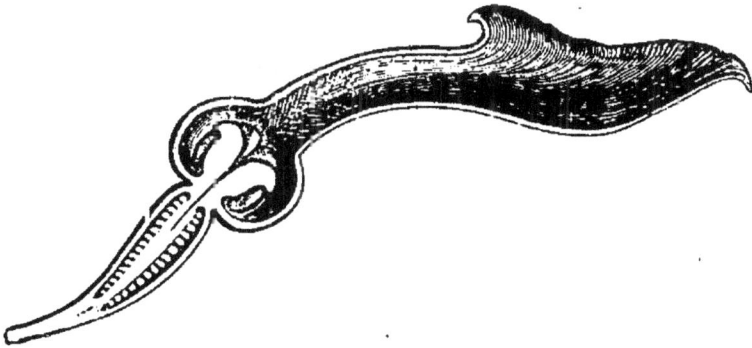

Fig. 124. — Fleur d'Aristoloche clématite coupée par un plan vertical
et médian.

son aise. Mais il n'est pas de plaisir sans fin. Bientôt
notre insecte rassasié veut reprendre sa liberté ; hélas !
la barrière s'est refermée et le fond de la fleur est devenu une prison analogue, par sa disposition, à la
nasse et au verveux qui servent à prendre le poisson

des rivières. En voletant pour recouvrer sa liberté, le prisonnier détache des étamines les grains de pollen et les porte sur le stigmate; il ne reçoit pas le prix du service signalé qu'il rend à la plante, la barrière reste close. C'est en vain qu'il la frappe de la tête, ses efforts sont inutiles, et bientôt, nouvel Actéon, il paye de sa vie son imprudence. Il nous est très facile de constater les traces de ces drames journaliers; déchirons les fleurs épanouies des Aristoloches clématites, et nous verrons que le fond de chacune est transformé en un véritable charnier où reposent les cadavres de plusieurs moucherons. Parfois, cependant, la fleur se flétrit avant la mort de l'insecte, et celui-ci est rendu à la lumière.

Beaucoup d'autres plantes ont besoin de l'aide des insectes, mais elles sont moins cruelles que l'Aristoloche. Leurs fleurs revêtent de riches couleurs, sécrètent de doux nectars; elles fournissent leurs produits au petit monde ailé, et celui-ci, en se jouant et butinant sur elles, contente les aspirations de chacune.

Les étamines de l'Épine-vinette, des Mahonia, font normalement cortège autour du pistil, à distance respectueuse, mais qu'un coup d'aile soit porté à la base de l'une d'elles, celle-ci se recourbe subitement de manière à appliquer son anthère sur le stigmate. Nous pouvons imiter l'attouchement de l'insecte avec une pointe d'épingle, et chaque fois, dans les circonstances ordinaires, nous constaterons que l'étamine touchée amène son anthère à l'endroit convenable. Au bout d'un certain temps, chacune des étamines sur lesquelles on a expérimenté est revenue peu à peu à sa position périphérique, et peut être de nouveau excitée

avec succès. Le soleil est, plus souvent encore que l'insecte, un agent de fécondation pour l'Épine-vinette;
on remarque, en effet, que dans la fleur largement
épanouie, chaque filet d'étamine est appliqué sur la
foliole opposée et resserrée à sa base par deux glandes :
un rayon de soleil vient-il à évaporer le liquide qui
surmonte ces deux glandes, celles-ci diminuent de

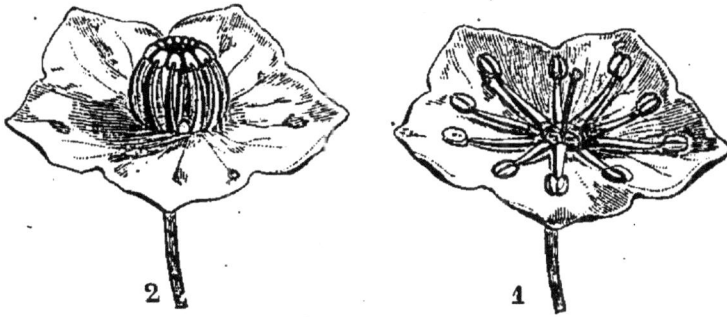

Fig. 125. — Fleur de Kalmia.
1, étamines avant la fécondation; 2, anthères placées sur le stigmate.

volume et le filet, moins pressé, se jette sur le stigmate. A défaut d'insecte ou de soleil, un ébranlement
imprimé à la plante par le vent, par un animal, par
une personne qui passe suffit pour provoquer le mouvement des étamines. Auguste de Saint-Hilaire, dont
la vie entière a été consacrée à l'observation des
plantes, disait avec raison : » Qu'un moyen de fécondation vienne à manquer, un autre le remplace, qui
n'a pas moins d'efficacité. »
Dans les fleurs d'Ortie, de Pariétaire, de Mûrier à
papier (*Broussonnetia*), les étamines ont le filet courbé
de manière que l'anthère reste placée au fond de la
fleur; mais, au moment de la fécondation, par un
brusque mouvement d'élasticité, le filet se détend, et
l'anthère vivement agitée et redressée, lance un

nuage de pollen dont une portion tombe sur le stigmate.

Dans les fleurs des *Kalmia*, ces charmants petits
arbustes qui tiennent à la fois de la Bruyère et du
Rhododendron, les dix étamines ont leurs anthères
enchâssées dans les petites fossettes de la corolle;
mais, au moment de la fécondation, chacune courbe
son filet pour le raccourcir, débarrasse par ce moyen
l'anthère de sa cachette et l'applique sur le stigmate.

Le phénomène est plus curieux encore dans la Rue
(*Ruta graveolens*). Selon que la fleur occupe le milieu ou la périphérie d'une inflorescence, elle a huit ou
dix étamines. Les dix étamines d'une même fleur ont
normalement l'anthère éloignée du centre de la fleur;
lorsque l'époque de la fécondation est arrivée, chacune approche du pistil à son tour, selon son numéro
d'ordre, comme des soldats avançant à l'appel. C'est
d'abord la première, puis la troisième, puis la cinquième, la septième, la neuvième; puis celles du rang
pair : la deuxième, la quatrième, la sixième, la huitième, la dixième. Par ces contacts répétés la fécondation n'en est que mieux assurée.

Les fleurs d'un arbuste élégant d'Afrique, cultivé
aujourd'hui dans un grand nombre de jardins, le
Sparmannia, ont de très nombreuses étamines. Celles-ci n'agissent plus isolément, comme celles de la
Rue; elles s'avancent par saccades ou se déjettent
groupées en faisceau.

Nous ne pourrions ici épuiser la liste des plantes
dont l'androcée exécute des mouvements assez pro-
noncés; que le lecteur examine lui-même les fleurs
qui l'entourent, il deviendra certainement le témoin

de phénomènes curieux qui, peut-être, n'ont pas encore été signalés. Il pourra suivre facilement les déplacements des étamines dans les fleurs des Lis, des Tulipes, des Fritillaires, des Marronniers d'Inde, des Capucines, des Consoudes, des Cistes, des Hélianthemum, des Œillets, des Géranium, etc., etc.

Ce ne sont pas seulement les éléments de l'androcée qui se montrent doués de mouvements au moment de la fécondation ; souvent aussi ce sont les éléments du gynécée. Les lèvres qui composent le stigmate des Lis, des Tulipes, deviennent à cette époque plus humides et s'entr'ouvrent légèrement. Dans le Clarkia élégant, les quatre lèvres vont jusqu'à se déjeter pour se rapprocher aussitôt l'acte accompli. Chez le Mimulus glutineux, petite plante du Mexique acclimatée chez nous, les deux lèvres aplaties se referment dès qu'un grain de pollen, une pointe, un petit corps quelconque, se place entre elles. Dans les fleurs de la Nigelle appelée vulgairement Cheveux de Vénus, les styles, qui occupent le centre de la fleur, divergent et s'infléchissent pour aller trouver les anthères.

Dans le Stylidium à feuilles de blé, le style se coude brusquement pour diriger le stigmate vers les étamines ; le mouvement peut être provoqué par une pointe d'épingle.

Les courants d'air, les insectes portent souvent sur des stigmates de fleurs le pollen enlevé à des fleurs d'autre espèce ; il y a parfois fécondation, et la plante qui naît d'une telle génération est une *hybride*, mais elle n'acquiert pas ordinairement le pouvoir de se reproduire par voie sexuelle. Les jardiniers ont, dans ces dernières années, suivi les exemples que leur donnaient les insectes ; ils ont provoqué la naissance d'hybrides et créé, par ce moyen, de nombreuses variétés de plantes aux colorations les plus diverses.

M. Darwin a publié récemment, sur la fécondation de certaines plantes, des expériences qui ouvrent de nouveaux aperçus en histoire naturelle, et rendent manifestes les précautions merveilleuses qu'a prises la Nature pour prévenir la dégénération des espèces. Il a cherché à s'expliquer les différences que l'on observe dans la fleur des Primevères. On sait que, dans ce genre, les individus d'une même espèce présentent deux formes très remarquables : les uns ont le style long, et le stigmate arrive juste à l'ouverture du tube de la corolle ; ce stigmate est globuleux, chagriné, et dépasse de beaucoup les anthères, qui s'arrêtent vers le milieu du tube. Dans les autres individus, le style est court, et n'atteint pas à la moitié de la longueur de la corolle ; le stigmate est déprimé et lisse, mais les anthères occupent le haut de ce tube, leur pollen est plus gros, et la capsule fournit des graines plus nombreuses que chez les individus à style long. Le dimorphisme entre les Primevères longistyles et brévistyles est constant ; jamais les deux formes ne se rencontrent sur un même individu, et les individus de chaque forme se montrent en nombre à peu près égal.

M. Darwin ayant couvert d'un canevas des Primevères, les unes longistyles, les autres brévistyles, la plupart ont fleuri, mais il n'y a pas eu de graine : il en a conclu que la visite des insectes est nécessaire à la fécondation de ces plantes. Mais comme il n'a jamais vu, quelle que fût sa vigilance, aucun insecte s'approcher des fleurs pendant le jour, il suppose que les Pri-

mevères sont visitées par des Papillons nocturnes, lesquels y trouvent un nectar abondant.

Il a cherché à imiter les manœuvres des insectes,
qui, en pompant le miel des fleurs, sont les agents de
leur fécondation, et ses expériences l'ont conduit à
des considérations du plus haut intérêt.

Si l'on introduit dans une corolle de Primevère brévistyle une trompe enlevée à un Bourdon, le pollen
des anthères situées à l'entrée du tube adhère autour
de la base de la trompe, et l'on peut en conclure que
ce pollen devra nécessairement être déposé sur le stigmate de la Primevère longistyle quand l'insecte ira
visiter celle-ci après avoir butiné chez la première.
Mais, dans cette nouvelle visite faite à la Primevère
longistyle, la trompe, en descendant au fond de la corolle, y trouve le pollen des anthères fixées au bas de
ce tube; ce pollen s'attache près du sommet de la
trompe, et si l'insecte va visiter une troisième fleur
qui soit brévistyle, le bout de sa trompe touchera le
stigmate situé au bas de la corolle et y déposera du
pollen.

Il faut, de plus, admettre comme très probable que,
dans la seconde visite ci-dessus mentionnée, faite à la
fleur longistyle, l'insecte, en retirant sa trompe, lais-
sera sur le stigmate une partie du pollen enlevé aux
anthères situées au-dessous, et la fleur sera ainsi fécondée par elle-même. Il est, en outre, presque certain
que l'insecte, en plongeant sa trompe dans une corolle
brévistyle, aura frôlé les anthères insérées au haut du
tube, et poussé en bas sur le propre stigmate de la
fleur une certaine quantité de pollen. Enfin, la corolle
des Primevères contient en abondance de très petits

insectes hémiptères, de la famille des Pucerons et du genre *Thrips*, qui, parcourant la fleur dans tous les sens, transportent des anthères au stigmate le pollen retenu par leur corps; ici encore la Plante aura été fécondée par elle-même.

Il y a donc dans la fécondation des espèces dimorphiques quatre opérations possibles : 1° fécondation de la fleur longistyle par elle-même; 2° de la fleur brévistyle par elle-même; 3° de la brévistyle par la longistyle; 4° de la longistyle par la brévistyle[1].

Darwin fait remarquer que, lorsque les plantes ne peuvent se féconder elles-mêmes, elles ont les courants d'air pour auxiliaires si elles ont un pollen sec, si leur corolle est sans couleur, si elles ne sécrètent pas de liquide; les auxiliaires sont les insectes si la corolle est brillante, si des liquides sont sécrétés par une partie quelconque de l'intérieur de la fleur.

On a longtemps cru, mais bien à tort, que certaines plantes femelles pouvaient développer des graines sans avoir été fécondées; on avait donné à cette sorte de génération le nom de *parthénogénèse*, mot qui signifie naissance par les vierges; hâtons-nous de dire que les observations récentes ont fait justice de cette erreur.

Que devient le grain de pollen sur le stigmate? Il se laisse pénétrer par l'humidité qui l'entoure et se gonfle; si la quantité d'eau qu'il absorbe est trop grande, ses enveloppes se rompent et laissent échapper

---

1. Lemaout et Decaisne, *Traité général de botanique.*

inutilement le contenu ; si l'humidité est en juste proportion, le tégument ou l'un des téguments s'allonge
insensiblement et forme un tube qui descend dans
l'intérieur du style pour s'avancer jusque sur l'ovule.
Si l'ovule est nu, comme celui de l'If, du Pin, du
Sapin, du Guy, etc., son sommet est atteint facilement ; s'il est enveloppé, le tube s'insinue dans le
trou ménagé par les enveloppes (le mycropyle) et finit
par arriver sur le sommet de l'ovule. En ce point se
trouve l'extrémité d'un sac (sac embryonnaire), qui
tantôt fait saillie hors de l'ovule et tantôt reste intérieur ; quoi qu'il en soit, il contient toujours, à cette
extrémité, une ou plusieurs cellules (vésicules em-
bryonnaires). A peine le tube du pollen a-t-il touché
le sommet du sac, que l'une au moins de ces dernières vésicules reçoit comme une vie nouvelle. Elle
devient le siège d'une segmentation, d'une multiplication de cellules qui se termine par la transformation
d'une partie de la vésicule en embryon. Mais ce n'est
pas seulement dans la vésicule que l'activité se développe, c'est autour d'elle, aussi bien à l'intérieur du
sac qu'au dehors ; c'est aussi dans les parois de la cavité qui contient l'ovule ou les ovules. Par contre, la
fécondation étant effectuée, les étamines n'ont plus
raison d'être, elles se flétrissent et tombent ; le style
et le stigmate se dessèchent ; les insectes n'ont plus
de visites à faire ; aussi les couleurs brillantes des
fleurs disparaissent, les beaux vêtements sont devenus inutiles, les ovules fécondés deviennent des
graines, et l'ovaire qui les contient se transforme peu
à peu en fruit. Parmi les élégantes corolles, les unes
tombent brusquement, les autres perdent l'apprêt

qui leur donnait une forme gracieuse, se chiffonnent,
deviennent flasques et tombent aussi ; le calice fait

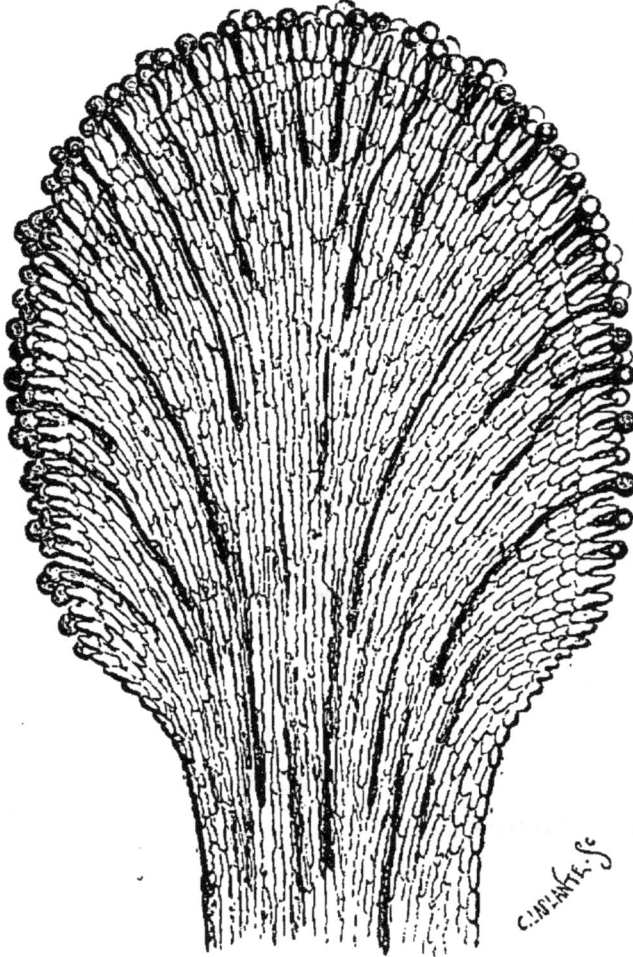

Fig. 126. — Tubes polliniques s'engageant dans le style pour aller
trouver les ovules.

de même. Cependant si le jeune fruit a besoin de
protection, d'abri, le calice et la corolle peuvent persister ; la plante n'est pas une marâtre, elle a soin de
ses enfants ; elle sait, au besoin, transformer son élégante et fraîche livrée d'amour en un vêtement protecteur efficace.

CHAPITRE IX

PRÉVOYANCE DES PLANTES

... La prudence est la mère de a sûreté.
LA FONTAINE.

Les Plantes déploient dans tous les actes de leur vie ce qu'on serait tenté d'appeler une admirable sagesse. Une plante n'a jamais de progéniture et ne peut en acquérir avant de s'être munie des provisions nécessaires à l'entretien de ses enfants; une plante n'abandonne jamais ceux qui lui doivent le jour sans leur avoir assuré la ration qui les nourrira, jusqu'à ce qu'ils soient assez forts pour s'entretenir eux-mêmes.

Il en est des végétaux comme des divers représentants de l'humanité : les uns sont faibles et pauvres; les autres sont forts et riches. Les premiers ne déploient pas pour leurs enfants une moindre tendresse que les seconds.

« *Gramina plebeii, rustici, pauperes, culmacæi; vulgatissimi, simplicissimi, vivacissimi; regni vegetabilis vim et robur constituentes, quoque magis mul-*

clati et calcati, magis multiplicativi. (Linné.) Les
Graminées sont les plébéiens, les prolétaires, les
pauvres et les paysans du règne végétal; elles en sont
la partie la plus simple, la plus nombreuse et la
plus vivace; en elles est la vaillance et la force de ce
règne; plus on les maltraite, plus on les foule aux
pieds, plus elles se renouvellent. » Le Chêne a la
force, la Rose a l'élégance, la Violette a l'odeur; les
Graminées n'ont ni force, ni élégance, ni parfum.
Les plantes de nos parterres sont confiées à la terre
aux beaux jours, choyées, arrosées, entretenues; les
Graminées sont lancées sur le sol avant les frimas,
elles bravent les rigueurs de l'hiver. A peine leur
petite tige se montre-t-elle, que le cultivateur l'abaisse
sous le joug; il passe sur elle un lourd rouleau qui
écraserait les délicates de nos jardins. Elle, vivace,
profite de son abaissement; semblable à Antée, fils
de la Terre, elle reçoit une nouvelle force à chaque
contact avec le sol, développe des racines adventives
qui assurent sa solidité, sa nourriture, et favorisent
la multiplication de ses rameaux. Nos Graminées
cultivées, telles que le Blé, le Seigle, etc., se hâtent
de grandir aussitôt l'arrivée de la belle saison; elles
prennent de la silice, en mettent dans leurs tissus,
donnent à leur tige la forme et la structure les plus
solides pour la petite quantité de matière dont elles
peuvent disposer; elles fleurissent dès le mois de
mai et de juin et créent une nombreuse postérité.
Leur vie a été si tourmentée, qu'elles n'ont pas eu
le temps d'amasser d'héritage; mais, à partir de la
fécondation, l'énergie redouble; elles réunissent
autour de l'embryon une nourriture abondante,

solide et durable. Lorsque la provision est amassée, le rôle actif du Blé, du Seigle, etc., est terminé;

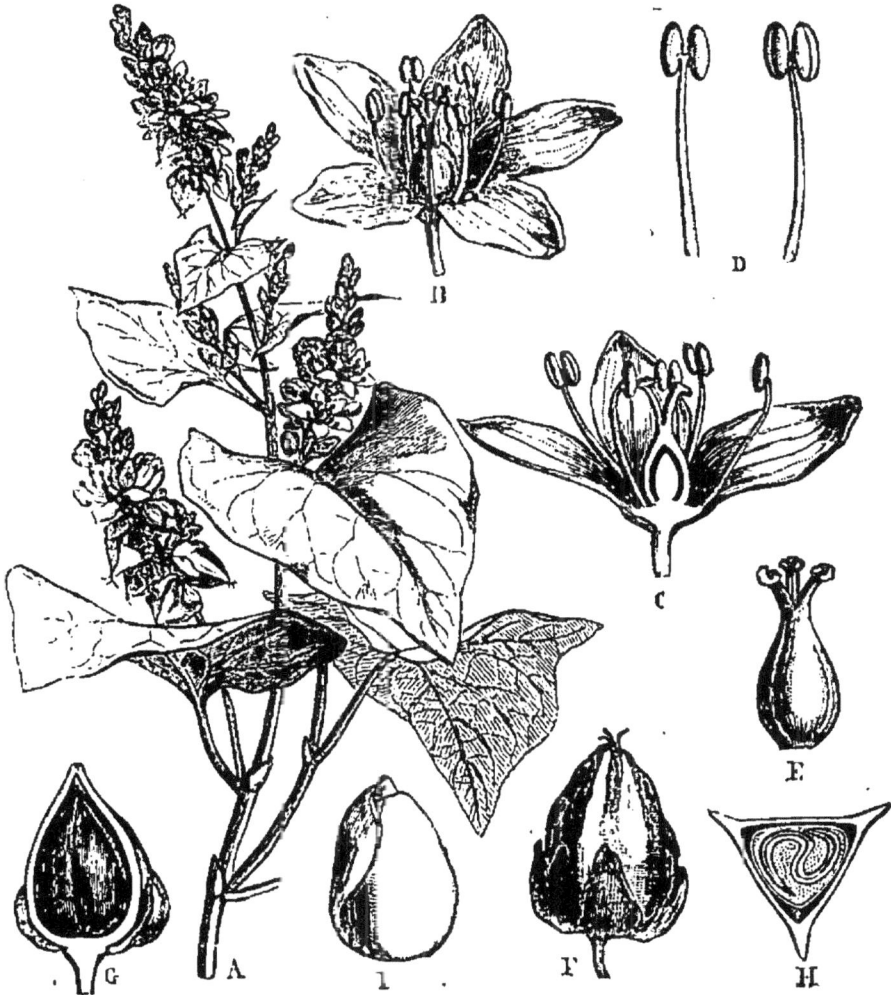

Fig. 127. — Sarrasin.

A, rameau portant des feuilles et des inflorescences; B, l'une des fleurs; C, fleur coupée par un plan vertical et médian; D, étamine vue de face et de dos; E, pistil, avec ses trois extrémités stigmatiques; F, fruit entouré à la base par le périanthe simple; G, fruit coupé verticalement pour laisser voir la graine; H, coupe horizontale du fruit, de la graine qui y est contenue et de l'embryon; I, embryon isolé.

ces plantes meurent, laissant la place à leurs descendants.

Un petit nombre seulement de ces descendants

pourront se développer à leur tour, car l'homme, qui
les recueille, n'en rend que peu à la terre. En maître
absolu, il dépouille les autres de leur héritage, leur

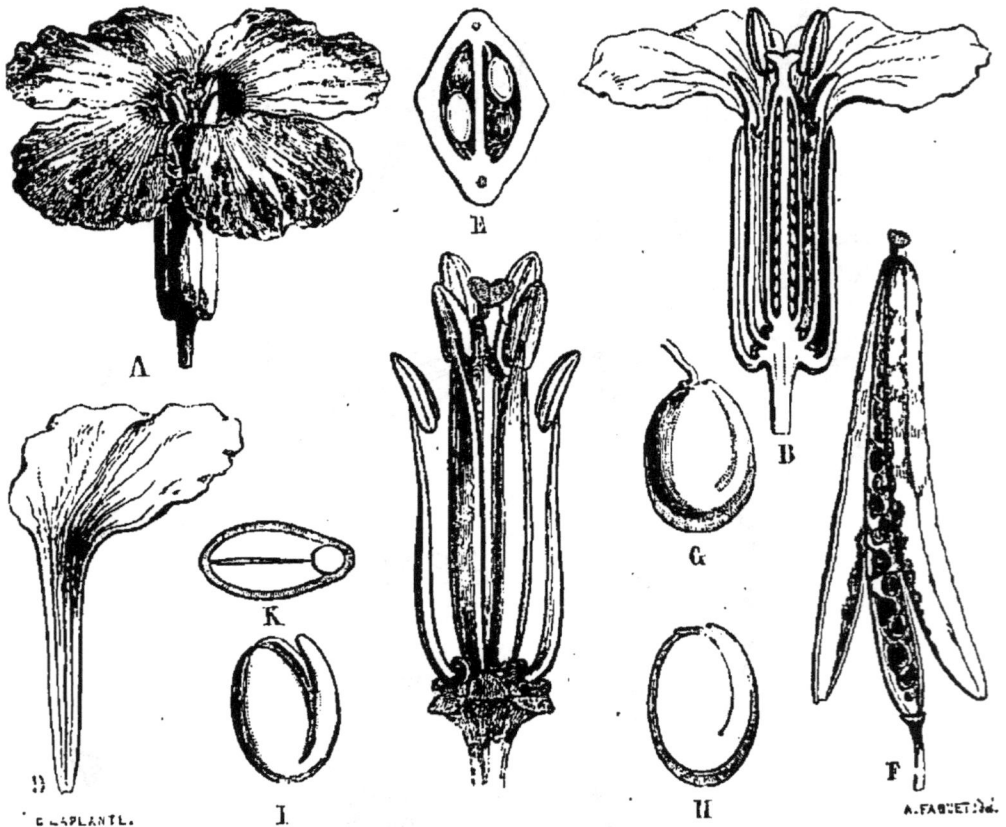

Fig. 128. — Giroflée.

A, fleur de Giroflée; B, coupe de a fleur par un plan vertical et médian; C, fleur
réduite à l'androcée et au gynécée; les étamines sont au nombre de six, dont
quatre grandes, disposées par paire, et deux petites; D, l'une des pétales; E, coupe
horizontale de l'ovaire, montrant l'insertion des ovules; F, fruit au moment de la
déhiscence; G, graine avec son funicule; H, coupe verticale de la graine et de
l'embryon contenu; I, embryon isolé; K coupe horizontale de la graine et de
l'embryon contenu.

prend cette *farine* que des parents prudents avaient
amassée pour leurs enfants et s'en fait du pain.
L'homme ne dédaigne pas l'ovaire qui a persisté, qui
s'est durci pour protéger l'embryon et son dépôt de
nourriture; tout fait nombre; il l'emploie sous le

nom de *son* pour sa médication ou pour la nourriture des animaux domestiques.

Toutes les plantes laissent, comme les Graminées, à leurs embryons, une nourriture pour héritage. Cette nourriture consiste en principes albuminoïdes ou féculents, ou sucrés ou oléagineux, aromatisés ou non. Tantôt la matière alimentaire est déposée dans le sac (sac embryonnaire) où se développe l'embryon, ou hors du sac, dans l'ovule, elle porte alors le nom d'*albumen*; tantôt elle est emmagasinée dans les premières feuilles ou cotylédons. (Nous avons vu plus haut comment cette nourriture est mise en œuvre, pendant le développement de l'embryon.) Quelle que soit la position occupée, l'homme sait trouver l'héritage, en dépouiller le possesseur naturel et faire du vol son profit.

Les cotylédons des Haricots, des Pois, des Fèves, des Lentilles, etc., donnent une nourriture azotée qui rivalise avec la viande.

Les cotylédons des embryons de l'Amandier, du Badamier, du Noisetier, du Chou-rave, du Chou-navet, du Colza, de la Moutarde blanche, de la Moutarde noire, du Sésame oriental, du Sésame de l'Inde, de l'Arachide ou Pistache de terre, de la Cameline, du Hêtre, du Chanvre, du Noyer, etc., donnent des huiles comestibles ou employées dans l'industrie.

Les cotylédons des embryons du Melon, du Potiron, du Concombre, etc., ont des usages médicinaux. Ceux de la Fève Tonka (fruit du Coumarouna odorant de la Guyane) servent à parfumer le Tabac; ceux de la Fève de Calabar (Physostigma vénéneux) contiennent un principe très vénéneux et sont employés en thérapeutique.

Toute la graine, et particulièrement l'albumen du Lin, de l'Œillette, du Pavot cornu, du Ricin, du Croton, de l'Epurge fournit une huile à applications diverses. Les mêmes parties du Cacaoyer fournissent

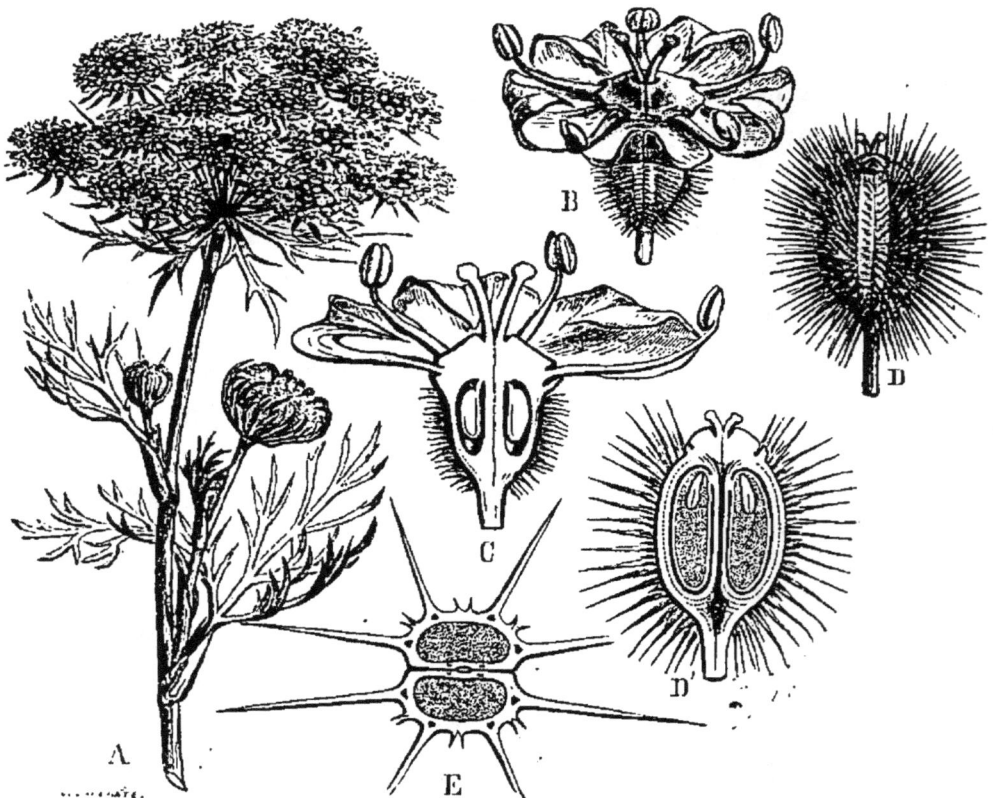

Fig. 129. — Carotte.

A, rameau portant feuilles et inflorescences; B, fleur entière; C, fleur coupée par un plan vertical et médian; D, fruit; D', coupe verticale et médiane du fruit E, coupe horizontale du fruit, au-dessous des embryons.

le beurre de Cacao et le Chocolat. L'albumen corné qui entoure l'embryon du Caféier contient les principes qui nous font aimer le Café; l'albumen corné qui entoure l'embryon dans les graines du Vomiquier officinal et du Vomiquier amer (noix vomique et fève de Saint-Ignace) contient, entre autres principes, un

14

poison violent, la Strychnine. L'albumen des graines
de la Stramoine pomme épineuse a des propriétés
narcotiques; celui des graines du Muscadier et du

Fig. 130. — Navet à la fin de sa première période de végétation.

Poivre a des propriétés excitantes qui font rechercher
ces graines comme condiments, etc.

D'autres plantes, nous l'avons dit plus haut, montrent une telle prudence, qu'elles ne fleurissent pas

avant d'avoir fait leurs provisions. Ainsi, le Navet, la Carotte, passent la première année de leur existence à accumuler dans leur racine une grande quantité de

Fig. 131. — Chou pommé à la fin de sa première période de végétation.

nourriture; pendant ce temps, la tige grandit à peine, mais, pendant la seconde année, les ressources sont mises à profit; celles-ci passent dans la tige qui s'allonge rapidement et développe en abondance fleurs et fruits. Qui n'a remarqué que, pendant cette seconde année, la racine se vide à mesure que la tige s'élève, et qu'après la fructification elle est ridée et desséchée?

Le grenier d'abondance n'est pas toujours placé

dans le même organe, mais l'homme et les animaux savent le trouver, s'ils en ont besoin.

Chez les Salsifis, le Chou-rave, le dépôt de nourriture se fait aussi dans la racine, mais chez le Chou de Bruxelles, il se fait dans les bourgeons; chez le Chou

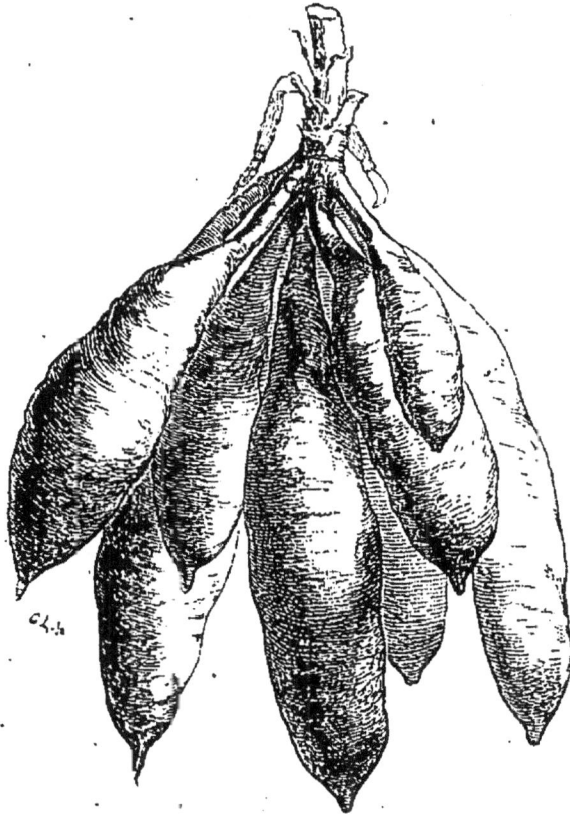

Fig. 132. — Racine de Manihot.

pommé ou Cabus, il se fait dans les feuilles; chez le Chou-fleur, il se fait dans les inflorescences. Aussi mangeons-nous les racines du Salsifis et du Chou-rave, les bourgeons du Chou de Bruxelles, les feuilles du Chou pommé, les inflorescences du Chou-fleur. Il n'est personne qui ne sache que lorsque les Choux, les Salades, les Radis *montent*, ces différents légumes ne contiennent que peu de principes nutritifs dans leurs parties comestibles et ne peuvent plus servir à notre alimentation.

Chez le Manihot, plante très répandue dans l'Amérique méridionale, l'approvisionnement se fait dans la racine. Cette racine, qui est volumineuse, contient, outre une substance vénéneuse (chez le Manihot amer), volatile, dont on se débarrasse, une farine qui fait la base de la nourriture des Brésiliens. Selon la manière dont elle est préparée, cette farine ou fécule constitue la Couaque, la Cassave, la Moussache ou Cepipa, ou encore le Tapioca. La Couaque, c'est la fécule retirée par la râpure, puis séchée, criblée et légèrement torréfiée ; la Cassave, c'est la même fécule qu'on a disposée en petits pains sur une plaque de fer chauffée ; la Moussache ou Cepipa, c'est la fécule pure enlevée par expression, puis lavée et séchée à l'air ; le Tapioca, c'est de la Moussache humide qui a été déposée sur des plaques de fer chaudes et dont les grains se sont agglomérés.

C'est dans les rhizomes ou axes souterrains de certains Galangas, Curcumas et Balisiers que se trouve la fécule connue sous le nom d'Arrow-root ; c'est dans une portion analogue du Pin de Madagascar (*Tacca pinnatifida*) qu'on trouve une fécule usitée dans le pays. La portion souterraine de l'Igname du Japon (*Dioscorea batatas*) est si grosse et contient tant de fécule, qu'on a proposé, dans ces dernières années, de cultiver cette plante en France, comme devant concourir au même but que la Pomme de terre.

La moelle ou tissu cellulaire qui occupe l'axe de la tige peut, comme les autres parties du végétal,

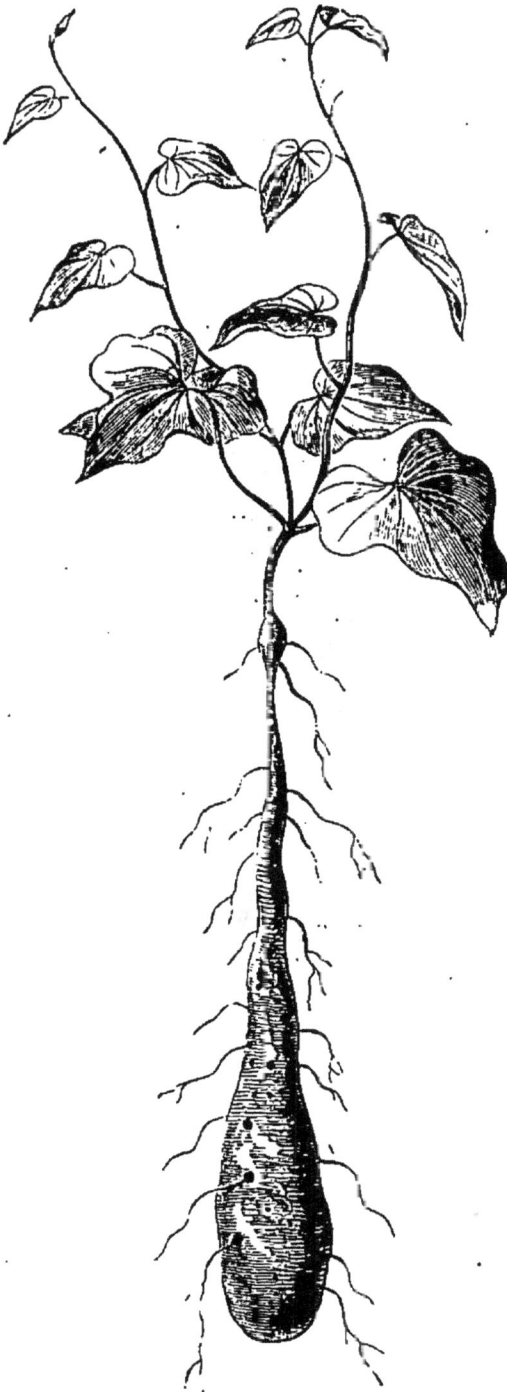

Fig. 155. — Igname du Japon.

servir d'entrepôt. C'est ce qui se voit chez plusieurs Palmiers, notamment chez le Dattier à farine, qui fournit le Sagou des Philippines; chez l'Areng à sucre des Indes et de l'Archipel indien, qui fournit le Sagou de Bornéo, etc.

Nous pourrions multiplier les exemples, car ils abondent dans nos souvenirs, mais nous nous arrêtons ici, laissant le lecteur qui s'intéresse au sujet chercher lui-même. Qu'il examine les plantes, telles que le Cardon, l'Artichaut, l'Asperge, le Panais, etc., dont une portion (fleurs, fruits, graines exceptés) sert à l'alimentation, et il trouvera sans peine. Dès qu'un fait ap-

paraît chez les êtres organisés, on ne peut s'empêcher
d'admirer la diversité des formes sous lesquelles il se
présente ; ainsi, nous avons vu les greniers d'abondance des plantes se montrer dans des endroits divers,
avec des contenus différents ; on peut les voir uniques
ou multiples pour chaque plante, se détruire avec la
plante ou se déplacer se-
lon les besoins de la vé-
gétation.

Le Petit Radis fait un
dépôt unique de nourri-
ture, fleurit, fructifie,
épuise ses provisions et
meurt dans la même an-
née. La Betterave fait un
dépôt unique de nour-
riture pendant une an-
née, puis, pendant la se-
conde année, elle fleurit,
fructifie, épuise ses provisions et meurt. L'Agave
d'Amérique amasse des
provisions pendant dix,
vingt, trente, cinquante,
cent ans ; il les emmaga-
sine dans ses feuilles,

Fig. 154. — Bulbe de Jacinthe, au
printemps.

puis, à l'époque voulue, il pousse rapidement sa tige,
fleurit, fructifie, épuise sa réserve et meurt. Ainsi
agissent toutes les plantes monocarpiennes ; elles
meurent à la naissance de leurs descendants.

Nos arbres, ainsi que plusieurs herbes ou arbustes,
qui sont des plantes polycarpiennes, n'agissent pas

ainsi. Ils fleurissent chaque année; chaque année, ils mettent à contribution leur entrepôt, mais chaque année aussi, ils renouvellent leurs provisions. C'est pendant l'été, ou à la fin de cette saison, que la dé-

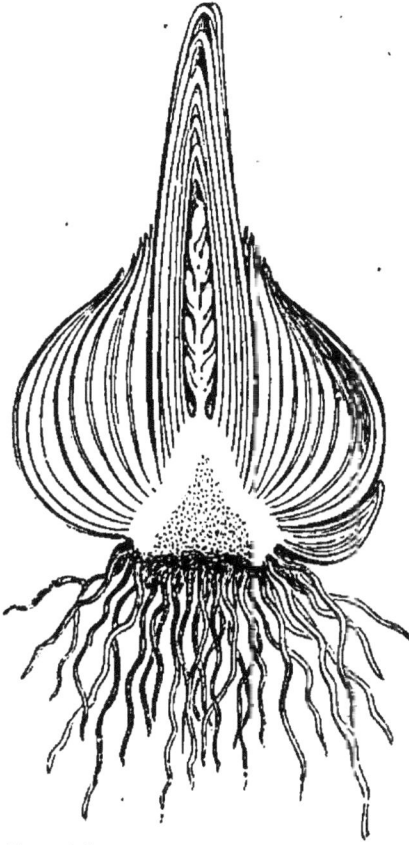

Fig. 135. — Coupe verticale et médiane d'une bulbe de Jacinthe.

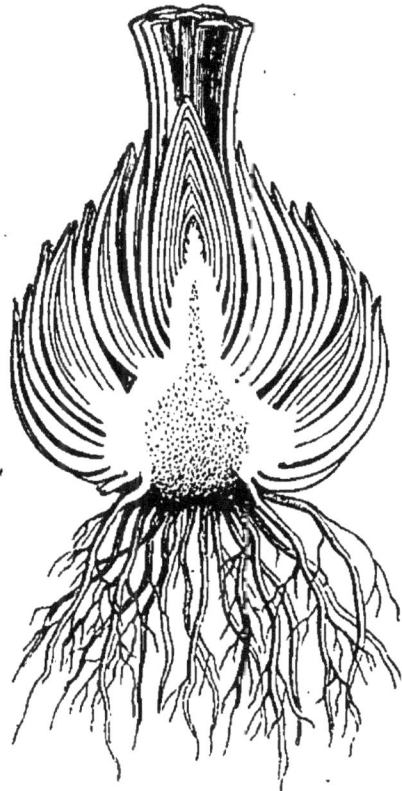

Fig. 136. — Coupe verticale et médiane d'une bulbe de Lis.

pense atteint son maximum chez la majorité des plantes de notre pays, car c'est à cette époque que naît l'embryon; c'est à cette époque qu'il faut déposer pour ce rejeton la nourriture qui servira à ses futurs besoins; c'est alors que, malgré son état de fatigue, l'arbre semble redoubler d'énergie; il profite, pour ainsi dire, de la sève d'août, et rétablit, pour ses en-

fants futurs, la fortune qu'il a donnée à ceux qui
viennent de le quitter; il commence des dépôts multiples qu'il établit à l'aisselle des feuilles, dans tous
les endroits où, l'année suivante, se montreront les

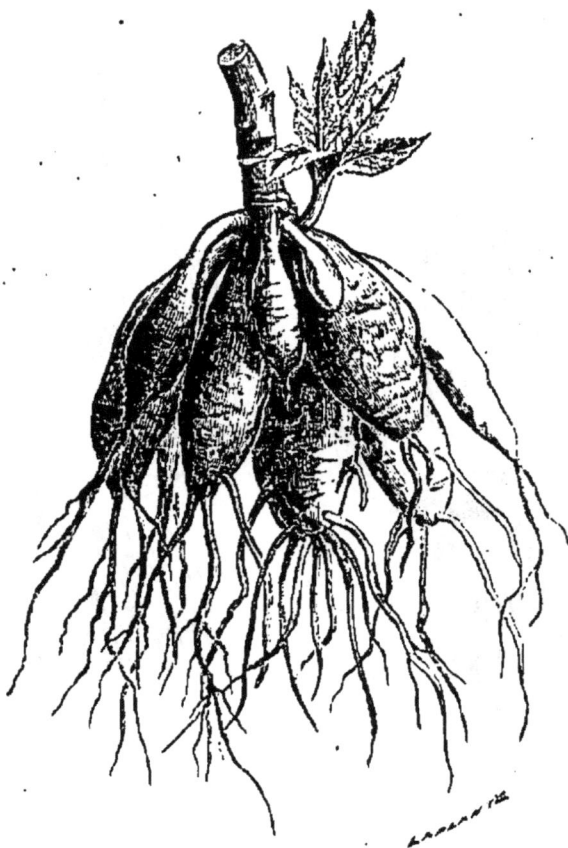

Fig. 157. — Racines de Dahlia quelque temps après leur mise en terre.

rameaux ou les fleurs. Tout le monde peut constater
l'existence de ces amas de nourriture; ils forment
des bosses plus ou moins élevées, dont l'intérieur
contient une forte proportion de fécule. Lorsque le
temps est beau, l'arbre développe une telle énergie,
travaille si vite, devient si riche, emmagasine tant de

nourriture, que les bourgeons de l'année suivante
puisent au dépôt et devancent leur époque; ils se
développent et montrent leurs feuilles ou leurs fleurs.
C'est ce qu'on appelle la foliaison, la *floraison d'automne*.

Il est des plantes dont les graines se développent
difficilement ou ne sont pas très aptes à la reproduction; ces sortes de plantes amassent de la nourriture
pour d'autres rejetons. Ces rejetons sont des bourgeons
ou des rameaux qui, tantôt seuls, tantôt concurrem-
ment avec les graines, devront reproduire la plante.

Dans la Ficaire, les provisions sont déposées dans
l'axe d'un petit bourgeon qui a la forme d'une petite sphère et qui se montre à l'aisselle de certaines
feuilles. A une époque donnée, ce petit renflement ou
bulbille se détache de la plante-mère, tombe sur le
sol et s'y attache avec des racines adventives pour
constituer un individu distinct (fig. 71).

Quelques espèces du genre Ail développent au sein
de l'inflorescence des bulbilles dont les jeunes feuilles
sont gorgées de nourriture. Ces bulbilles se détachent
et reproduisent la plante à la manière du bourgeon
de Ficaire.

Chez l'Aldrovande aquatique, des bourgeons qui
terminent les rameaux se gorgent de nourriture, tombent au fond de l'eau et reviennent à la surface, au
printemps, pour reproduire la plante.

Chez les Tulipes, les Lis, les Jacinthes, un grand
dépôt de nourriture se fait chaque année dans certaines feuilles d'un bourgeon axillaire; celui-ci s'allonge plus tard pour donner des fleurs. Chez les
Dahlias, la nourriture s'accumule, à la fin de cha-

Fig. 158. — Morelle tubéreuse ou l'omme de terre en pleine végétation.
Rameaux aériens et rameaux souterrains.

que saison, dans les différentes portions d'une racine fasciculée.

Le phénomène le plus digne de remarque se passe dans la végétation de la Pomme de terre. Cette singulière plante possède deux sortes de rameaux : les uns, qui sont aériens, allongés, verts et peuvent fleurir ; les autres, qui sont souterrains, renflés, non verts, et qu'au premier aspect on prendrait pour des racines. Ce sont ces derniers qui reproduisent la plante et ils contiennent une abondante provision de fécule. A la surface de chacun d'eux se montrent un certain nombre de bourgeons fort petits, situés dans les enfoncements ou les yeux, à l'aisselle de petites écailles qui tiennent lieu de feuilles. Si l'on place en terre un de ces tubercules, on pratique en réalité une véritable bouture ; les bourgeons prennent au réservoir commun qui s'épuise la nourriture nécessaire à leur développement, en attendant que des racines adventives se développent et empruntent au sol leur contingent d'aliments. Une Pomme de terre développe parfois autant de rameaux qu'elle a de bourgeons, de sorte qu'on peut la diviser et mettre dans le sol des morceaux qui n'aient que deux, trois yeux, si l'on ne veut avoir que deux ou trois rameaux. Mais il faut bien se garder d'imiter ce cultivateur ignorant et avare qui, voulant multiplier les morceaux de Pommes de terre à planter, coupait le tubercule au hasard, en menues portions, ne ménageant pas les bourgeons. Il va sans dire que toute portion sans œil ou sans bourgeon mise en terre ne développe ordinairement pas de rameau. On n'a même pas besoin de mettre les tubercules en terre pour le développement de leurs pousses; ce développement s'exécute souvent au printemps, dans les caves où l'on conserve les Pommes de terre; alors la fécule emmagasinée se transforme et s'écoule vers les nouveaux jets. Il n'est donc pas étonnant que les vieilles Pommes de terre mangées à

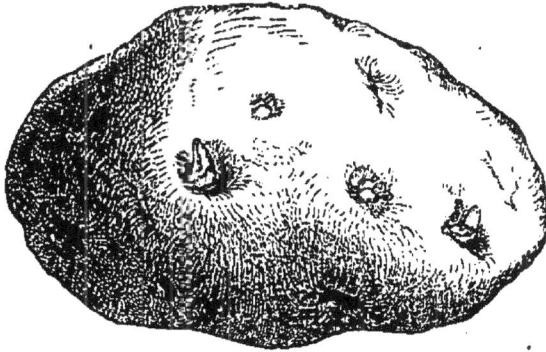

Fig. 159. — Pomme de terre ou rameau souterrain de la Morelle tubéreuse. Elle porte de nombreux bourgeons disposés régulièrement.

la fin de l'hiver ou au commencement du printemps soient moins riches en fécule, moins bonnes que celles qui sont consommées dans la saison précédente. Les marchands du précieux aliment n'ignorent pas cette particularité; aussi ont-ils grand soin de dissimuler le bourgeonnement en ne mettant en vente que les Pommes de terre dont ils ont cassé les rameaux naissants. Il est facile de ne pas être victime de la supercherie, car on peut constater l'absence du bourgeon ou la cassure du rameau; d'ailleurs, la flétrissure du tubercule montre qu'une portion de son contenu s'est échappée.

CHAPITRE X

DISSÉMINATION DES PLANTES

Principio, arboribus varia est natura creandis.
VIRGILE, *Géorgiques*, II, 9.
Les arbres, de la terre agréable parure,
Sortent diversement des mains de la nature...

La graine est mûre ; elle a reçu la provision nécessaire aux premiers développements de son embryon. Dès lors elle se détache de la plante qui l'a nourrie, pour donner naissance à une plante qui grandira et produira à son tour. Il est des cas, cependant, dans lesquels la dissémination n'est pas nécessaire ; c'est lorsque le fruit mûrit dans le sol ou la vase, comme chez la plupart des plantes aquatiques, comme chez la Cymbalaire, qui croît sur les vieux murs humides, sur les rochers ; cette dernière plante fleurit à l'air, mais elle ramène son fruit dans une fente ou dans un trou pour la maturation. Le Cyclamen, cette jolie plante recherchée pour les suspensions dans les appartements, porte des fleurs à l'extrémité d'un long pédoncule, et, aussitôt la fécondation accomplie, elle

enroule ce pédoncule en tire-bouchon, à la manière
de la Vallisnérie, pour faire mûrir son fruit sur le sol.
Le Trèfle enterreur fleurit dans l'atmosphère, mais,
après la fécondation, son axe d'inflorescence se durcit,
se coude, enfonce son sommet en terre et y entraîne

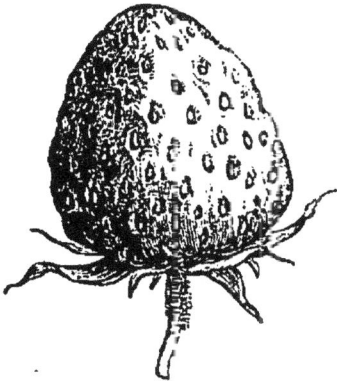

Fig. 140. — Fraise. Les petits fruits
sont durs et persistent sur le réceptacle floral qui devient charnu et
comestible.

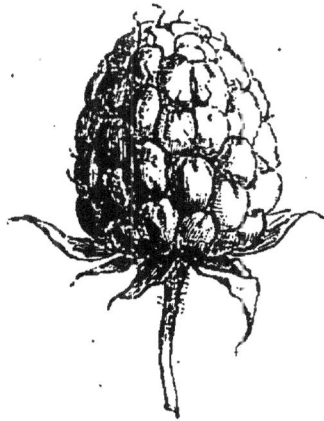

Fig. 141. — Framboise. Le fruit se
compose d'un grand nombre d'o-
vaires devenus charnus et comestibles.

le groupe de fruits. L'Arachide n'enfonce dans le sol
que les ovaires fécondés; ceux-ci mûrissent et deviennent les Pistaches de terre. Les fruits des Citrouilles,
des Melons, restent sur terre, abandonnés par la tige
qui les porte et qui se détruit, etc.

Lorsque la lignée est nombreuse, comme dans le
Tabac, le Pavot, par exemple (un seul pied peut fournir plus de 300 000 graines), elle est expulsée à
l'heure voulue; chaque graine est livrée sans protecteur aux hasards d'un voyage périlleux. Certaines
graines, filles uniques de fleurs, semblent privilé-
giées; elles ne quittent la plante mère que protégées
efficacement; elles restent dans l'ovaire devenu fruit;

telles sont celles du Cerisier, du Prunier, de l'Abricotier, du Pêcher, etc. Outre leur enveloppe charnue,
les fruits de ces plantes ont encore un dur noyau; et

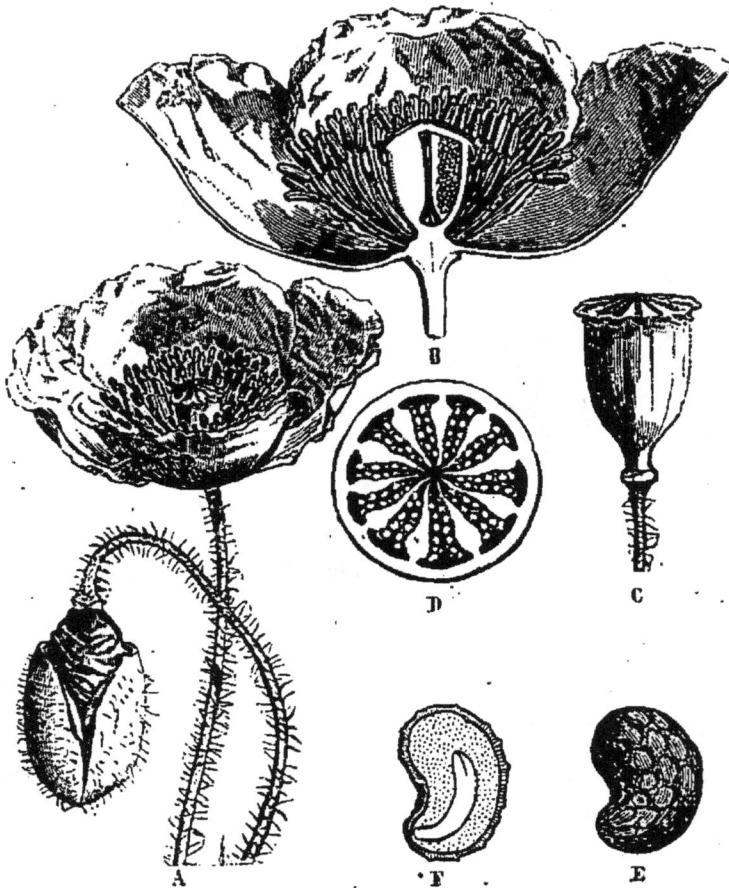

Fig. 142. — Pavot.

A, fleur épanouie et fleur en bouton perdant son calice; B, fleur coupée par un plan
vertical et médian, montrant le grand nombre d'ovules insérés sur un placenta;
C, fruit; D, coupe horizontale du fruit, montrant de nombreuses graines attachées
aux placentas; E, l'une des graines; F, l'une des graines coupées par un plan vertical et médian.

les graines placées dans cet abri impénétrable entrent
dans le sol ou voyagent. Les filles uniques ne sont pas
les seules qui soient protégées, car les graines des
Melons, des Citrouilles, des Groseilles, des Raisins,
des Grenades, etc., bien que nombreuses, restent in-

cluses dans leurs fruits ; la Nature harmonise toujours
les moyens qu'elle emploie avec les fins qu'elle se propose ; tantôt elle crée un moyen particulier de dissémination, ou une disposition pour une prompte germination, ou un procédé de conservation, etc.

Fig. 145. — Melon. Les graines restent incluses dans le fruit.

Il suffit de regarder autour de nous pour constater
les milliers de manières différentes qu'emploient les
graines pour s'échapper de leurs fruits. Chaque fruit
de l'Hellébore, de l'Aconit, ne s'ouvre que d'un côté,
par une fente ; les bords de l'ouverture portent les
graines qui se détachent et tombent. Les fruits des
Haricots, des Pois, des Fèves, etc., s'ouvrent des deux
côtés, par deux fentes. Les fruits des Giroflées, des

Choux, des Chélidoines, s'ouvrent par quatre fentes, deux cloisons latérales se détachent de bas en haut, laissant entre elles une cloison portant les graines :

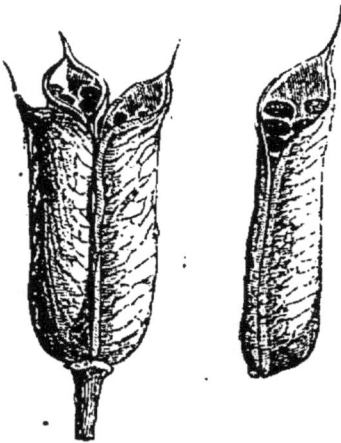

Fig. 144. — Fruit d'Aconit formé de trois follicules ; follicule isolé et s'ouvrant.

Fig. 145. — Fruit d'Hellébore composé, dans cet exemple de trois follicules.

celles-ci, à leur tour, rompent leur attache. Les fruits de la Jusquiame, du Mouron rouge, du Plantin, etc., s'ouvrent par une fente circulaire ; ils ont la forme de petites marmites dont le couvercle se soulève. Les fruits des Violettes s'ouvrent en trois valves. Dans la plupart des Pavots, le fruit s'ouvre par des trous situés au sommet. Dans le Muflier, ces trous sont situés de telle façon qu'ils simulent les yeux et la bouche d'un animal à figure étrange, etc.

Ailleurs, chez le Froment, le Seigle, l'Avoine, chez le Sarrasin, le fruit ne s'ouvre pas, la paroi se dessèche autour de la graine, s'y attache et l'accompagne dans sa chute. Ce qu'on appelle grains de Froment, de Seigle, d'Avoine, de Maïs ne sont pas des graines, mais des fruits.

Dans toutes les plantes que nous venons de citer, à
fruit déhiscent ou non, les graines ou les fruits, en
s'échappant naturellement, tombent au pied ou non
loin de la plante et la reproduisent à une époque plus
ou moins rapprochée. Chez le Concombre sauvage
(*Ecbalium*), la Balsamine, la Clandestine, le Sablier

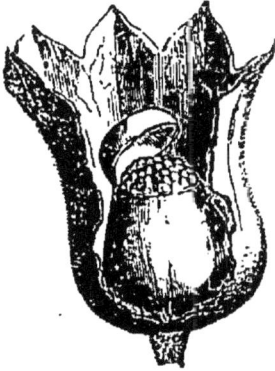

Fig. 146. — Fruit de Jusquiame opérant sa déhiscence ; il est protégé
par le calice qui a été déchiré.

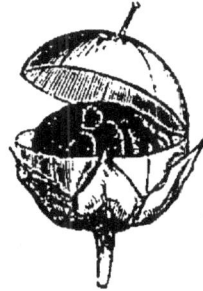

Fig. 147. — Fruit de Mouron rouge
protégé par le calice et opérant sa
déhiscence.

(*Hura crepitans*), la Fraxinelle, la Dionée attrape-
mouche, quelques Algues, quelques Mousses, Fougères,
Prêles, Hépatiques, etc., les graines ou les spores sont
projetées à une certaine distance.

Lorsque le fruit du Concombre sauvage est arrivé à
sa maturité, il se détache brusquement du pédoncule
qui le porte ; un trou s'établit, par lequel s'échappent
avec une extrême élasticité les graines et la pulpe
liquide qui les entoure. On peut reproduire ce phénomène en séparant d'abord de la plante le fruit avant
sa maturité complète ; puis, le tenant d'une main,
on coupe la base du fruit avec un couteau tenu par
l'autre ; aussitôt les graines sont rapidement projetées.

Le fruit de la Balsamine des jardins s'ouvre subitement par disjonction de valves qui s'enroulent rapidement, et, par ce mouvement, projettent leurs graines. Dans la Balsamine jaune, le mouvement est encore plus rapide; si l'on essaye de cueillir le fruit au moment de sa maturité, il éclate subitement; les cinq valves se relèvent et s'enroulent, les graines sont lancées entre les doigts. C'est à cause de cette singulière déhiscence que la Balsamine jaune a reçu le nom de *N'y touchez pas.*

Le Sablier est un arbre à suc laiteux de l'Amérique équinoxiale; son fruit est formé par la réunion de douze à vingt lobes ou coques rayonnant autour d'une colonne centrale qui occupe l'axe du fruit. Au moment de la déhiscence, une fente s'établit sur le milieu de chaque coque, chacune de celles-ci se sépare brusquement de la voisine

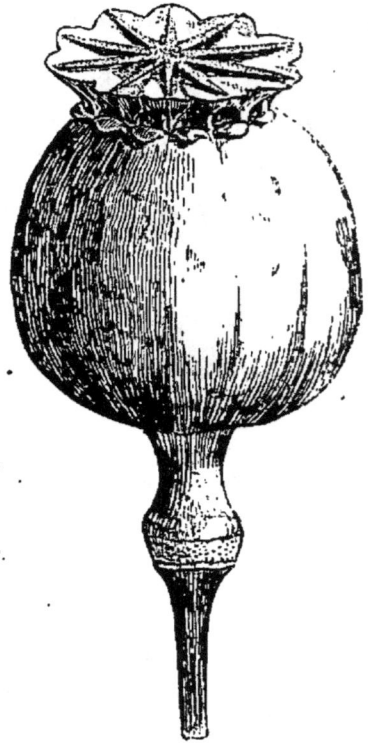

Fig. 148.— Fruit du Pavot somnifère noir, montrant les trous par lesquels s'échappent les graines.

et de l'axe; il résulte de la rupture violente de toutes ces attaches une assez forte détonation; les graines, comme les débris de fruits, sont lancées au loin.

Les fruits des Euphorbes, des Ricins, convenablement desséchés, lancent aussi leurs graines, mais sans bruit ou avec une simple crépitation; la structure du

fruit, l'existence de parties accessoires expliquent parfaitement le phénomène.

Dans le fruit de la Fraxinelle, les cinq coques qui

Fig. 149. — Concombre sauvage. Fruit lançant ses graines en se détachant
du pédoncule.

le composent se détachent brusquement de l'axe en
même temps qu'elles s'ouvrent et projettent leurs
graines aux alentours.

Dans le fruit des Géraniums, cinq valves se détachent brusquement de bas en haut et s'enroulent en
lançant leurs graines au loin.

Dans un très grand nombre d'Algues, les spores

sortent plus ou moins brusquement de l'organe qui les contient ; beaucoup sont munies de cils vibratiles qui les font progresser et s'éloigner de la plante qui leur a donné naissance ; nous avons constaté plus haut ces phénomènes pour la Conferve agglomérée, la *Saprolegnia fertile.* Chez les Prêles, les spores sont entourées par deux fils croisés qui les lancent au loin. Les spores de la Fougère sont lancées brusquement lorsqu'il s'établit une rupture de la poche qui les contient.

Fig. 150. — Fruit de la Balsamine lançant ses graines.

Les courants d'air sont de puissants agents de dissé-

Fig. 151. — Fruit du Sablier.

mination. Chacun peut remarquer avec quelle rapidité le sommet d'un mur, la superficie d'un toit se couvrent de végétation ; des Lichens, des Mousses, des Saxifrages, des Sedum, Crassula, qui se montrent les premiers, ont été apportés par les vents à l'état de spores ou des graines ; c'est encore le vent qui amène sur les troncs de nos arbres fruitiers les germes de cette couverture de Lichens et de Mousses. « J'ai vu naguère une Ronce orgueilleuse marier ses longues tiges aux pilastres du grand balcon de Versailles ; quelques années de négligence et de barbarie avaient suffi pour lui assurer ce triomphe. » (A. de Saint-Hilaire.)

« Les chutes de Lichens, qui ont étonné quelquefois les habitants de la Perse et de l'Anatolie, sont une preuve que le vent peut transporter des corps aussi pesants que la moyenne des graines. M. Parrot a rapporté des échantillons du Lichen qui est tombé, en 1828, dans plusieurs points de la Perse, entraîné par des pluies d'orage. Le terrain fut couvert de 5 à 6 pouces (15

Fig. 152. — Fruit de Géranium s'ouvrant et lançant ses graines.

à 18 centimètres) d'épaisseur d'une substance qui, étant tombée du ciel, fut décorée naturellement du nom de *manne*. » (A. D. C.)

Afin de donner plus de prise aux courants d'air, un grand nombre de fruits et de graines portent des membranes aliformes, des aigrettes, du duvet, etc. Le fruit du Pin est muni d'une longue aile, et sa graine, qui ne germerait pas si elle tombait au pied de l'arbre qui la produit, est portée au loin par les vents, parfaitement enveloppée.

Le fruit de l'Orme a la forme d'une lentille et porte une aile sur tout son tranchant.

Le fruit de l'Érable portes deux ailes.

Les fruits du Tilleul occupent l'extrémité d'un pé-

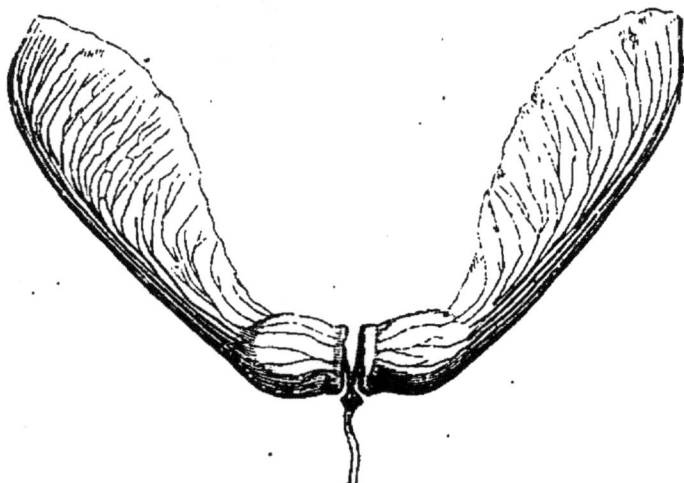

Fig. 155. — Fruit à deux ailes de l'Érable.

doncule, et celui-ci est fixé sur une longue feuille mince (bractée). Aussi, dans le moment où ces fruits se détachent des arbres, on les voit tournoyer dans l'air, parcourir de longs espaces et s'abattre dans les champs, dans des cours, sur des pavés, etc. Beaucoup de ces fruits tombés dans des endroits non favorables ne permettent pas à leurs graines de germer; beaucoup d'autres, mieux placés, les laisseront se développer, mais non protégées contre les passants, beaucoup de jeunes plantes seront bientôt détruites. Un Orme peut donner en une seule fois cinq cent mille fruits; ses descendants couvriraient bientôt la surface de la terre si rien ne s'opposait à leur prospérité. Mais la nature tient une balance dans laquelle la vie et la mort s'équilibrent toujours.

Les fruits des Pissenlits, des Chardons, des Salsifis, des Bleuets, des Eupatoires, des Valérianes
portent à leur partie supérieure une élégante aigrette

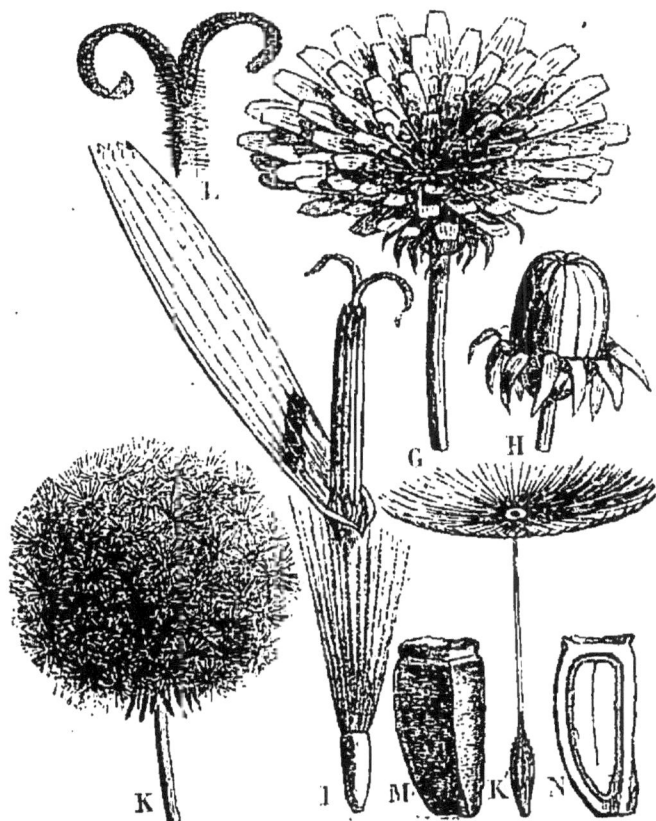

Fig. 154. — Pissenlit et Chicorée.

G, inflorescence de Pissenlit; H, inflorescence avant l'épanouissement des fleurs
I, l'une des fleurs; K, ensemble des fruits; K' l'un des fruits; l'aigrette s'est sou-
levée portée sur un pied; L, extrémité du style d'une fleur de Chicorée; M, un
des fruits de la même plante; N, coupe verticale et médiane de ce fruit.

hygroscopique à filaments disposés ou non en crochets. Parfois cette aigrette couronne le fruit à la
manière des plumes qui garnissent le jouet connu
sous le nom de volant, c'est le cas du Bleuet ; tantôt
le fruit est surmonté par un long filet qui porte l'aigrette, comme dans le Pissenlit. Dans l'un comme

dans l'autre cas, les fruits deviennent le jouet des vents, sont portés à des hauteurs et à des distances considérables, puis s'accrochent aux édifices ou retombent en temps calme comme des parachutes, en enfonçant dans le sol l'espèce de lest constitué par le fruit. « *L'Erigeron Canadense*, apportée d'Amérique, comme moyen d'emballage[1], s'est, à l'aide de ses aigrettes, répandu dans toute l'Europe avec la plus étonnante rapidité ; l'abbé Delarbre écrivait, en 1800, qu'il n'en avait observé qu'un pied dans toute l'Auvergne ; en 1805 ou 1806, M. de Salvert et moi nous trouvions cette espèce, pour ainsi dire, à chaque pas dans les champs de la Limagne. » (A. de Saint-Hilaire.)

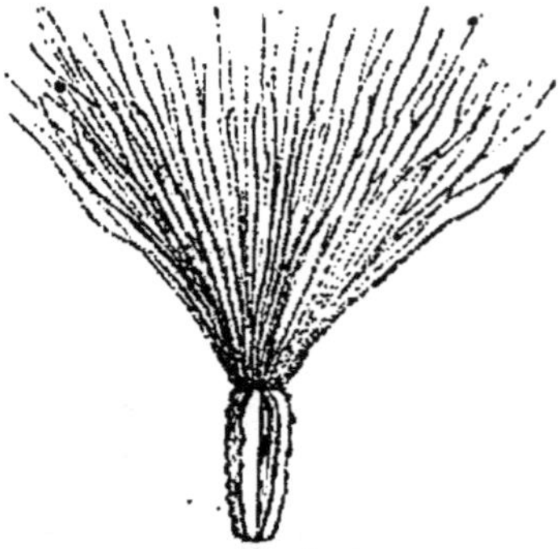

Fig. 155. — Fruit à aigrette.

Aujourd'hui cette plante est si commune aux environs de Paris, que du mois de juillet au mois d'octobre, ses aigrettes d'un blanc sale se voient partout, sur tous les décombres, dans les champs non cultivés, au bord des chemins, aux abords des maisons de village.

Les graines de Pin, de Sapin, d'Orme, d'Érable, de Pissenlit, de Bleuet, etc., ne pouvant sortir de leur fruit, n'ont pas reçu d'appendices pour aider à la dissémination ; ces appendices ont été donnés à leurs fruits qui les transportent en même temps qu'eux. Mais chez les fruits qui s'ouvrent, tels que ceux des

1. Il paraît que les fruits de l'Erigeron du Canada avaient été employés pour empailler un oiseau qui arriva en Europe au dix-septième siècle.

Bignonia, des *Tecoma*, des *Catalpa*, du Saule, du
Peuplier, du Laurier de Saint-Antoine (*Epilobium
spicatum*), du Dompte-Venin, du Cotonnier, etc., etc.,
les graines sortent du fruit et ce sont elles qui portent
les appendices.

Ces appendices consistent, dans les *Bignonia* et
les *Tecoma*, en une membrane aliforme qui occupe
tout le bord de la graine ; chez le *Catalpa*, la membrane aliforme porte, en deux points opposés, deux

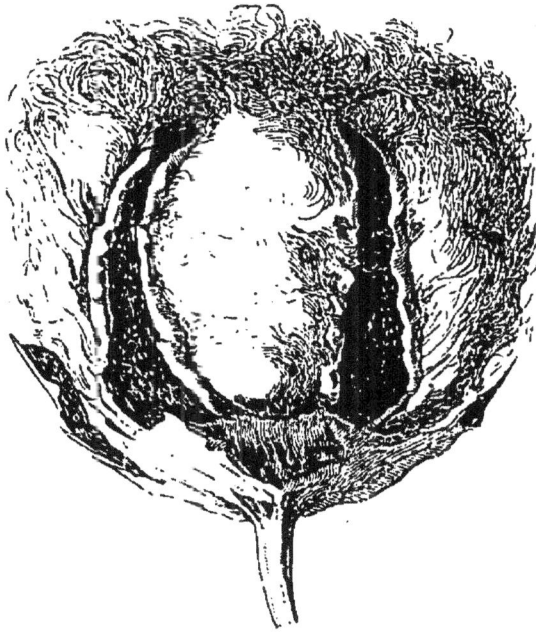

Fig. 156. — Fruit du Cotonnier au moment de sa déhiscence

longues franges de poils ; chez le Saule, le Peuplier,
le Laurier de Saint-Antoine, le Dompte-Venin, la graine
porte à une de ses extrémités une touffe de poils
soyeux ; chez le Cotonnier, c'est toute la surface de la
graine qui est revêtue de poils plus ou moins longs,
et ce sont ces poils abondants qui constituent le coton
avec lequel on fait des tissus.

Le Saule et le Peuplier étant de toutes ces plantes les plus communes, on peut facilement constater l'existence du plumet de leurs graines. A Paris, pendant l'été, les personnes qui suivent les quais ont,. si le vent le permet, leurs habits couverts de petites masses de duvet blanc ; un peu d'attention fait décou-

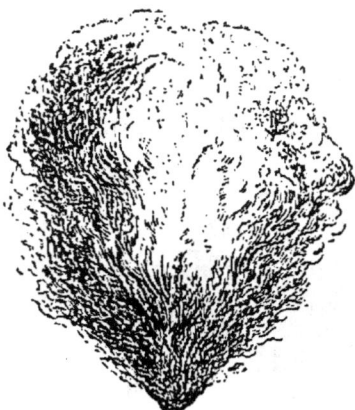

Fig. 157. — Graine entière de Cotonnier.

Fig. 158. — Coupe verticale et médiane d'une graine de Cotonnier montrant l'insertion des poils qui constituent le coton.

vrir au milieu du duvet un petit corps brun, soigneusement enveloppé, c'est une graine des Peupliers situés près du pont Marie ou de ceux qui avoisinent les Tuileries.

Les eaux courantes viennent en aide aux vents pour la dissémination des graines. Tantôt ce sont des graines seulement, tantôt ce sont des fruits qui sont transportés. Parmi ces germes tombés à l'eau, les uns ont une forme ou une légèreté spécifique qui leur permet de flotter ; d'autres, trop lourds d'abord, gagnent le fond de l'eau, y restent quelque temps, y perdent de leur poids, puis remontent à la surface pour y voyager ; d'autres encore, lancés à la mer, y voguent facilement, mais, arrêtés à l'embouchure d'un fleuve, ils ne sont plus soutenus par l'eau douce, ils gagnent le fond du fleuve, sont poussés sur la rive, et y germent.

Certains fruits ont reçu la forme qui convient le mieux au flottage. Ceux du Fenouil ressemblent exactement à de petits bateaux : ils arrivent en si grande

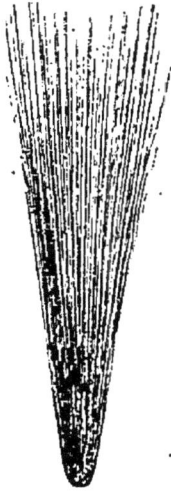

Fig. 159. — Graine de Peuplier avec les poils du plumet dressés.

Fig. 160. — Fruit de Fenouil au moment de la séparation des loges.

quantité, portés par la mer, sur les rivages de Madère, qu'une baie de cette île a reçu le nom de baie de *Funchal* ou de Fenouil. Les Noisettes, les Noix ont une forme qui rappelle celle d'un tonneau ; ces fruits flottent facilement ; des voyageurs ont vu aux États-Unis, au Canada, une énorme quantité de noix entraînées par des courants.

Pendant longtemps, on ignora le lieu de provenance d'énormes cocos charriés par la mer et qui viennent s'échouer sur les côtes de Malabar ou sur celles des îles de la Malaisie. Ces énormes fruits, larges parfois de 0ᵐ,50 et du poids de 20 à 25 kilogrammes, étaient appelés des Cocos de mer ; on les supposait fournis par des plantes marines inconnues. Ils ne sont produits par aucune des côtes voisines. On sait aujourd'hui qu'ils sont fournis par un Palmier, le *Lodoicea* des Séchelles, qui croît en abondance dans les îles Séchelles, voisines des côtes orientales de l'Afrique. Les

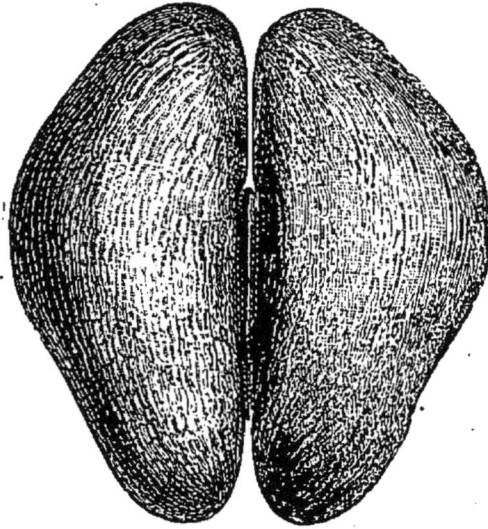

Fig. 161. — Fruit du *Lodoicea* des Séchelles.

fruits sont entraînés par un courant marin qui leur fait passer l'équateur et les amène sur les rivages de l'Inde. Des courants semblables amènent des contrées les plus éloignées de nombreuses graines qui germent dans une nouvelle patrie. Hooker a constaté que 144 plantes de l'isthme de Panama ont été amenées par un courant marin jusqu'aux îles Gallapagos.

Les graines résistent à l'eau de mer beaucoup plus qu'on ne serait tenté de le croire ; les expériences de Darwin l'ont parfaitement établi. « Jusqu'à ce que, avec l'aide de M. Berkeley, dit cet éminent naturaliste,

j'eusse tenté moi-même quelques expériences, on ne
savait pas même combien de temps des graines pouvaient résister à l'action nuisible de l'eau de mer. A
ma grande surprise, j'ai trouvé que, sur 87 espèces,
64 ont parfaitement germé après une immersion de
vingt-huit jours, et quelques-unes supportèrent même
une immersion de cent trente-sept jours. Il est bon
de noter que certains ordres se montrèrent beaucoup
moins capables que d'autres de supporter cette épreuve :
j'expérimentai sur 9 Légumineuses, et, à l'exception
d'une seule, elles résistèrent assez mal à l'eau salée ;
7 espèces des deux ordres alliés, les Hydrophyllacées
et les Polémoniacées, moururent toutes après un mois
d'immersion. Pour plus de sûreté, j'avais choisi principalement des graines de petites dimensions dépouillées de leur capsule ou de leur fruit ; mais comme
toutes allaient au fond en quelques jours, elles n'auraient pu traverser en flottant de larges bras de mer,
qu'elles eussent été ou non endommagées par l'eau
salée. Je tentai ensuite l'essai sur des capsules ou des
fruits plus gros, et j'en trouvai quelques-uns qui flottèrent très longtemps. On sait que le bois vert flotte
beaucoup moins aisément que le bois sec, et il me vint
à l'esprit que le flux pouvait entraîner des plantes ou
des branches, et les déposer ensuite sur les grèves,
où, après qu'elles s'étaient séchées, une nouvelle marée
montante, les reprenant, les rejetait de nouveau à la
mer. Je fis donc sécher des tiges et des branches de
94 plantes, portant toutes des fruits mûrs, et je les
plaçai ensuite sur de l'eau de mer. La majorité d'entre
elles enfoncèrent rapidement ; mais quelques-unes de
celles qui, vertes encore, n'avaient flotté que très peu

de temps, une fois sèches, se maintinrent très bien sur l'eau; des noisettes mûres allèrent ainsi immédiatement au fond, mais, une fois sèches, elles flottèrent durant quatre-vingt-dix jours, et plus tard, ayant été plantées, elles germèrent. Une plante d'asperge, portant des baies mûres, flotta vingt-trois jours; après avoir été séchée, elle en flotta quatre-vingt-cinq, et les graines germèrent ensuite. Des graines mûres d'*Helosciadium* s'enfoncèrent au bout de deux jours; sèches, elles flottèrent plus de trois mois et germèrent encore. En somme, sur 94 plantes séchées, 18 flottèrent plus de vingt-huit jours, et quelques-unes d'entre elles flottèrent beaucoup plus longtemps. De sorte que les $\frac{64}{87}$ des graines que je soumis à l'expérience germèrent après une immersion de vingt-huit jours; les $\frac{18}{94}$ des plantes portant des fruits mûrs, mais d'espèces différentes, que je pris soin de faire sécher, flottèrent pendant plus de vingt-huit jours. Pour autant qu'il nous est permis de faire quelque chose d'un aussi petit nombre de faits, nous pouvons néanmoins en conclure que 14 centièmes des plantes d'une contrée quelconque peuvent être entraînées par des courants marins pendant vingt-huit jours, et sans qu'elles perdent pour cela leur faculté de germination. D'après l'Atlas physique de Johnston, la vitesse moyenne des divers courants atlantiques est de 33 milles par jour, et quelques-uns atteignent la vitesse de 60 milles. Il en résulterait que les graines des 14 centièmes des plantes d'une contrée quelconque pourraient être transportées à travers 924 milles, en moyenne, dans une autre contrée, où, venant à aborder, elles pourraient encore germer si un vent de mer les prenait sur le rivage et les transportait en un lieu favorable à leur développement.

« Depuis mes expériences, M. Martens les a renouvelées, mais en de meilleures conditions, car il plaça ses graines dans une boîte, et la boîte même dans la mer ; de sorte qu'elles furent alternativement mouillées, puis exposées à l'air comme de véritables plantes flottantes. Il éprouva 98 sortes de graines, la plupart différentes des miennes ; mais il choisit beaucoup de gros fruits, et aussi quelques plantes qui vivent sur les côtes, ce qui devait augmenter la longueur moyenne de leur flottaison, ainsi que leur résistance à l'action de l'eau salée. D'autre côté, il ne prit pas le soin préalable de sécher les plantes ou les branches avec leurs fruits, ce qui, nous l'avons vu, en aurait fait flotter quelques-unes beaucoup plus longtemps. Le résultat fut que $\frac{18}{98}$ de ses graines flottèrent pendant quarante-deux jours et furent ensuite capables de germer. Mais je ne doute pas que des plantes exposées aux vagues ne flottent moins longtemps que lorsqu'elles sont protégées contre tout mouvement violent comme dans ces expériences. Il serait donc plus sûr d'admettre que les 10 centièmes des plantes d'une flore, après avoir été séchées, peuvent flotter à travers un espace de mer large de 900 milles (1448 kilom. 100 m.), et germer encore ensuite. Le fait que de gros fruits flottent souvent plus longtemps que les petits n'est pas sans intérêt, vu que des plantes à grosses graines ou à gros fruits ne peuvent guère être dispersées par d'autres moyens. M. A. de Candolle a montré que de telles plantes ont généralement une extension limitée. »

Fig 162. — Ruines couvertes d'une végétation de Sureaux, de Genévriers, de Sorbiers, provenant du développement.
de graines apportées par les oiseaux.

Les bois flottés, les glaciers peuvent transporter, entraîner des graines au loin.

Les animaux concourent aussi à la dissémination des graines. Tantôt c'est un Loriot, une Grive qui emporte dans son bec une cerise enlevée à un arbre des champs et qui gagne les bois.; troublé par une apparition quelconque, l'oiseau lâche le fruit, qui tombe à terre. Tantôt c'est une Draine qui a piqué un fruit de Gui et le porte sur un arbre; la petite baie gluante adhère fortement à la branche d'arbre et permet à ses embryons de s'y développer. Ailleurs, ce sont les fruits colorés du Sorbier, du Sureau, du Lierre, du Genévrier, etc., qui excitent la gourmandise des Merles, des Draines, des Grives, des Mauvis, etc., et ces oiseaux emportent leur butin qu'ils déposent, plus ou moins dépouillé de la matière pulpeuse, sur les vieilles tours, sur les murs des vieux châteaux; aussi voit-on ordinairement les ruines couronnées par du Sureau, du Lierre, du Genévrier. Les oiseaux babillards et les plantes communes sont les seuls habitants de ces antiques demeures où vivaient jadis d'orgueilleux châtelains. Ailleurs encore, des Corbeaux, des Geais, des Pies, etc., enfouissent des fruits ou des graines; ou bien ce sont des Écureuils, des Loirs, des Rats, des Mulots, des Hérissons, qui cachent des noisettes, des glands, du blé et autres fruits.

Très souvent les animaux ne sèment pas directement les graines; ils avalent les fruits comme nourriture, et les graines contenues, protégées par leurs téguments ou par un noyau, ne subissent aucune altération dans le tube digestif; elles en sortent et retombent sur le sol entourées d'un engrais utile au développement de l'embryon. A Java, une sorte de Civette se charge de disséminer les graines du Café ; ce petit animal est très friand du fruit du Caféier (le fruit a la couleur et la forme d'une petite cerise, il contient deux noyaux) ; il l'avale gloutonnement, fait son profit de la matière pulpeuse et laisse échapper les deux noyaux intacts, dont la graine est placée dans les meilleures conditions de germination. Selon Junghuhn, les noyaux de Café expulsés par cette Civette sont très recherchés par les Javanais ; ils sont recueillis soigneusement dans tous les endroits accessibles. Il paraît qu'à Ceylan il existe une espèce de Grive qui se nourrit du fruit du Cannelier et en répand la graine en mille endroits. D'après Sébastiani, on trouve sur le Colisée, à Rome, 261 espèces de plantes dues aux transports des graines par les oiseaux. Darwin a recueilli dans son jardin 12 espèces de graines provenant des excréments de petits oiseaux : elles paraissaient en parfait état, et celles qui furent semées germèrent. Le même expérimentateur fait les remarques suivantes : « Le jabot des oiseaux [1] ne sécrète point de suc gastrique, et l'expérience m'a prouvé que le séjour que des graines peuvent y faire ne les empêche nullement de germer ; on sait de plus, très positivement, que lorsqu'un oiseau a trouvé une grande quantité de nourriture et l'a ingurgitée, toutes les graines ne passent pas dans le gésier avant douze ou

---

1. Les oiseaux qui se nourrissent de graines ont trois estomacs placés à la suite les uns des autres, à une distance plus ou moins rapprochée. Le plus élevé est le *jabot*, qui fait office de réservoir, de magasin ; le second est le *ventricule succenturié*, qui fournit le suc gastrique ; le troisième est le *gésier*, qui triture et broie l'aliment.

même dix-huit heures. Un oiseau, dans cet intervalle, peut aisément être emporté par le vent à la distance de 500 milles (804 kilom. 500 m.), et comme l'on sait que les faucons ont la coutume de guetter les oiseaux fatigués, le contenu du jabot déchiré de ces derniers peut ainsi être facilement disséminé. Certains faucons et certains hiboux avalent leur proie entière, et, après douze à vingt heures, ils dégorgent de petites pelotes renfermant des graines qui se sont trouvées propres à la germination. D'après les expériences faites au Jardin zoologique de Londres, quelques graines d'Avoine, de Blé, de Millet, de *Phalaris Canariensis*, de Chènevis, de Trèfle et de Bette germèrent après avoir passé de douze à vingt et une heures dans l'estomac de divers oiseaux de proie ; et deux graines de Bette purent croître encore après y être demeurées deux jours et quatorze heures.

« Je pourrais encore démontrer que des carcasses d'oiseaux, flottantes sur la mer, échappent quelquefois à une entière destruction ; or, les graines de beaucoup d'espèces peuvent retenir longtemps leur vitalité dans le jabot d'oiseaux flottants : ainsi des Pois et des Vesces meurent au bout de peu de jours d'immersion dans l'eau de mer ; mais quelques-unes de ces graines recueillies dans le jabot d'un pigeon qui avait flotté pendant trente jours sur de l'eau salée artificielle, à ma grande surprise, germèrent presque toutes. » Ajoutons que les animaux, mammifères ou oiseaux, en foulant le sol de leurs pieds, peuvent prendre des graines enchâssées dans la boue et les disséminer. Les poissons d'eau douce avalent les graines de beaucoup de plantes terrestres ou aquatiques ; ces poissons sont fréquemment dévorés par les oiseaux ; des graines peuvent ainsi être transportées d'un endroit à un autre. Après avoir rempli de graines de plusieurs sortes l'estomac de poissons morts, je donnai leurs cadavres à des Aigles pêcheurs, à des Cigognes et à des Pélicans ; après de longues heures, ces oiseaux dégorgèrent les graines en pelotes ou les rejetèrent avec leurs excréments, et plusieurs de ces graines se trouvèrent avoir gardé leur faculté de germination. » (Darwin.)

Toutes ces semences prises par les oiseaux peuvent être portées à des distances immenses ; dans certaines circonstances, le vol d'un oiseau peut être de 50 kilomètres à l'heure. Audubon raconte que « des pigeons tués dans les environs de New-York avaient le jabot encore plein de riz, qu'ils ne pouvaient avoir pris, au plus près, que dans les champs de la Géorgie et de la Caroline. Or comme leur digestion se fait assez rapidement pour décomposer entièrement les aliments dans l'espace de douze heures, il s'ensuit qu'ils devaient, en six heures, avoir parcouru de 3 à 400 milles ; ce qui montre que leur vol est d'environ 1 mille (1 kilomètre 600 m.) à la minute. A ce compte, l'un de ces oiseaux, s'il lui en prenait fantaisie, pourrait visiter le continent européen en moins de trois jours. »

Si l'on réfléchit un instant à la prodigieuse quantité d'oiseaux qui émigrent à chaque saison pour retourner plus tard dans leurs contrées, on aura une idée des voyages que font les graines au moyen de ces vaisseaux aériens, et de leur dissémination possible sur d'immenses espaces.

« De tous les êtres organisés, il n'en est aucun qui

contribue autant que l'homme à répandre les plantes
et à les multiplier. Par ses soins une foule d'espèces
qu'il fait servir à sa nourriture se sont étendues dans
des espaces immenses, et le moindre de nos jardins,
offre des végétaux de l'Inde, de la Chine, de l'Égypte
et de la Nouvelle-Hollande. Mais, sans parler de ceux
que nous cultivons avec tant de peine et d'ardeur, il
en est une multitude que nous disséminons sans le
vouloir, et souvent même contre notre volonté. En se-
mant nos céréales, nous semons aussi chaque année
le Bluet et le Coquelicot, la Nielle des blés, des Pieds-
d'alouette, des Pavots, des Linaires. » (Aug. de Saint-
Hilaire.) Les bâtiments qui sillonnent les mers transportent, avec des marchandises, les graines d'une
contrée dans une autre. J'ai recueilli à Louviers, en
1855, dans des laines qui arrivaient d'Australie, une
grande quantité de fruits de Légumineuses ; ces fruits
étaient garnis de piquants et s'étaient accrochés à la
toison de moutons australiens qui passaient ; j'en reti-
rai les graines, je les plaçai en terre et parvins à en
faire germer un bon nombre. Partout où l'homme pénètre, il aime à transporter les plantes qu'il a vues
ou qui l'ont nourri dans son pays. « Lorsque je tra-
versais en Amérique les déserts voisins de le province
de Goyaz, dit Auguste de Saint-Hilaire, j'aperçus avec
étonnement dans un pâturage uniquement fréquenté
par les bêtes fauves, quelques-uns de ces végétaux qui
ne croissent ordinairement qu'autour de nos habitations ; mais bientôt les débris cachés sous l'herbe m'in-
diquèrent assez qu'une chétive demeure s'était élevée
jadis dans ce lieu solitaire. »

En 1815, on constata en France dans les endroits

où s'étaient établis des camps de Russes et de Cosaques, la présence de plantes originaires des bords du Dniéper et du Don; ces plantes peuplent aujourd'hui des endroits assez considérables. La Pomme épineuse ou Stramoine, qui est si commune en France, nous a été apportée par les Bohémiens; ces gens, venus de l'Inde, où le funeste usage de la Pomme épineuse est bien connu, ont traversé l'Europe, stationnant en différents endroits, mendiant, empoisonnant ou guérissant. Ils cultivaient autour de leurs camps la Pomme épineuse, dont les graines leur servaient à accomplir leurs abominables desseins. Cette plante était connue sous les noms d'Herbe endormie, d'Herbe aux sorciers, d'herbe au diable. Les prétendus sorciers mêlaient à du vin la poudre de la racine ou des tiges, des feuilles, ou plutôt encore celle des graines, et la faisaient prendre aux patients, qui éprouvaient des hallucinations fantastiques ou qui s'endormaient pour se laisser dépouiller plus commodément. Il y a quelques années, toute la presse racontait le procès des endormeurs; ces endormeurs étaient des filous qui se répandaient dans les cabarets et offraient à leurs voisins du tabac dans lequel était de la poudre de Pomme épineuse; au bout de peu de temps, les amateurs de la prise étaient délirants ou étourdis, endormis, et se laissaient dépouiller sans défense. Le funeste présent des Bohémiens s'est multiplié avec une incroyable rapidité; aujourd'hui, on trouve la Stramoine partout, dans les champs incultes, sur les décombres, aux bords des chemins.

La plupart de nos arbres fruitiers et de nos légumes ont été importés d'autres contrées : l'Amandier, le

Poirier, le Pommier, le Prunier, l'Olivier, le Noyer, le Froment, l'Épeautre, le Seigle, l'Orge, l'Avoine, etc., nous viennent des régions avoisinant le Caucase; la Vigne nous a été amenée des montagnes de l'Asie orientale; l'Oranger vient de la Chine avec beaucoup de plantes de jardin; la Pomme de terre, le Topinambour, le Tabac, etc., viennent d'Amérique; la Betterave a été apportée des Canaries; le Chanvre vient de l'Inde; le Pêcher est originaire de la Perse; l'Arabie nous a donné le Pois et le Haricot; l'Épinard et la Luzerne viennent de la Médie, etc., etc.

La main de l'homme contribue non seulement à la dissémination des graines, elle favorise aussi très souvent le développement de celles qui ont été enfouies à de grandes profondeurs et qui, par cette circonstance, ne pouvaient germer. Il n'est pas de botaniste herborisant qui, après quelques années de courses, n'ait observé la disparition complète d'une plante sur un talus, dans un fossé; la plante est remplacée par une autre plus vivace, dont les débris s'accumulent en abondance sur le sol. Vient-on, après un temps plus ou moins long, à retourner le talus, à creuser le fossé, la plante disparue reparaît; les graines, d'abord trop recouvertes, privées d'air, sont ramenées à la surface du sol et développent à la hâte leur embryon.

Les plantes paraissent avoir à dépenser, dans un endroit donné, une certaine somme de vitalité; la somme épuisée, elles disparaissent pour céder la place à d'autres et reparaître plus tard à leur tour. Ces faits ont été mis en lumière par un grand nombre de naturalistes; Lyell vit, dans l'Amérique du Nord, des Chênes prendre l'emplacement du Pin austral; Hoch-

stetter dit qu'en Bohème les forêts de Pins alternent,
à de longs intervalles, avec celles de Hêtres. En Allemagne, il est très fréquent de trouver, dans le sol des
forêts de Sapins, un grand nombre de troncs de Chênes,
et l'on remarque en Styrie qu'à mesure que certains
coins de forêts de Pins se dénudent, ils sont remplacés
par de jeunes Chênes. C'est la même cause qui renouvelle le tapis végétal de nos forêts ; telle Mousse vue
pendant quelques années disparaît momentanément ;
là où se voyaient des Belladones, sont des Laitrons ou
des Bouillons blancs, qui, eux-mêmes, feront place à
des Digitales, etc.

CHAPITRE XI

LES PLANTES EN RAPPORT AVEC LE SOL ET LE CLIMAT

Nec vero terræ ferre omnes omnia possunt
VIRGILE, *Géorgiques*, II, v. 109.

Tout sol enfin n'est pas propice à toute plante.

Adspice et extremis domitum cultoribus orbem,

Divisæ arboribus patriæ...
VIRGILE, *Géorgiques*, II, v. 111.

De l'aurore au couchant parcourons l'univers
Les différents climats ont des arbres divers

Chaque plante doit trouver dans le sol ou le milieu
qu'elle habite les conditions nécessaires à son genre
de vie. La composition du sol ou du milieu, la quantité de chaleur ou de lumière, le degré d'humidité,
le voisinage qui conviennent à l'une, ne conviennent
pas à l'autre ; aussi parmi les milliers de graines dis-
séminées, n'en est-il relativement qu'un petit nombre
pouvant croître et se perpétuer dans l'endroit où elles
ont été portées.

A voir telle ou telle plante en abondance dans un
terrain, on peut connaître, le plus souvent, la composition de ce terrain.

Le Trèfle rouge, le Sainfoin, la Gaude, le Buis, le

Fenouil, la Gentiane-croisette, le Sédum âcre, le Chardon, la Buglosse, le Dompte-Venin, etc., croissent ordinairement dans les terrains calcaires.

Le Carex précoce, le Carex des sables ou Salsepareille d'Allemagne, la Digitale, l'Ammophile des sables, l'Ornithope pied-d'oiseau, le Plantain corne-de-cerf, le Châtaignier, etc,, etc., croissent dans les sables ou les terrains siliceux.

La Bardane, le Pas-d'âne, l'Eupatoire, la Chicorée sauvage, se plaisent dans les terrains argileux.

Il est à remarquer que le sous-sol influe aussi sur la station des plantes. Souvent la présence souterraine d'un minéral est révélée par la végétation de plantes spéciales. Ainsi, aux confins de la Belgique et de l'Allemagne, on trouve plusieurs habitations d'une Violette à forme particulière, la Violette caliminaire, modification de la Violette jaune. Partout où croît cette plante, le mineur, en sondant, trouve du minerai de zinc en abondance.

Les plantes ne vivent pas seulement dans le sol, selon qu'il a telle ou telle composition ; elles croissent aussi dans des milieux tout différents, réunies ou isolées, protégées ou découvertes, à la lumière ou à l'ombre, etc.

Les Varechs, les Zostères vivent dans les eaux salées.

Les Salicornes, quelques Arroches, la plupart des Soudes, les *Cakile*, se trouvent sur les rivages maritimes de nos contrées : les Avicennes, les Rhizophores, croissent sur les rivages des pays tropicaux.

Le Nénuphar blanc, le Nénuphar jaune, le Faux Nénuphar, le Trèfle d'eau, les Potamots, la Pesse d'eau, la Macre ou Cornuelle, etc., vivent dans les eaux douces de nos rivières.

Le Jonc fleuri, quelques Véroniques, quelques Menthes, la Renoncule aquatique, croissent dans les fossés qui contiennent de l'eau.

La Silicaire, le Laurier de Saint-Antoine, la Scrophulaire noueuse, la Scrophulaire aquatique, croissent au bord de ces fossés.

Le Beccabunga, le Cresson, le Montia de fontaine, vivent dans les fontaines.

Le Jonc commun, le Jonc des jardiniers, le Jonc des tonneliers, les Rossolis, les Sphaignes, la Ciguë aquatique, la Grassette, les Utriculaires, les Limoselles, etc., se partagent les terrains inondés, les marais, les tourbières.

Le Lychnis à fleur de coucou, la Consoude, la Sauge des prés, la Reine des prés, la Sanicle, etc., abondent dans les prairies humides.

La Nielle des blés, les Bluets, les Coquelicots, la Nigelle des champs, le Liseron des champs, le Chiendent, la Moutarde sauvage, etc., croissent avec les céréales, dans les champs cultivés.

Le Souci de vigne, les Fumeterres, des Amarantes, le Chénopode blanc, le Laitron, etc., se trouvent bien dans les Vignes.

La Giroflée jaune, la Chélidoine grande Éclaire, le Pastel, le Muflier, la Saxifrage tridactile, la Joubarbe des toits ou Artichaut bâtard, le Sédum âcre, le Sédum blanc ou Trique-Madame, l'Herbe-à-Robert ou Bec-de-grue, etc., etc., se rencontrent sur les vieux murs, entre les pierres, sur les toits, les rochers.

Le Grand-Plantain, les Mauves, la Jusquiame,

l'Herbe-au-chantre, la Sagesse des chirurgiens (*Sisymbrium Sophia* L.), la Bourse-à-pasteur, etc., vivent au milieu des décombres.

Le Pissenlit, le Plantain, la Saponaire, la Grande-Mauve, le Panicaut ou Chardon-Roland, l'Arrête-Bœuf, etc., se montrent au bord des chemins.

Le Pied-de-griffon, l'Herbe-au-chantre, la Lupuline, etc., se plaisent dans les lieux stériles et pierreux.

L'Anémone-sylvie, les Pyroles, etc., aiment les bois ombragés; l'Alleluia, le Framboisier, la Sanicle, l'Orpin ou Herbe-à-la-Coupure, etc., préfèrent les bois humides; le Nerprun, la Bourdaine, etc., se plaisent dans les taillis arrosés par des ruisseaux; le Genêt des teinturiers, la Filipendule, la Benoîte, aiment les clairières, les lisières des bois.

La Clématite commune, l'Épine noire ou Prunellier, le Houblon, la Bryone, l'Épine-vinette, le Caille-lait-croisette, les Liserons, l'Herbe-à-Robert, etc., etc., croissent au milieu des buissons et des haies.

Le Gui croît sur les Peupliers, les Poiriers, les Pommiers, etc.

La Cuscute vit sur le trèfle, la Luzerne, etc.

Le Mycoderme du vinaigre vit sur le vin aéré, qu'il transforme en vinaigre.

Le Trichophyte vit dans la racine des cheveux ; le Mycrospore d'Audouin se développe à leur surface; l'Oïdium blanchâtre se plaît dans la partie supérieure des voies digestives malades et forme le muguet.

Des Sphéries se développent sur le corps des Chenilles et le dépassent en volume.

Des Mousses, des Lichens, tapissent les troncs d'arbres.

Parmi les plantes qui viennent d'être énumérées, les unes ne peuvent vivre que dans leur milieu spécial ; d'autres, au contraire, croissent partout et semblent s'accommoder de tous les terrains.

Tout végétal exige pour se développer et fleurir un certain degré de chaleur, mais ce degré varie avec chaque individu. Il résulte de là que, si une plante ne reçoit pas la chaleur exigée par sa constitution, elle ne se développe pas ou ne se développe qu'imparfaitement. Or, plus on s'élève dans l'atmosphère, plus la chaleur diminue ; donc les plantes qui ont besoin de toute la chaleur développée dans les vallées ne pourront croître au sommet des montagnes. Aussi voit-on la production végétale changer à mesure qu'on s'élève vers le sommet des Alpes et des Pyrénées ; les plantes de la vallée sont remplacées, dans les hautes régions, par d'autres qui revêtent un cachet particulier ; leurs tiges, leurs feuilles sont petites ; leurs fleurs baignées de lumière revêtent les couleurs les plus brillantes.

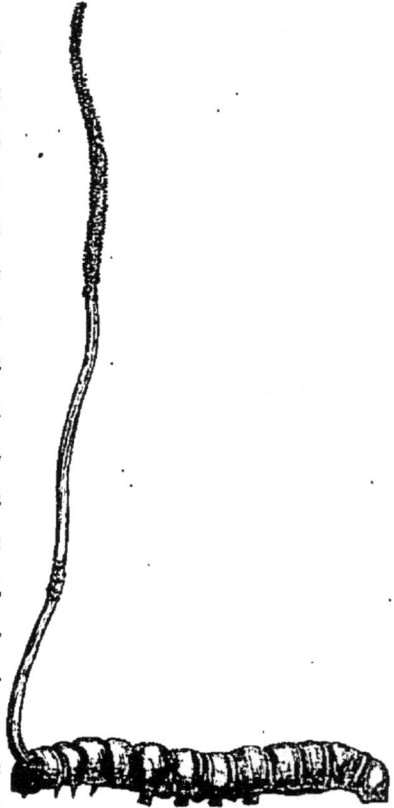

Fig. 165. — Chenille sur laquelle végète un champignon du genre Sphéric.

Lorsque, partant de la plaine, on s'élève sur le penchant septentrional des Alpes françaises. on rencontre six régions végétales principales. C'est d'abord la plaine avec la Vigne et les arbres fruitiers. Puis, à partir d'une hauteur de 500 mètres environ au-dessus du niveau de la mer, les Cerisiers, les Pommiers, les Poiriers deviennent moins communs ; c'est la région des Noyers. A une hauteur de 800 mètres, presque tous les arbres fruitiers ont disparu, ils sont remplacés par les Hêtres. A 1,500 mètres, on ne voit plus guère que des arbres verts, tels que des Pins, et en particulier le Pin Cembro, qui atteint la taille de 30 à 40 mètres. A la hauteur de 2,000 mètres environ, les arbres disparaissent ; ils sont remplacés par de petits Rhododendrons aux formes élégantes, aux feuilles coriaces et velues. A 2,700 mètres à peu près, on ne trouve plus d'arbustes ; la végétation ne consiste qu'en herbes rabougries. Plus haut, le sol se montre dans toute sa nudité ou ne porte que quelques Lichens dispersés. Enfin, plus haut encore, toute trace d'organisation disparaît.

Chaque hauteur du sol ayant ses plantes particulières, la flore d'un pays doit changer avec le niveau que ce pays occupe. C'est un fait bien établi, que les végétaux qui couvrent aujourd'hui telle ou telle portion d'un continent, ne sont pas ceux qui existaient autrefois dans le même lieu ; le relief des terres a dû subir des modifications. De nos jours, on assiste, dans certains pays, à un relèvement du sol, et tout indique que, dans une période d'années plus ou moins longue, la flore actuelle aura disparu pour faire place à une autre. En 1822, le sol du Chili fut ébranlé sur une surface de 13.000 lieues carrées, et exhaussé de 1 mètre ; un navire constata, à une assez grande distance de la côte, que la sonde indiquait une profondeur inférieure de $2^m,50$ à celle prise deux ans auparavant; en 1835 et 1837, des commotions souterraines retentirent dans les mêmes lieux et relevèrent encore le rivage. La Suède s'exhausse peu à peu; des entailles faites en 1751, par ordre de l'Académie d'Upsal, sur les rochers qui étaient alors un peu au-dessous du niveau de la mer, se trouvent aujourd'hui élevées de plus de 1 mètre au-dessus des eaux.

La position de la terre par rapport au soleil fait que la chaleur diminue à sa surface de l'équateur au pôle, comme elle diminue du bas au haut d'une montagne. On devra donc trouver aux différentes latitudes des plantes diverses. De Humboldt a relevé la température moyenne des différents lieux de la terre, et il a fait passer des lignes par tous les points qui offraient la même température. Ces lignes *isothermes* sont loin d'être parallèles aux méridiens de latitude, elles sont très sinueuses, parce que la chaleur ne décroît pas d'une manière uniforme sur chaque méridien : les montagnes sur les continents, les courants marins sur les rivages modifient les températures. On a remarqué depuis longtemps que, sur les continents, les hivers sont plus froids que dans les îles, et que les étés y sont plus chauds; d'un côté, les températures sont extrêmes; de l'autre, elles sont moyennes. Toutes ces particularités sont autant de causes de variations dans les flores locales. En Angleterre, en Suède, en Norwège, on trouve des plantes qui redoutent les climats excessifs du nord de la France et qui ne se développent pas dans cette partie de notre pays. Ce qui contribue à rendre presque uniforme la température de l'Angleterre, c'est ce grand courant marin qui, partant du golfe du Mexique, court vers le nord de l'Europe, touche les côtes des îles Britanniques, va se perdre dans la mer Glaciale, mais rencontre auparavant le courant chaud qui, né à l'équateur, remonte la côte ouest de l'Afrique et se dirige vers l'Islande.

Les lignes isothermes n'indiquent pas que les végétaux qui ont besoin de la même somme de température pourront être cultivés avec succès dans les points où ces lignes passent. Car tel végétal exige pour fleurir et fructifier une température fournie en peu de temps, tandis qu'un autre n'a besoin de la même somme qu'en un temps plus long. Aussi, les lignes isothermes ne pouvant faire connaître exactement les zones de végétation, on a été obligé de créer d'autres lignes : les unes indiquent la température moyenne de l'hiver pour tous les endroits où cette température est la même (lignes isochimènes) ; les autres passent par tous les lieux où la température moyenne de l'été est identique (lignes isothères). Si, à l'exemple de M. Boussingault, on compte le nombre de degrés de chaleur qu'exige une plante pour faire arriver ses fruits à maturité, si l'on observe à quelle époque de sa vie elle a demandé une plus grande quantité de température, et quelle a été cette température, on pourra la transporter dans un pays qui présentera des conditions identiques, et l'on sera presque certain de la voir réussir dans sa nouvelle patrie. Ces particularités de la vie des plantes expliquent comment tel végétal, la Vigne, par exemple, qui donne de si bons résultats en Bourgogne et en Champagne, ne peut vivre en Angleterre, bien que, dans ce dernier pays, fleurissent en pleine terre des Camélias, des Sassafras, qui ne peuvent supporter les hivers de la Champagne ou de la Bourgogne.

A Astrakan, la Vigne donne de bons produits, quoique l'hiver y fasse descendre le thermomètre à — 25°; mais, pendant l'été, la chaleur y va jusqu'à 24°, et le temps pendant lequel elle s'exerce suffit pour la maturité du raisin.

Le voisinage de la mer, l'influence des vents peuvent faire qu'une plante supportera dans un climat marin une température qu'elle ne supporterait pas sur le continent. Les Corses ont remarqué que leurs Oliviers donnent beaucoup de fruits lorsque la neige de novembre a été abondante. En Provence, ces arbres ne peuvent supporter la température de — 6°,22, tandis qu'en Crimée ils ne gèlent pas à la température de — 15°.

On comprend, d'après ce qui précède, que de grandes étendues de pays puissent être caractérisées par une végétation particulière. Au nord de l'Europe appartiennent ces Pins si élevés de la Norwège, qui ont crû lentement, dont les zones du bois sont pressées, qui conviennent si bien pour les mâts et les charpentes; on les trouve jusqu'au 67ᵉ degré de latitude. Le Hêtre et le Tilleul vont jusqu'au 63ᵉ, le Frêne jusqu'au 62ᵉ; le Chêne, le Peuplier, jusqu'au 60ᵉ; l'Orge et l'Avoine fructifient encore au 70ᵉ degré de latitude.

Les plantes qui se plaisent le mieux dans la région moyenne de l'Europe sont le Pommier, le Poirier, le Chêne, le Bouleau, etc., qui préfèrent les parties septentrionales; la Vigne, le Mûrier, etc., croissent dans la partie méridionale; le Froment, le Seigle, sont cultivés avec succès dans toute la région.

A la région méditerranéenne appartiennent les Orangers, le Grenadier, l'Olivier, le Figuier, la Vigne. Le Chêne-liège, le Chêne vert, la Bruyère en arbre, le Dattier, le Palmier nain, se plaisent dans la partie la plus méridionale.

L'Asie, l'Afrique, l'Amérique, les différentes îles de l'Océanie ont aussi leurs plantes particulières, variables selon qu'elles croissent à différentes hauteurs, à diverses latitudes. Parfois les flores ont des caractères si tranchés que l'aspect de telle ou telle plante suffit pour qu'un horticulteur exercé dise avec assurance : « Celle-ci, avec sa teinte sombre, vient de la Nouvelle-Zélande; celle-là, toute duvetée, est de la Nouvelle-Hollande et croissait dans telles circonstances. »

Les limites de ce petit ouvrage ne nous permettent pas de nous étendre beaucoup sur la géographie botanique; nous renvoyons le lecteur aux ouvrages spéciaux. Nous devons cependant faire connaître la patrie de quelques plantes usuelles.

« Le Caféier, plante qui donne le café, est originaire, dit Raynal, de la haute Éthiopie; il est encore cultivé aujourd'hui dans l'Arabie Heureuse, où on le cultiva pour la première fois à la fin du quinzième siècle. Dans ce pays, aux environs d'Aden, de Moka, les plantations sont placées à mi-côte des montagnes, de manière à ne ressentir ni une trop grande chaleur, ni une température trop faible. L'observation a appris que le Caféier se développe avec vigueur et donne de bons fruits, lorsqu'il est placé sous un climat dont la

température ne s'abaisse jamais au-dessous de 10° cen-
tigrades, et ne s'élève jamais au-dessus de 25 à 30°; il
craint le vent de la mer, se plait à l'exposition de l'est
et aime un sol légèrement humide. Le bien-être que
les derviches arabes trouvèrent dans l'infusion de la
graine du café fit cultiver la plante dans tout l'Orient,
jusque dans l'Inde, à Ceylan, à Java. Les Hollandais la
propagèrent avec succès dans leur colonie de Batavia
et en expédièrent les graines sur tous les marchés
européens; quelques pieds vivants furent même cultivés dans le Jardin botanique d'Amsterdam. Les habitants de cette ville en ayant envoyé un pied à Louis XIV,
ce pied fut soigné comme objet de curiosité dans les
serres du Jardin du Roi; on le multiplia. Plus tard, le
capitaine Déclieux eut l'heureuse idée d'en prendre
trois exemplaires, dans l'intention d'en propager la
culture à notre colonie de la Martinique; la traversée
fut pénible; deux pieds privés d'eau moururent en
route; le troisième seul arriva sain et sauf. Il fut planté,
et c'est de lui que viennent les Caféiers répandus aujourd'hui en si grande quantité dans les Antilles et les
contrées tropicales de l'Amérique. » Le Café d'Arabie
est regardé comme la souche de toutes les variétés
commerciales répandues aujourd'hui sur les marchés
européens.

L'arbre dont la graine sert à la préparation du chocolat, le Cacaoyer, vit dans les forêts de l'Amérique
équatoriale. Avant la Conquête de l'Amérique par les
Européens, les indigènes avaient déjà soumis cet arbre à la culture; les Mexicains composaient avec ses
graines une boisson qu'ils appelaient *Chocolat*. On
connaît plusieurs espèces de Cacaoyer; celle qui four-

nit le plus de cacao commercial est le Cacaoyer commun, cultivé aux Antilles et sur quelques parties du continent.

Les plantes qui fournissent le vrai Quinquina sont cantonnées entre des limites bien déterminées. Elles sont toutes américaines, vivent sur le versant septentrional des Andes, et occupent un niveau au-dessus de la mer qui n'est pas moindre de 1,100 à 2,700 mètres. On ne les trouve plus au delà du 10e degré de latitude nord, ni au delà du 19e degré de latitude sud. Les seuls pays qui fournissent ces plantes sont : la Nouvelle-Grenade, l'Équateur, le Pérou et la Bolivie. On a, dans ces dernières années, tenté la culture des Quinquinas dans plusieurs contrées, et notamment à Java, à Ceylan, dans la chaîne de Nilgherries; le succès paraît couronner l'entreprise.

CHAPITRE XII

LES PLANTES ENTRE ELLES

Ulmus amat vitem, vitis non deserit ulmum.
OVIDE, *Amores.*

L'Orme aime la Vigne, la Vigne n'abandonne
pas l'Orme.

Certaines plantes vivent comme des ermites ; on ne
les trouve qu'isolées, de loin en loin. Telle est la jolie
mousse connue sous le nom de Buxbaumie sans feuilles ; elle végète, cachée au milieu d'autres plantes, et
dérobe aux regards son urne élégante, qui figure un
charmant petit coléoptère. D'autres plantes ne se montrent pas isolées ; elles forment de grandes communautés d'individus semblables et n'en admettent que
peu d'autres parmi elles ; telles sont les Bruyères, certaines Mousses, certaines Graminées, certaines Algues.
D'autres encore se réunissent pour faire une société
des plus mélangées ; elles forment des prairies, des
forêts, etc. Il en est aussi qui, semblables à ces gê-
neurs qu'on rencontre partout, se mêlent à toutes les
réunions, se voient à toutes les stations ; tel est notre
Froment rampant ou Chiendent.

Parmi toutes ces plantes, celles qui vivent en communautés ont une plus grande importance ; elles caractérisent le paysage, elles exercent une action favorable ou défavorable sur le climat, elles modifient le sol, elles préparent le développement d'autres végétaux et deviennent souvent pour l'homme une source de richesses.

Les forêts de Pins et de Sapins ne souffrent pas de plantes herbacées dans leur voisinage ; elles empêchent les graines de germer, et si, par aventure, la germination a lieu, les jeunes plantes, privées de lumière, sont étouffées sous les débris de feuilles et d'écorce.

Les Berces n'ont jamais de compagnes ; la grande ombre de leurs feuilles empêche le développement normal des plantes qui essayent de germer dans leur voisinage.

De plusieurs graines semées en même temps et appartenant à des espèces différentes, celles dont les racines se développent le plus vite prennent plus de développement et réduisent les autres à une disette qui les tue.

Chaque jour les horticulteurs remarquent que, lorsqu'ils placent un massif de Rhododendrons ou d'Azalées dans la terre de bruyère, non loin d'une haie vive ou d'une plante vivace, ces Rhododendrons ou Azalées prennent un aspect triste qui accuse un manque de nourriture. En effet, les racines vivaces de la haie, en gourmandes et voleuses qu'elles sont, s'allongent jusque dans la terre de bruyère et ravissent l'aliment destiné à d'autres. On a même vu des Épines noires séparées d'un champ potager par un

Fig. 164. — Vigne serpentant autour d'un Orme.

fossé, envoyer leurs racines jusque dans ce champ, s'approprier l'humus destiné aux légumes et, par conséquent, empêcher le développement de ces dernières plantes.

Tous les cultivateurs ont remarqué que, lorsque des Scabieuses se développent dans un champ de Lin, un cercle stérile se forme tout autour d'elles. Il en est de même pour l'Ivraie, dans un champ de Froment ; pour le Cirsium des champs, dans un champ d'Avoine.

Si certaines plantes semblent se détester, d'autres paraissent avoir entre elles une grande sympathie. La Morille vit au pied des Ormes et des Frênes ; la Truffe se développe au pied des Chênes ; la Salicaire se rencontre au voisinage des Saules.

Quelques-unes, trop faibles pour s'élever sans le secours d'autrui, s'adossent à d'autres plantes qui leur servent de soutiens, et, ainsi appuyées, gagnent les plus hautes cimes.

En Italie et dans les contrées méridionales de l'Europe, la Vigne s'appuie sur les Ormes, court sur les branches, s'éloigne, puis se rapproche de son soutien et décrit les ondulations les plus bizarres ; sa tige grossit peu à peu et devient, selon l'expression du poète, « le symbole du véritable attachement ». Les Chèvrefeuilles qui naissent dans nos bois s'appuient aussi sur les tiges de leurs voisines. La Capucine allonge démesurément les pétioles de ses feuilles, les enroule à droite, à gauche, autour des plantes voisines, et peut, par ce moyen, soulever le sommet de sa tige. Chez beaucoup de Légumineuses, et en particulier chez les Gesses, quelques-unes des folioles de la feuille composée se transforment en vrilles qui s'accrochent aux plantes voisines et soulèvent la tige. Chez le Pois-de-serpent (*Latyrus aphaca*), toutes les folioles de la feuille se métamorphosent en vrilles et permettent à la plante de s'élever au-dessus des buissons au milieu desquels elle vit. Le nombre des plantes vulgaires qui s'appuient sur leurs voisines pour s'élever est très grand. Tantôt la plante grimpe au moyen de crampons, comme le Lierre; tantôt, c'est au moyen d'organes axiles ou foliaires transformés en mains qui s'accrochent partout, comme la Vigne, la Bryone, le Melon, les Vesces, les Pois; tantôt c'est la tige elle-même, sans appendices, qui s'enroule autour d'une plante voisine, comme dans le Houblon, le Volubilis, l'Igname, le Tamier et un très grand nombre de Lianes communes dans les forêts du nouveau monde.

Les plantes qui servent de support à leurs faibles voisines sont assez souvent victimes de leur bon office. La pauvrette qui, frêle et délicate dans sa jeunesse, s'était appuyée doucement sur son protecteur, grandit peu à peu et prend des forces; elle devient un tyran qui serre ses spirales, étreint si fortement son bienfaiteur, qu'elle s'oppose à la circulation de la sève et la tue. Il n'est pas rare, dans nos bois, de voir des branches tellement serrées par une tige volubile de Tamier, de Chèvrefeuille ou de Clématite, que des creux se forment en spirales sur la branche, la transforment en une sorte de colonne torse, comme si elle avait été serrée fortement par une tige de fer. C'est particulièrement dans les forêts vierges du Brésil, où les Lianes sont puissantes et nombreuses, que ces phénomènes sont le mieux accusés. Burmeister parle en ces termes du Caryocar et de l'espèce de Figuier ou Liane meurtrière qui l'entoure : « C'est dans les forêts du Brésil un des phénomènes les plus émouvants qui puissent exister : on aperçoit réunis deux troncs d'arbres également robustes et forts, gros de plusieurs pieds ; l'un majestueux, d'une rotondité régulière, repose sur de solides racines largement étalées, et s'élève perpendiculairement du sol vers le ciel à une hauteur prodigieuse de 60 à 100 pieds ; tandis que l'autre, élargi sur les côtés et creusé en demi-canal moulé sur le tronc du premier contre lequel il s'est intimement appliqué, se balance à une grande distance du sol sur de minces racines, à branches en forme de chevrons, qui semblent le soutenir à peine, et, comme s'il craignait de tomber, il se suspend à son voisin, s'y fixe par de nombreuses agrafes placées à des hauteurs diverses. Ces agrafes sont de véritables anneaux ; leurs extrémités ne sont point seulement juxtaposées, mais elles sont confondues, soudées ; elles croissent isolément à la même hauteur de leur tronc, s'appliquent intimement sur l'autre tronc jusqu'à ce qu'elles se rencontrent, et que, par une pression progressive des deux extrémités l'une sur l'autre, l'écorce se détruise et la fusion s'établisse. Longtemps ces deux arbres se maintiennent ainsi côte à côte avec une luxuriante vigueur, entremêlant leurs cimes et leur feuillage diversement coloré, de telle façon qu'il serait impossible de les isoler. Finalement, l'étreinte du tronc embrassé par le tronc embrassant devient telle, que l'anneau, qui n'est plus susceptible d'aucun allongement, empêche toute circulation de la sève dans le tronc embrassé ; et celui-ci succombe, victime d'un infâme ennemi qui s'était approché avec les apparences de la faiblesse et de l'amitié; sa couronne se flétrit, ses rameaux tombent l'un après l'autre; et la Liane meurtrière y substitue les siens jusqu'à ce que la dernière branche du défunt soit tombée. Et maintenant, ils sont là, le vivant s'appuyant sur le mort, et le tenant toujours embrassé. C'est une image vraiment touchante, tant que l'on ne sait pas que c'est précisément le survivant qui, usant de son hypocrite amitié, a étouffé le défunt dans ses bras, afin de pouvoir plus tranquillement s'approprier sa vigueur. Mais, à son tour, il ne doit pas échapper au sort qu'il a mérité; le tronc vaincu du Caryocar, saisi d'une prompte décomposition, est tombé loin de là; et maintenant son meurtrier, spectre extravagant, cherche en vain à s'adosser contre des cimes voisines; il gît isolé dans la bourbe noire de la forêt. »

Tous les voyageurs qui ont vu les forêts de la Guyane rapportent que les plus grands arbres supportent d'immenses lianes qui, nées à leurs pieds, se sont élevées jusqu'au sommet. Elles se sont jetées ensuite sur les cimes des arbres voisins qu'elles ont rattachées ensemble et en ont fait une sorte de faisceau lâche qui défie les vents violents.

Les plus belles fleurs qui soient sorties des mains de la nature, celles qui offrent la plus grande richesse et la plus grande variété de composition, celles dont les couleurs sont le plus habilement disposées ou nuancées, celles des Orchidées enfin, appartiennent à des plantes qui, souvent, ne vivent que sur des débris végétaux. Au Mexique, aux îles de la Sonde, qui comptent au nombre des plus riches contrées d'Or-

chidées, les vieux troncs d'arbres morts portent des
centaines de ces plantes ; les unes ont leur tige dressée, les autres l'ont pendante, d'autres encore ont, à
la place d'une tige élancée, un gros renflement du-
quel s'échappent de gracieux bouquets de fleurs aux

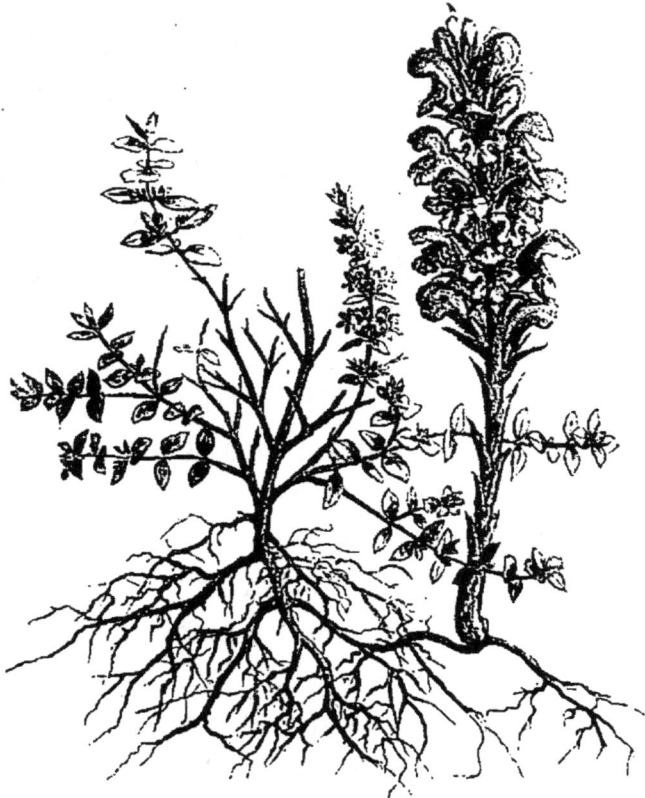

Fig. 165. — Orobanche vivant sur une racine de Serpolet.

couleurs pures. Le vieil arbre, le vieux tronc n'est
guère là que comme soutien, car il n'offre rien ou
presque rien de nutritif à la gracieuse plante qui l'a
choisi comme domicile ; celle-ci émet ordinairement
de nombreuses racines adventives qui prennent aux
substances répandues dans l'air atmosphérique la
faible nourriture dont elle a besoin. La visite d'une

serre à Orchidées peut, jusqu'à un certain point,
donner une idée de la physionomie d'une contrée où
ces plantes sont nombreuses ; de tous côtés pendent

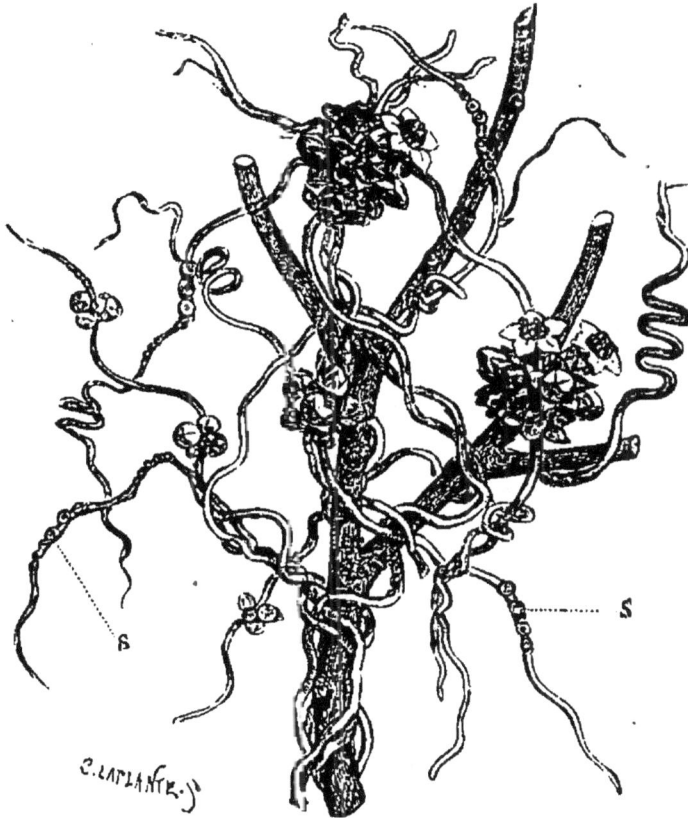

Fig. 166. — Cuscute vivant sur une Luzerne ; S, S, quelques-uns
des suçoirs.

des tronçons d'arbres garnis d'Orchidées, celles-ci
laissent descendre leurs racines adventives qui puisent dans une atmosphère artificielle la chaude humidité qu'on y entretient.

Des Lichens, des Mousses se plaisent sur l'écorce
des arbres fruitiers, et il est extrêmement probable
que ces plantes ne vivent pas en parasites, puisqu'elles
croissent également bien sur des rochers. Elles con-

vertissent la teinte sombre de l'arbre en un vert gai ou en une couleur blanche tranchante; elles masquent l'aspect désagréable de l'écorce fendillée; mais elles entretiennent une humidité souvent nuisible et favorisent le développement d'œufs d'insectes déposés dans la couche qu'elles forment.

Toutes les plantes qui viennent d'être passées en revue, qu'elles soient épiphytes ou attachées au sol, préparent elles-mêmes leur nourriture; il en est d'autres qui vivent en vrais parasites; elles choisissent un végétal, naissent, vivent, se développent sur lui et meurent le plus souvent avec lui. Les unes, comme les Orobanches, fixent, au moins dans leur premier âge, leur racine sur celles d'une plante avec laquelle elles ont de l'affinité, et lui prennent la nourriture que celle-ci a puisée dans le sol. Ces plantes ne sont pas rares en France; elles ont une teinte triste, en général, ne sont jamais vertes, et présentent ce fait remarquable que toutes celles de la même espèce vivent ordinairement sur la même espèce de plantes : l'une choisit le Thym, une autre la Fève, une autre le Sainfoin, une autre la Luzerne, une autre le Trèfle des prés, une autre le Genêt à balai, une autre encore certains Caille-lait, etc., etc. La Clandestine croît sur les racines de plusieurs arbres, mais plus particulièrement sur celles du Peuplier; la Phélipée rameuse vit sur les racines du Chanvre : la Phélipée bleue croît sur celles du Millefeuille (*Achillea millefolia*) : d'autres vivent sur les racines de l'Armoise des champs, etc.

Les Cuscutes sont aussi des parasites. Elles ont le plus souvent l'aspect de longs filaments qui entortillent les rameaux des végétaux sur lesquels elles vivent; de

distance en distance, sur ces filaments sont des ap-
pareils qui, comme de véritables bouches, s'attachent
en mille endroits sur la plante enlacée et lui ravissent
son fluide nutritif. Certaines de ces plantes s'attachent

Fig. 167. — Gui vivant sur un Pommier.

à la Luzerne, d'autres au Serpolet, à la Bruyère, ou
encore au Lin, à l'Ortie, au Houblon, etc.; elles s'é-
tendent avec une rapidité effrayante et exercent des
ravages épouvantables dans les champs où elles se

montrent. Plus encore que les Orobanches, elles sont
pour le cultivateur un abominable fléau.

En vain, on essaye de leur donner pour soutien un
échalas, une plante morte; en vain, on met à leur
disposition une plante autre que celle qu'elles choisissent; elles meurent d'inanition si elles ne se trouvent pas sur leur nourrice accoutumée.

Les Orobanches et les Cuscutes sont des parasites
humbles; elles s'élèvent peu au-dessus de la surface
du sol. Le Gui, au contraire, semble se plaire au sommet des plus grands arbres; à défaut de ceux-ci, il se
rejette sur les Poiriers, les Pommiers de nos vergers.
Le parasite est porté sur sa nourrice par les oiseaux,
tels que le Merle, la Grive, la Draine; il y arrive à
l'état de fruit déposé par le bec de l'oiseau, et doit à
la matière glutineuse de ce fruit de pouvoir s'attacher
à la branche rugueuse de l'arbre. Le plus souvent le
fruit est avalé par l'oiseau, et ses graines, sortant de
la prison temporaire constituée par le tube digestif
du messager, sont déposées sur les branches, au milieu de matières capables de hâter leur développement.
Quoi qu'il en soit, la graine ne tarde pas à germer.
La radicule sort de son enveloppe, s'allonge peu à
peu, pénètre dans une des nombreuses fentes de l'é-
corce, s'avance, s'avance encore et finit par arriver
entre l'écorce et le bois de l'arbre nourricier. Dès lors,
le Gui se développe rapidement, il fait corps avec sa
nourrice, il prend sa nourriture toute préparée, étale
ses branches dichotomes et ses paires de feuilles vertes. A chaque printemps, il fleurit, puis montre ses
fruits, qui ressemblent à autant de perles blanches.
Les espèces de Gui varient selon les pays et adoptent

telle ou telle plante; les unes ont le fruit rouge, d'autres l'ont jaune, d'autres encore l'ont bleu. Parfois le Gui se répand sur les plantations avec une si grande profusion, qu'il les détruit complètement; c'est ce qui arrive souvent en Amérique sur le Café.

Lorsqu'on se promène sur la plage, pendant que la mer s'est retirée momentanément, il est fréquent de voir s'entre-dévorer des Crabes enfoncés dans le sable. Celui de ces animaux qui est placé le plus profondément sert de pâture à un autre placé au-dessus, et celui-ci est en même temps dépecé petit à petit par un troisième. Ce tableau de vie et de mort se présente chez tous les êtres organisés, depuis l'homme jusqu'aux dernières Algues.

Le plus souvent, c'est un être regardé comme peu élevé en organisation qui vit aux dépens de ceux dont l'organisation est la plus compliquée. L'Homme nourrit des Protozoaires, des Vers, des Acariens, des Insectes, etc.; nos arbres fruitiers, nos plantes potagères nourrissent des Champignons, etc.

La production connue sous le nom d'Ergot de seigle est un état particulier d'un champignon, le Claviceps pourpre, qui s'est développé à la place du fruit; c'est un autre champignon, la Puccinie des graminées, qui, se développant sur le Blé, y constitue la maladie appelée la *rouille du Blé*; un autre, un Ustilago, produit le *charbon*; un autre, le *Tilletia Caries*, produit la carie; le Cystope blanc produit la rouille des Choux, des Navets; le Péronospore infectant cause ce qui est appelé la maladie des Pommes de terre; l'Érysiphe de Tucker produit la maladie de la Vigne; les Rhizoctones détruisent les pieds de la Luzerne, de la Garance.

Chacun de ces parasites agit à sa manière et finit par épuiser ou détruire la plante qui le nourrit. Le Champignon de la Pomme de terre naît d'une spore, sous l'influence de l'humidité, dans le voisinage du jeune tubercule; le tube qui le constitue tout entier pénètre dans l'intérieur de la Pomme de terre, s'y ramifie, et forme un corps analogue, par ses fonctions,

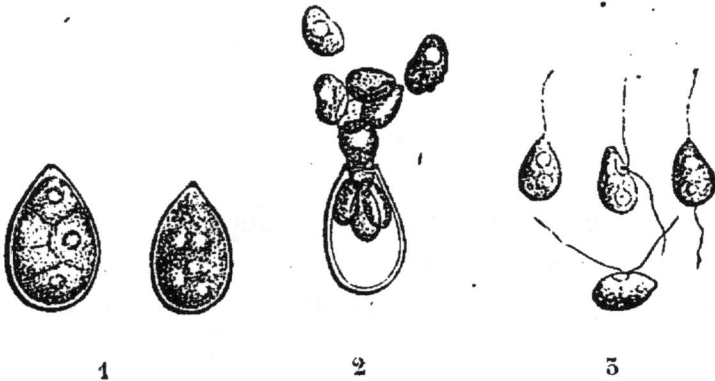

Fig. 168. — Péronospore ou Champignon de la Pomme de terre.
1, sac à spores; 2, naissance des spores; 3, spores échappées de la poche qui les contenait.

à notre blanc de champignon; de nombreux filaments se développent, s'élèvent dans les rameaux verts, les feuilles de la plante, altèrent le tissu, le jaunissent, le percent et arrivent enfin à la lumière. Dès lors, de nouveaux tubes se forment et se renflent pour constituer des poches où se développeront des spores. Les spores sont oviformes, allongées, munies de deux cils vibratiles et ont besoin d'humidité pour germer.

Le Champignon qui cause la maladie du Raisin n'agit pas de même; il ne vit pas à l'intérieur de la plante; il forme à la surface du jeune grain un lacis inextricable de filaments qui l'enlacent, durcissent son enveloppe et la dessèchent. Ainsi métamorphosée, l'enveloppe n'est plus extensible; ne pouvant obéir à la pression déterminée par le gonflement intérieur, elle se crevasse et favorise le dessèchement du con= tenu.

Certains Champignons revêtent des formes diffé- rentes selon qu'ils vivent sur telle ou telle partie d'un végétal; ils subissent des métamorphoses. D'autres, plus étonnants encore, passent une partie de leur vie, sous tel état, sur un être vivant, et prennent tel autre état sur un autre être. Ainsi le petit champignon appelé Puccinie des graminées se reproduit à l'état de *Puccinie* sur le Seigle, sur le Blé; mais il prend une autre forme lorsqu'il se reproduit au moyen de cer- taines spores sur l'Épine-vinette; là il constitue l'*Œ- cidium berberidis*. Cet Œcidium, à son tour, donne des spores (téleutospores) qui le reproduisent à l'état d'Œcidium sur l'Épine-vinette, et d'autres urédos- pores qui, portées sur le Seigle, reproduisent la Puc- cinie.

De même, la *Puccinia straminis* se propage à l'état de Puccinie sur les Graminées, et à l'état d'Œcidium sur la Bourrache et la Consoude.

De sorte qu'en laissant croître près d'un champ de céréales ces plantes borraginées, on facilite souvent la transmission de leur champignon aux plantes culti- vées, champignon qui occasionne des maladies sem- blables, pour les résultats, à celles qui sont connues sous le nom de rouille, de charbon, de carie.

CHAPITRE XIII

UTILITÉ DES PLANTES[1]

Dans l'ordre de choses établi, chaque être a son importance. Parmi les plantes, celles qui vivent en communautés paraissent jouer un plus grand rôle. Elles exercent une action favorable ou défavorable sur le climat, elles modifient le sol, elles préparent le développement d'autres végétaux, et deviennent souvent pour l'homme une source de richesses.

Les bas-fonds humides nourrissent des Sphaignes. Ces plantes, qu'on confond souvent avec les Mousses, sont composées de cellules à pertuis dans lesquelles l'eau s'introduit et séjourne comme dans autant de réservoirs. Aussi, lorsqu'on les presse dans la main, on voit l'eau s'en échapper comme d'une éponge abondamment mouillée. Les Sphaignes se multiplient facilement dans la station qui leur convient; elles entretiennent l'humidité et accumulent leurs débris sur le sol qui les nourrit. Ces débris, dont la quantité

---

1. Nous ne mentionnerons ici que quelques-uns des avantages matériels apportés par les plantes.

s'accroît d'année en année, forment d'immenses dépôts qui se carbonisent lentement, et constituent la tourbe qu'on emploie comme combustible. Le Nord est plus propre que le Midi à la formation des tourbières; on en voit d'assez importantes sur le chemin de fer du Nord, aux environs d'Amiens; sur le chemin de fer de l'Est, aux environs de Meaux; ou encore dans la Seine-Inférieure, dans la vallée près de Caudebec; en Belgique, aux environs de Liège.

Lorsque le terrain n'est pas très humide, les Sphaignes cèdent la place aux Mousses; celles-ci, représentées par des Polytrics, des *Hypnum*, des *Fissidens*, des *Funaria*, des *Bryum*, etc., conservent l'humidité à la surface du sol. Peu à peu, elles le recouvrent de leurs débris organiques et le rendent propres à développer une forte végétation. Lorsque les Mousses vivent dans les bois, elles deviennent de véritables gardiennes des semences des grands arbres. Ces semences, tombées en automne, passent la saison rigoureuse sous la couverture de Mousse, et y trouvent, au printemps, l'humidité nécessaire à leur germination. Lorsque les forêts se sont dépouillées de leurs feuilles, que les frimas accourent, que la tristesse se répand sur toute la contrée, les Mousses, recevant l'air et la lumière, semblent prendre une nouvelle vigueur; les jeunes pousses s'élèvent et égayent par leurs couleurs le vert sombre du tapis; les anthérozoïdes accomplissent leurs migrations; d'élégants berceaux, en forme de chapeaux, d'urnes, les uns soyeux, les autres lisses, se montrent à l'extrémité de longs filaments, dépassant le niveau commun et se préparant à déverser sur le sol les fondatrices des générations futures.

Du Nord passons au Midi; quittons les terrains humides pour les terrains sablonneux, et les communautés des plantes ne seront plus les mêmes. Sous la latitude de Paris, les terrains arides, sablonneux, sont couverts par une petite Bruyère très rameuse, à fleurs roses, rarement blanches, la *Calluna*, ou encore par la Bruyère cendrée, qui est plus grande que la précédente, dressée, portant des fleurs roses ou violettes; on y trouve aussi quelques autres espèces; mais c'est particulièrement au Sud que les espèces abondent et que leur taille augmente. Dans toute la région méditerranéenne, à Fréjus, à Toulon, à Montpellier, en Corse, etc., croît vigoureusement la Bruyère en arbre, qui s'élève souvent jusqu'à une hauteur de 3 mètres. Enfin, au sud de l'Afrique, les espèces de Bruyères se comptent par centaines, et elles couvrent d'immenses étendues de terrain; ces grandes colonies de Bruyères, qu'on retrouve parfois dans les terrains arides du Nord, ont une importance capitale; leurs débris, en jonchant le sol, l'améliorent, l'enrichissent. Tout d'abord l'eau des pluies traversait le sable comme un filtre; plus tard, la présence de débris organiques l'obligera à stationner, et, dans la suite des temps, les terrains naguères stériles seront transformés en riches tourbières ou en un sol pouvant faire espérer les plus belles récoltes.

Les Graminées, les Joncées, les Cypéracées se trouvent fréquemment associées et constituent la majeure partie des plantes des prairies. Les unes se plaisent dans un sol humide, on les trouve sur le bord des ruisseaux ou des rivières, ou dans le voisinage; leurs longs rhizomes traçants, desquels s'échappent un

grand nombre de rameaux, accumulent, pour ainsi
dire, la terre à leurs pieds, et forment un gazon épais,
serré. D'autres se plaisent dans les sables ; tel est le
Carex des sables ; cette plante doit à son rhizome très
ramifié et très long sa propagation sur les digues de
la Hollande, sur les dunes, car sa culture fournit un
des-meilleurs moyens de fixer le sol. D'autres plantes à
herbages ne fournissent plus de gazon ; elle vivent par
touffes isolées ; telles sont celles qui forment les vastes
prairies américaines ou asiatiques connues sous le
nom de pampas, de savanes, etc. Les prairies ne sont
pas seulement utiles par leur pouvoir d'entretenir
l'humidité, de favoriser la germination d'une infinité
de graines qui y trouvent à la fois protection, air et
humidité ; elles enrichissent le sol par leurs débris et
elles servent à la nourriture d'animaux de trait et de
boucherie. L'Angleterre doit à ses belles et vastes prairies sa richesse en troupeaux. Les Pampas de l'Uru-
guay et du Paraguay nourrissent d'innombrables
troupeaux sauvages, etc.

De toutes les associations végétales, les forêts sont
certainement celles dont l'existence est le plus impor-
tante. « On pourrait, dit Karl Müller, les appeler les
régents ou les économes du gouvernement des plantes. » Lorsqu'elles couronnent les sommets des collines ou des montagnes, elles retiennent le sol qui,
sans elles, se dénuderait, la terre végétale étant en-
traînée dans les vallées par les eaux de pluie. En recevant ces eaux, la forêt s'en fait la dispensatrice, elle
les laisse tomber goutte à goutte sur le sol et y entretient une bonne humidité qui facilite le développement
des herbes et des Mousses ; l'eau pénètre à des pro-

fondeurs plus ou moins grandes, s'étend sur des couches d'argile, concourt à l'établissement de sources ou forme d'immenses amas qui alimentent des puits artésiens. Les feuilles des arbres de la forêt représentent une large surface humide dont l'évaporation incessante amène du refroidissement; les bois concourent donc à l'abaissement de la température d'un lieu. Mais le bénéfice de ce refroidissement est surtout dans l'action qu'il produit sur les nuages qui passent à proximité. Les vapeurs qui forment ce nuage, refroidies par le voisinage, se condensent, se résolvent en eau. L'eau, prise par la forêt, descend de nouveau peu à peu dans le sol, entretient la fraîcheur des vallées, fait la fertilité des prairies et alimente les fontaines. Dans ce simple fait, de vapeurs d'eau condensées par la présence des forêts, que de phénomènes à analyser! que de problèmes à résoudre!

L'importance de l'établissement des forêts sur les montagnes ou dans les endroits sablonneux n'a été bien appréciée que lorsque des déboisements intempestifs ont eu lieu.

Qui n'a entendu parler de l'ancienne splendeur de la Provence? Quelle pauvreté aujourd'hui, quelle désolation depuis que les forêts des montagnes ont été abattues! « On ne peut, dans nos latitudes tempérées, se faire une idée exacte de ces brûlantes gorges de montagnes provençales, où il n'existe même plus un bocage assez grand pour abriter un oiseau, où le voyageur ne rencontre, au sein de l'été, que quelques rares touffes de lavande desséchée, où toutes les sources sont taries et où règne sans cesse un morne silence à peine interrompu par le bourdonnement des insectes.

Qu'un orage éclate dans ces contrées, des torrents se précipitent tout à coup des hauteurs des montagnes vers les bassins desséchés ; ils circulent, ravageant sans arroser, inondant sans rafraîchir, et laissent après eux le sol encore plus dénudé qu'il ne l'était auparavant. La contrée prend l'aspect d'un désert, et l'homme finit par se retirer complètement de ces sinistres solitudes. » (Blanqui.) L'Asie occidentale, la Palestine, qui furent jadis si florissantes, ne sont plus que d'affreuses contrées depuis que les déboisements des plateaux ont été opérés ; les Chardons remplacent sur d'immenses étendues les Palmiers et les Cèdres ; une nappe de sable s'est étendue presque partout ; les rivières sont à sec ou se transforment en torrents ; les villes ne sont plus que des bourgades boueuses, sans vie ; le commerce a disparu, et le pays n'est habité que par de paresseux Arabes, ou par des moines superstitieux et ignorants qui nuisent à la religion qu'ils croient servir.

Un fait constant s'est présenté à la suite du déboisement mal entendu d'une contrée, c'est le tarissement des fontaines de cette contrée. Il a été le signal du dépeuplement. Le manque d'eau est, au dire des voyageurs qui ont parcouru les contrées désolées de l'Asie et de l'Afrique, la cause d'un des plus grands tourments qu'on puisse éprouver, tourment qui fatigue d'autant plus qu'il se renouvelle chaque jour. L'eau est tellement appréciée dans certaines contrées de l'Afrique, qu'elle est considérée comme un des meilleurs présents de la Divinité. « Pourquoi viens-tu ici ? disait un Nubien à un voyageur français ; il n'y a donc pas d'eau dans ton pays ? »

Les forêts établies sur le bord de la mer constituent des digues efficaces qui s'opposent à l'envahissement des sables. C'est en vue de mettre fin aux avancements incessants des dunes dans le sud-ouest de la France qu'on a pris la résolution de boiser la contrée. On a planté d'abord des Genêts à balai, qui se plaisent dans les sables ; puis, entre eux, et grâce à leur protection, on a pu faire pousser des Pins.

L'état actuel de la contrée basse qui avoisine l'embouchure de la Vistule montre jusqu'où peuvent aller les conséquences du déboisement. « La basse côte s'étendait (au moyen âge) beaucoup plus loin, et elle comblait la percée près de Lockstadt. Une longue forêt de Sapins comprimait et assujettissait par ses racines le sable des dunes. La Bruyère croissait alors sans interruption de Dantzig jusqu'à Pillau. Le roi Frédéric-Guillaume Ier eut un jour besoin d'argent ; un sieur de Korff, qui voulait se faire bien venir, s'engagea à lui en procurer, sans emprunt ni contribution, si on voulait lui permettre de tirer parti de tout ce qui était inutile. Il fit éclaircir les forêts prussiennes qui, en vérité, n'étaient pas alors d'un grand produit ; il fit aussi tomber tout le boisé de la basse côte aussi loin que s'étendait le territoire prussien. Au point de vue financier, l'opération fut parfaite, le roi obtint de l'argent ; mais au point de vue des conséquences ultérieures, il n'en fut pas de même : cette simple opération cause encore aujourd'hui des préjudices irréparables à l'État. Les vents de la mer soufflent par-dessus les monticules dénudés le sable qui remplit déjà à moitié le Frische-Haff ; les roseaux croissent en abondance dans le lac et menacent de le transformer en un immense marais; la route de la riche presqu'île appelée Paradis de la Prusse, entre Elbing, la mer et Kœnigsberg, est compromise, la pêche dans le Haff est menacée. C'est en vain que l'on a fait tous les efforts imaginables pour arriver à retapisser les monticules au moins avec l'Avoine des sables, les Osiers et les plantes traçantes. Le vent se joue de toutes les tentatives. Et voilà cependant les irréparables conséquences d'une opération qui rapporta au roi à peine 200000 thalers. Aujourd'hui, on donnerait des millions pour avoir de nouveau la forêt qui a été détruite. » (W. Alexis.)

De nos jours, dans la plupart des provinces de la France, les habitants de la campagne convertissent le plus possible leurs bois en terres labourables. Ils obtiennent, par ce changement de culture, un rendement moyen beaucoup plus considérable, car les terres défrichées sont très aptes à fournir d'abondantes récoltes en céréales et en plantes fourragères. Mais déjà, dans beaucoup de pays que nous pourrions citer, les conséquences fâcheuses du déboisement se font sentir, les collines se dénudent, les vallées se transforment en marécages que le drainage ne parvient pas à assainir.

Les bois de charpente et le bois de chauffage deviennent de plus en plus rares ; on a recours aux charpentes en fer et au charbon de terre. Cette substitution n'a pu se faire que par l'intermédiaire d'anciennes forêts. En effet, le charbon de terre employé comme combustible pour la fonte du fer ou pour le chauffage ordinaire, est le charbon formé par d'immenses forêts ensevelies dans les profondeurs du sol, à un âge

antérieur de la terre, et soumise à une combustion
lente.

Partout où l'homme habite, il trouve dans les plantes de son pays les éléments de sa nourriture. La base
de cette nourriture est ordinairement constituée par

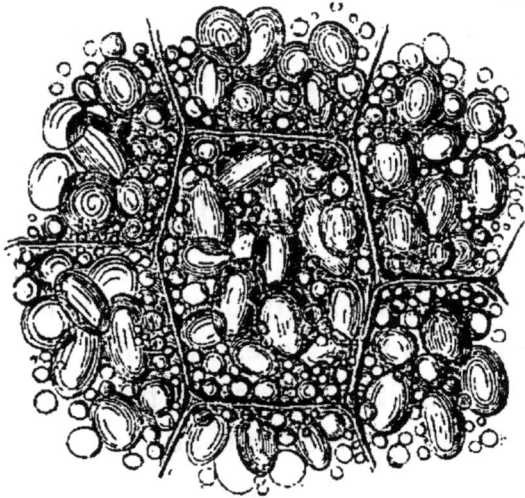

Fig. 169. — Fécule déposée dans le tissu cellulaire (qui entoure l'embryon
du Blé (vue au microscope).

des végétaux riches en fécule[1]; dans la plupart des
contrées, elle est fournie par les céréales, telles que
le Blé, le Seigle, l'Orge, le Maïs, le Riz.

Ces produits entrent dans l'alimentation sous forme
de pain, de gâteau, de pâtisserie, de vermicelle, de
macaroni, de couscoussou, etc. Ils contiennent, outre
la fécule, un principe azoté qui porte le nom de
gluten.

La Pomme de terre est cultivée dans un grand

1. Dans le langage ordinaire, le mot de *fécule* s'applique à certains
produits fournis par des parties souterraines des plantes; le mot
d'*amidon* désigne les produits analogues fournis par les parties
aériennes et particulièrement par les céréales.

nombre de contrées; elle doit ses propriétés nutri-
tives à la grande quantité de fécule qu'elle contient.
On sait que cette plante alimentaire est originaire de
l'Amérique méridionale. Elle était connue en Angle-

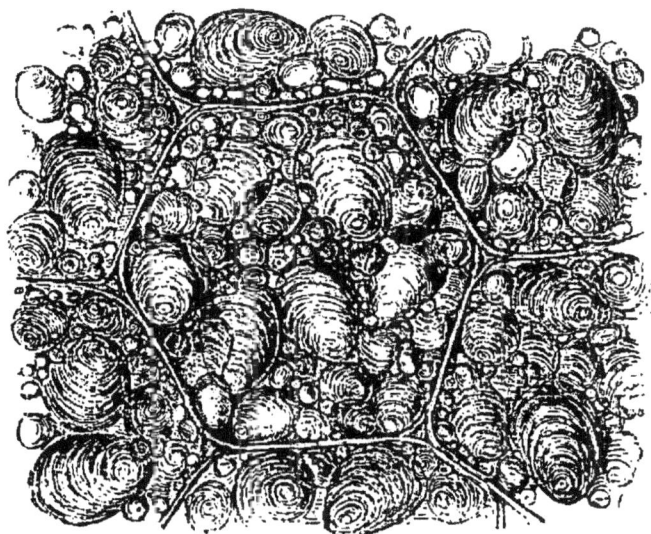

Fig. 170. — Fécule déposée dans le tissu cellulaire central de la Pomme
de terre (vue au microscope).

terre dès 1586, mais elle n'a été appréciée en France
qu'à la fin du siècle dernier, grâce aux efforts persé-
vérants de Parmentier.

La farine tirée des racines du Manihot ou Manioc
est en usage au Brésil, à la Guyane, aux Indes Orientales, sur la côte occidentale d'Afrique, à la Réunion,
à la Nouvelle-Calédonie, à Tahiti, etc.

La partie renflée et souterraine de plusieurs Ignames
contient une énorme quantité de fécule qui nourrit un
grand nombre de Chinois, de Japonais, de peuples de
l'Archipel indien et d'habitants de la Guyane.

Les parties souterraines de plusieurs Colocases et
Arum produisent de la fécule employée dans les Indes

Orientales, aux Antilles, qui, selon l'espèce de plante qui la fournit, s'appelle fécule de *Chou caraïbe*, fécule de *Chou-taro*, de *Choucroute*.

Plusieurs Palmiers et *Cycas* contiennent, accumulée dans la moelle, une forte proportion de fécule qui a reçu le nom de *Sagou*. On obtient ce Sagou en fendant l'arbre dans toute sa longueur, en en retirant la partie molle et centrale, l'entassant et la mêlant avec de l'eau dans des sortes d'entonnoirs en bois ; l'eau entraîne la partie la plus pure de la moelle, on filtre ensuite à travers un linge. Le Dattier à farine fournit le *Sagou des Philippines* ; l'Areng à sucre, qui se rencontre dans les îles de l'Archipel indien, donne le *Sagou de Bornéo* ; le Metroxylon de Rumphius, qui croît dans l'Archipel indien, passe pour produire le meilleur Sagou ; le *Cycas* à feuilles révolutées donne le Sagou du Japon ; le *Cycas* à feuilles circinées produit le Sagou de la Nouvelle-Hollande ; le *Cycas* sans épines donne le Sagou de Cochinchine, etc.

Certains *Maranta*, Baliziers et *Curcuma*, etc., cultivés aux Indes orientales et aux Antilles, ont des rhizomes féculents dont on extrait la fécule en les râpant dans l'eau, filtrant ensuite et séchant au soleil. Cette fécule porte le nom d'*Arrow-root* [1]. Quand elle provient du *Maranta* à feuilles de Balisier, elle prend, dans le commerce, le nom d'*Arrow-root des Antilles* ou *fécule de la Jamaïque* ; quand elle provient du *Curcuma* à feuilles étroites, elle s'appelle *Arrow-root*

---

1. Arrow-root signifie racine de flèche : ce nom a été donné au produit des Balisiers pour rappeler que leurs parties souterraines passaient pour un remède contre les blessures des flèches empoisonnées.

de Travancor du *Bengale* ou *Indian arrow-root ;* si elle est produite par le Balisier écarlate, elle s'appelle *fécule de Tolomane* ou *de tous les mois.*

La fécule des Bananes, celle des fruits de l'Arbre à pain (*Artocarpus incisa*), sont employées à la Martinique, à la Réunion, etc.

La fécule de Pia est très usitée à Madagascar, à la Nouvelle-Calédonie, à Tahiti ; celle de Patates (*Batatas edulis*) est recherchée aux Antilles, aux Indes Orientales, en Cochinchine.

La racine de Bistore ou *Maschu* entre pour une forte proportion dans la nourriture végétale des Esquimaux.

Le Lichen d'Islande, la racine d'Angélique, quelques Algues, composent le régime végétal des Groënlandais.

Un champignon du Hêtre, le *Cyllaria* de Darwin, compose presque seul la nourriture végétale des sauvages qui habitent la pointe méridionale de l'Amérique.

Les plantes qui entrent dans l'alimentation sous le nom de légumes, de fruits, de boissons, etc., sont innombrables.

Nous faisons un usage journalier de Salades, de Haricots, de Pois, de Lentilles, de Choux, de Radis, de Cresson, d'Oseille, d'Épinards, de Chicorée, etc.

Parmi ces produits, quelques-uns contiennent assez de matière azotée pour posséder les propriétés alimentaires qui les rapprochent du pain et de la viande. Les Pois, par exemple, contiennent une telle quantité de caséine qu'ils peuvent servir à la confection de fromages ; les Haricots, les Fèves, les Lentilles, renfer-

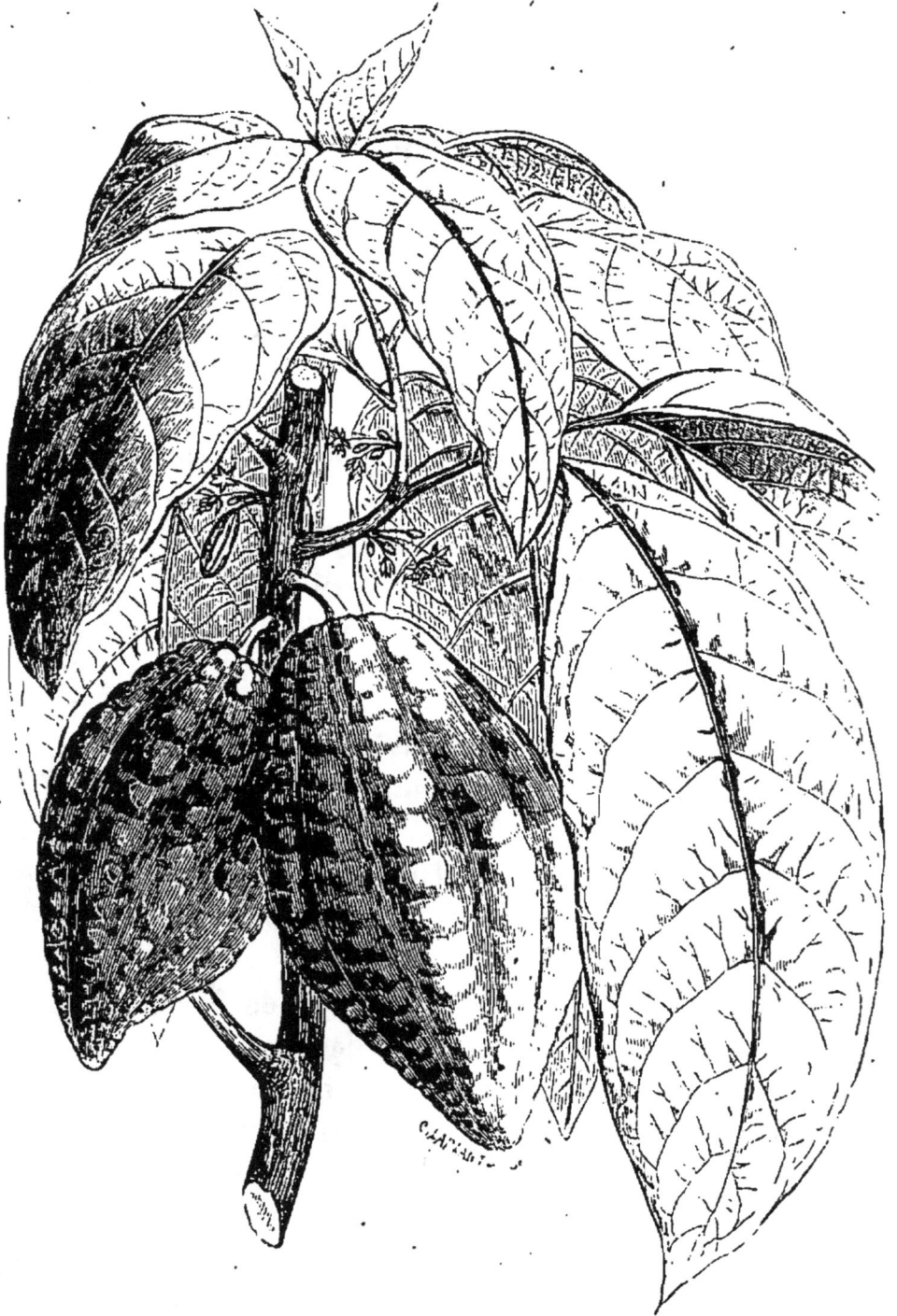

Fig. 171. — Portion de branche de Cacao er portant deux fruits mûrs.

ment un principe azoté, nommé légumine, qui se rapproche beaucoup de l'albumine.

Les Pêches, les Abricots, les Prunes, les Cerises, les Poires, les Pommes, les Fraises, les Framboises, les Mûres, les Raisins, les Noix, les Noisettes, les Châtaignes, sont nos fruits les plus usuels; les Amandes, les Figues, les Grenades, les Oranges, nous sont envoyées par nos départements du midi.

Le Pin pinier fournit à tout le midi ses pignons doux, qui se mangent crus, ou qu'on emploie pour la fabrication des gâteaux pignonats.

Les Dattiers, les Ananas, fournissent leurs fruits aux peuples des pays chauds.

Le Bananier du Paradis, ou Figuier d'Adam, donne des fruits qu'on fait cuire au four ou sous la cendre.

Le Bananier des Sages, ou Figuier Banane, donne aux peuples asiatiques ces bananes qui se mangent crues.

Le Cacaoyer, qui vit au milieu des forêts de l'Amérique équatoriale, fournit ses grains à tous les peuples civilisés. On fait de ces fruits deux récoltes par an, l'une au mois de décembre, l'autre au mois de juin. Les graines sont retirées des fruits, mises dans de grands vases en bois et recouvertes de feuilles; c'est alors qu'une fermentation s'établit dans la masse; on remue cette masse chaque matin : au bout de cinq à six jours, les graines ont acquis une couleur rougeâtre et sont exposées, pour sécher, à l'influence du soleil. Ces graines torréfiées, broyées, constituent le chocolat américain. (Le nôtre est en outre sucré et aromatisé). L'huile des graines, épurée, solidifiée, forme le *beurre de cacao.*

L'Avocatier ou Laurier-Avocat, *Abacate*, est un arbre des parties tropicales et subtropicales de l'Asie, de l'Afrique et de l'Amérique; il produit un fruit pyriforme qui est connu sous le nom de poire d'Avocat et l'un des plus estimés des pays chauds.

Le Manguier des Indes, qui est originaire des Indes Orientales, mais qui, aujourd'hui, est cultivé à l'île Maurice, aux Antilles, dans l'Amérique tropicale, fournit la Mangue ou Mango. La Mangue a ordinairement le volume d'un petit melon, et pèse environ 500 grammes. Sa chair est jaune, un peu filandreuse, mais les habitants des tropiques lui trouvent une saveur délicieuse. Les gens aisés la pèlent, la coupent par tranches, la mangent avec du vin, en font des compotes, des confitures, mais les nègres la mangent crue et s'en régalent chaque année pendant deux mois.

Les Uvaires, les Anones, fournissent aux Américains des tropiques des fruits charnus connus sous les noms de Cœurs-de-bœuf, Cochimans, Corossols.

L'Anône écailleuse, bel arbre des tropiques, donne un fruit charnu, ovoïde, appelé vulgairement Pomme-cannelle.

L'Anarcadier, qui est originaire des Moluques, a été transporté dans l'Amérique tropicale. Il produit des fruits en forme de poires qu'on se garde bien de manger, car ils contiennent des graines fortement toxiques; mais le pédoncule du fruit se gonfle et devient un aliment agréable; il se mange cru, en compote ou à l'étuvée.

Le Sapotillier croît dans les forêts des montagnes de la Jamaïque, de Venezuela; il fournit des fruits qui ressemblent assez à des pommes, quant à la forme, mais qui ne deviennent comestibles que lorsqu'ils se ramollissent. Cette particularité, qui se rencontre chez nos Nèfles, a fait donner aux fruits du Sapotillier le nom de Nèfles d'Amérique.

Le Juvia (*Bertholetia excelsa*) atteint jusqu'à 25 mètres de haut; il fournit ces noix triangulaires vendues sur nos marchés sous le nom de Noix d'Amérique.

Le Duriang (*Durio zebethinus*) fournit aux habitants de l'Archipel indien des fruits épineux à chair crémeuse.

Le Melonnier ou Papayer, qui se rencontre aussi bien en Asie qu'en Afrique et en Amérique, atteint jusqu'à 10 mètres de hauteur avant de se ramifier; il possède un fruit jaune orangé, qui se mange par tranches qu'on laisse préalablement séjourner pendant quelque temps dans l'eau.

Le Goyavier fournit des fruits qui ont la forme d'une orange et qui possèdent une pulpe astringente dans laquelle sont plongées de nombreuses graines. Les habitants des Antilles font avec ce fruit des marmelades qu'ils envoient en Europe, etc., etc.

Presque toutes nos boissons fermentées sont produites par des végétaux.

Le Vin est le jus du Raisin écrasé et soumis à la fermentation. Pour l'obtenir, on cueille les Raisins lorsqu'ils sont mûrs; on les dépose dans des cuves, et on les écrase; dès lors, la fermentation s'établit, la masse s'échauffe, des bulles de gaz acide carbonique viennent crever à la surface; des débris montent au-dessus du liquide obtenu et forment une sorte de croûte, de *chapeau*. Bientôt la fermentation se ralentit, le chapeau s'affaisse et l'on soutire le liquide, qui est le Vin, pour l'enfermer dans des tonneaux. La masse solide de la cuve est ensuite comprimée au pressoir et fournit une nouvelle quantité de liquide. Lorsque le Vin est dans les tonneaux, il subit encore, dans les premiers temps, une fermentation sensible, puis cette fermentation diminue peu à peu, et un mélange très complexe, auquel on a donné le nom de *lie*, se dépose au fond du tonneau[1].

Le Vin dépouillé de sa lie ne devient bien transparent, en général, qu'après avoir été *collé*, c'est-à-dire après avoir été agité avec une certaine quantité de blanc d'œuf ou de colle de poisson.

Le vin rouge est produit par des Raisins noirs qu'on a laissés fermenter avec la pellicule. Le Vin blanc est produit par des Raisins blancs ; il est aussi produit par des Raisins noirs, mais dans le cas seulement où il est soutiré aussitôt que le grain est écrasé, avant la fermentation, c'est-à-dire avant que la pellicule ait fourni sa matière colorante.

Si les Raisins sont très riches en sucre, comme ceux des départements les plus méridionaux, ceux d'Espagne, d'Italie, etc., la fermentation ne transforme pas la totalité du sucre en autres produits, une partie reste en dissolution dans le liquide et fait donner au vin le nom de *vin de liqueur, vin sucré*.

1. On a remarqué que le dépôt de lie ou tartre dure très longtemps, qu'il est favorisé par le mouvement, par la chaleur, et l'on s'est appuyé sur ces données pour améliorer les vins de Bordeaux en les faisant voyager sur mer, jusqu'à ce qu'ils aient déposé la plus grande partie ou la totalité de leur lie.

Si le moût vineux est mis en bouteilles avant la fermentation complète, il développe une quantité d'acide carbonique qui, ne pouvant s'échapper, s'accumule dans la bouteille et transforme le vin en *vin mousseux*. Ajoutons que les fabricants de vin mousseux augmentent la quantité d'alcool et d'acide carbonique de chaque bouteille en y introduisant du sucre candi.

Le cidre est le jus fermenté de Pommes écrasées. Voici le procédé employé en Normandie pour l'obtenir : les Pommes cueillies à la fin de l'été ou au commencement de l'automne sont disposées en tas et y restent pendant un temps variable : elles sont ensuite pilées au moyen de meules et de cylindres, puis soumises à la presse entre des lits de paille ou de crin. Le jus de la première pression constitue le *gros cidre*, il n'est pas mélangé d'eau ; celui des autres forme le *petit cidre* et est ainsi nommé, parce qu'il contient une certaine quantité d'eau qu'on avait ajoutée à la pulpe déjà pressée une fois.

Le liquide ainsi obtenu est placé dans de grands tonneaux et subit la fermentation alcoolique pendant deux à trois mois ; on le laisse éclaircir avant de le livrer à la consommation.

Le Cidre doux est celui qui n'a pas fermenté.

Le Cidre sans aigreur bien caractérisée n'est laissé qu'un mois en fermentation ; il est soutiré ensuite de mois en mois.

Le Cidre aigre ou *paré* est du Cidre resté longtemps en vidange, parce qu'il n'est pris au tonneau que selon les besoins de la consommation.

Le Cidre mousseux est du Cidre mis en bouteille après avoir fermenté un mois seulement.

Le Poiré est le jus fermenté des Poires écrasées ; il se prépare avec les Poires par des procédés analogues à ceux qui servent à obtenir le Cidre avec les Pommes.

La Bière est la boisson fermentée qui se fait ordinairement avec l'Orge et le Houblon. La fabrique de la Bière comprend plusieurs opérations : l'Orge est d'abord mouillée, puis étendue en couches minces sur un plancher et soumise à une température d'environ 15° ; elle germe et constitue le *Malt*.

Le Malt est placé sur une plate-forme percée de trous et soumise à une chaleur de 60 à 70° ; il s'établit un courant d'air chaud qui le dessèche et le transforme en *Malt touraillé* ou *Drèche*.

La Drèche est réduite en farine, jetée dans de grandes cuves contenant de l'eau à 50, 60, 80° et y laisse ses principes solubles. Après quelque temps, le liquide est saturé, mêlé dans une proportion de un quart avec trois quarts de Houblon et chauffé dans de grandes chaudières. On obtient ainsi le *Moût de bière*.

Le liquide du Moût de bière est amené dans des cuves dites *rafraîchissoirs*, où il se refroidit jusqu'à 15° environ, puis il est porté dans une cuve dite *à fermentation* ou *guilloire*, dans laquelle on délaye de la levûre de bière ; une fermentation s'établit, et devient très forte.

Lorsque cette fermentation s'apaise, le liquide est soutiré et mis dans des tonneaux de petite capacité. Bientôt la fermentation reparaît, le liquide soulève une grande quantité d'une écume épaisse qui s'échappe par la bonde et retombe dans des baquets placés sous les petits tonneaux. Cette écume lavée, réduite en pàte, constitue la *levûre de bière*. Enfin toute agitation disparaît dans la masse, le liquide devient clair, il est soutiré et enfermé dans des tonneaux sous le nom de bière. On colle ordinairement la bière avant de la livrer à la consommation

On fait usage, dans un grand nombre de villages de la France, d'une liqueur nommée piquette, composée avec le fruit du Prunellier et de l'eau.

En Angleterre, on fait du vin de Groseilles qui est composé avec la suc de Groseilles rouges ; du vin de Sureau, composé avec les fruits du Sureau ; du vin d'Oranges, composé avec le suc des Oranges ; du vin de Sycomore, composé avec la sève du Sycomore.

En Norwège, on consomme du vin de Bouleau, obtenu avec la sève fermentée du Bouleau.

En Russie, le *Kwas* a pour base le Seigle germé.

L'Érable à sucre, ou Jucawty fournit à l'Américain du Nord le vin d'Érable, qui n'est autre que la sève de la plante. Pour obtenir cette sève, on fore dans le tronc de l'arbre (en février et mars) un trou de 0^m,10 à 0^m,15 de profondeur, on y adapte un tuyau et la sève s'écoule goutte à goutte dans un vase. Le liquide est soumis ensuite à la fermentation et peut être bu un mois après.

Le suc fermenté de Canne à sucre est consommé aux Antilles sans les noms de *Guarapo dulce*, et de *Guarapo forte*, selon qu'il est sucré ou fortement alcoolisé.

La sève fermentée de l'Agave d'Amérique est bue au Mexique et au Pérou sous le nom de *vin de Fulque*, ou *vin de Maguey*.

Le Maïs écrasé, fermenté, uni à l'eau, constitue,

dans les Cordillères, la boisson appelée *Chicha*; si le le Maïs est cuit, fermenté et additionné de sucre, la boisson dont il est la base porte le nom de *Masato*.

Le Riz cuit et fermenté, uni à l'eau, forme, dans les mêmes pays, le liquide consommé sous le nom de *Guaruzo*.

Le Manioc râpé, uni aux patates douces, forme la boisson appelée *Cachiry*, usitée chez les peuplades de la Guyane; le liquide obtenu par la fermentation de Patates et de Cassaves constitue leur *Paya* ou *Payaouara*.

Les gousses d'Algarobe et les tiges du *Schinus molle* sont mâchées par des femmes des tribus sauvages de l'Amérique méridionale, puis unies à l'eau, fermentées, et servent de boisson.

La sève du Dattier est consommée sous le nom de *Lagbi* aux environs de Tripoli.

La sève de plusieurs Palmiers sert de boisson dans quelques parties de la Chine sous le nom de *Cha*, et dans l'Indoustan sous le nom de *Sinday*.

Les graines de Sorgho fermentées constituent, en Chine, la boisson appelée *Kao-lyang*.

Tout l'Orient boit, sous le nom de Hachisch, une décoction de Chanvre.

Les peuples de la Polynésie consomment sous le nom de Kava les racines mâchées, exprimées et fermentées du *Macropiper methysticum* ou *Poivre Kawa*, etc., etc.

En Colombie, les habitants font des incisions au tronc du Galactodendron, ou arbre à la Vache, et il en découle un liquide doux comme du lait, qui est consommé à l'instant même.

Le sucre peut être produit par un très grand nombre de végétaux ; l'un de ceux qui en fournissent en plus grande abondance est la *Canne à sucre*. C'est une plante originaire de l'Asie centrale et méridionale, mais qui est cultivée aujourd'hui dans presque tous les pays chauds et qui réussit très bien dans nos colonies des Antilles et à la Réunion ; elle a pour rameaux des chaumes qui s'élèvent jusqu'à 4 mètres de hauteur. De chaque chaume on fait deux portions : l'une constituée par le sommet et qui est plus riche comme bouture ; l'autre, la base, qui est plus riche en matière sucrée. Les bases des chaumes sont écrasées entre des cylindres qui tournent à la manière des laminoirs ; le liquide s'écoule dans une cuve ou réservoir et constitue le *vesou* ; les cannes vides deviennent la *bagasse*. Le vesou est cuit jusqu'à consistance de sirop ; pendant sa cuisson, on y ajoute de l'eau de chaux pour le clarifier ; on l'écume continuellement, et ainsi modifié, on le fait couler dans un vase, où il se refroidit et cristallise en partie. La portion cristallisée constitue le *sucre brut*, la partie non cristallisée est la *mélasse*. Le sucre brut est ensuite purifié, modelé dans des moules coniques en argile, et transformé par les procédés ingénieux en un sucre blanc, solide, qui est le *sucre raffiné*.

La Betterave fournit aujourd'hui une grande quantité du sucre consommé en France. Les procédés de fabrication, perfectionnés de jour en jour, permettront bientôt de faire donner par cette plante une plus forte proportion du sucre qu'elle renferme.

La sève de l'Érable à sucre, celle de beaucoup de Palmiers, les tiges de Maïs, de Riz, de Sorgho, les fruits de Citrouille, les parties souterraines de la Patate, de la Carotte, du Navet, etc., etc., pourraient, avec de bons procédés de fabrication, fournir une assez forte proportion de sucre cristallisable.

Une infinité des fruits tels que les Raisins, les Figues, les Abricots, les Prunes, etc., se couvrent de petites efflorescences blanches, mamelonnées, qui constituent un véritable sucre, mais ce sucre diffère, à la vue, de celui de la Canne et de la Betterave, en ce qu'il ne cristallise pas ; il a reçu le nom de *glucose* ou *glycose*. Pendant le blocus continental, le sucre de Raisin remplaçait le sucre de Cannes (on ne faisait pas encore du sucre de Betteraves). Un décret en ordonnait l'emploi exclusif dans tous les établissements publics; il était obtenu en assez grande quantité pour être vendu, à Paris, au prix de 2 francs et quelque centimes le kilogramme.

Toutes les parties des végétaux qui contiennent du sucre peuvent, après fermentation, donner de l'alcool. L'alcool, qui s'obtient par la distillation du vin, a été appelé *esprit-de-vin;* lorsque, après une nouvelle distillation, il marque environ 75° à l'alcoomètre, il devient *l'eau-de-vie double*[1]; si, distillé une troisième fois, il marque 85°,1, il est appelé *trois-six*. En distillant les liquides fermentés énoncés plus haut ou des fruits sucrés, on obtient un grand nombre de produits alcooliques.

On fabrique dans toute l'Europe septentrionale de *l'eau-de-vie de grains* avec les fruits fermentés de cé-

1. Le nom d'eau-de-vie a été, à l'origine, donné à l'alcool, parce qu'on croyait que ce liquide ranimait la vie chez les vieillards.

réales ou avec de la bière, et de l'*cau-de-vie de Pommes de terre* avec la pulpe des Pommes de terre.

L'Eau-de-vie de marc est obtenue au moyen de la distillation du marc de Raisin.

Le *Genièvre* est une préparation complexe dans laquelle entre de l'eau-de-vie obtenue avec les fruits et le bois du Genévrier, ainsi que de l'essence provenant de la même plante. Le faux Genièvre est bien autre chose.

Le *Goldwasser* fabriqué en Prusse est obtenu avec les fruits du Genévrier unis à des aromates.

Le *Whiskei* fabriqué en Écosse, en Irlande, en Angleterre, est obtenu par les distillations d'Orge, de Seigle, de Pommes de terre et de Prunelles.

Le *Kirschenwasser* est obtenu, dans quelques départements de l'Est, en Suisse, en Allemagne, au moyen de la distallation de Cerises écrasées et fermentées avec leur noyau.

Le *Maraschino* de Zara est obtenu par un procédé analogue ; il y entre parfois des Prunes, des Pêches, etc.

Le *Troster* des bords du Rhin est obtenu par la distillation du marc de Raisin mêlé à des fruits de Graminées.

Le *Slivovitza* d'Autriche est le produit de la distillation de Prunes fermentées.

Le *Rakia* de la Dalmatie s'obtient en distillant du marc de Raisin uni à divers aromates.

Le *Rhum* des Antilles est produit par la distillation de la Mélasse et de l'écume du sirop de Cannes.

Le *Tafia* des Antilles et de la Guyane est fourni par la distillation du moût de la Canne à sucre.

L'*Agua ardiente* des Mexicains s'obtient avec le vin de Pulque.

Le *Watky* du Kamtchatka est de l'eau-de-vie de riz.

Le *Rack* des Américains est de l'eau-de-vie obtenue par la distillation de la sève des Cacaoyers.

L'*Araki* d'Égypte provient de la distillation de la sève de Dattiers, etc., etc.

A l'Exposition de 1867, la Martinique avait envoyé de l'Alcool de Cannes, de bagasses, de fécule de Manioc, de Pommes d'acajou, de Patates, de Papayes, d'Oranges amères, de jus de Cannes, de Corossols, de Mangues, de Tamarins, de Figues-bananes, de Pommes-cannelles, de fruits de Cactus, etc.

L'Eau-de-vie aromatisée par certains produits végétaux constitue un grand nombre de boissons.

Le Curaçao est de l'eau-de-vie unie à des restes d'Oranges amères et additionnée ou non d'un peu de Girofle et de Cannelles ; il n'est pas rare d'introduire dans la liqueur de la teinture de bois de Fernambouc, qui la colore en rouge.

Le Cassis est de l'eau-de-vie à 20° unie à du sucre et aux fruits écrasés du Groseillier noir.

L'Absinthe suisse devrait toujours être un composé d'alcoolat d'Absinthe ou Génepé, uni à de l'eau sucrée et à de l'eau de fleurs d'Oranger battue avec un blanc d'œuf, le tout coloré artificiellement en vert ; mais il arrive trop souvent que la liqueur consommée sous le nom d'Absinthe ne contient rien de cette dernière plante ; c'est de l'alcool contenant en dissolution de l'essence d'Anis et coloré avec des Épinards.

Le Bitter des Hollandais est un mélange d'Orangette, de Gentiane, de Cannelle, de Roseau, d'Aunée et de Coriande; le composé est réduit en poudre et macéré dans du Genièvre sucré.

L'Anisette de Bordeaux est un composé de graines d'Anis étoilé avec une petite quantité de graines de Coriandre et de Fenouil; le mélange est pilé, uni à de l'alcool et à de l'eau, puis distillé.

Le Vespétro se fait avec des graines d'Angélique et de Coriandre, auxquelles on ajoute une petite quantité de graines d'Anis et de Fenouil, le tout uni à de l'eau-de-vie et sucré, etc., etc.[1].

Le Vinaigre est encore un produit végétal; il est le résultat d'une fermentation dite acétique, caractérisée par la présence d'un petit végétal, le Mycoderme du vinaigre. Toutes les substances qui contiennent de l'alcool peuvent donner naissance au Vinaigre.

La plupart des condiments, des épices, des stimulants, sont empruntés aux végétaux.

Le Poivre dont nous nous servons est le fruit réduit en poudre d'un arbuste des Indes, nommé Poivre noir ou Poivrier aromatique. Les petits fruits sont cueillis à leur maturité et séchés au soleil; leur surface devient noire, se ride, ils constituent le Poivre noir : si la surface est détachée par suite d'un séjour dans l'eau, ils deviennent le Poivre blanc.

La Muscade est la graine du Muscadier, arbre des Moluques cultivé aujourd'hui dans nos colonies de l'Inde, de la Cochinchine, à la Réunion, à la Guyane, à la Martinique, à la Guadeloupe. Cette graine est en-

---

1. Préparations empruntées à l'Officine de Dorvault.

tourée par une production jaune ou arille qui a reçu le nom de Macis.

La Cannelle est l'écorce du Cannellier de Ceylan, arbre qui atteint 10 mètres de haut et qui est cultivé dans nos colonies des Antilles, dans celles des Indes orientales, à la Réunion, etc.

Les Girofles sont les boutons de fleurs du Giroflier, arbrisseau des Moluques cultivé à la Guyane, à la Réunion, à la Martinique, à la Guadeloupe.

Les Câpres sont les boutons du Câprier épineux.

La Vanille est le fruit du Vanillier, dont il a été plusieurs fois question dans le cours de ce volume.

L'Anis étoilé est le fruit de la Badiane anisée, arbuste qu'on cultive en Chine, en Cochinchine, au Japon.

Les Piments sont fournis par plusieurs plantes. L'une d'elles, le Piment annuel ou Capsique annuel, peut croître dans tous nos jardins; son fruit rouge lui a fait donner le nom de Corail des jardins; on l'a appelé aussi Piment enragé, car ses graines ont une saveur excessivement brûlante. Mêlé aux aliments, ce condiment exerce une action très vive sur l'estomac et les intestins.

Le Piment des Anglais est le fruit du Myrte-piment, qui est cultivé à la Jamaïque. Ce Piment atteint la grosseur d'un pois; il a une odeur de cannelle et de girofle.

Le Piment royal est constitué par les fruits d'un petit arbuste, le Myrica galé, qui croît dans les marais sablonneux.

Ce qu'on trouve dans le commerce sous le nom de Gingembre consiste en rondelles du rhizome de la plante appelé Gingembre officinal, cultivée aux Antilles.

Les Cardamomes sont des fruits de plantes qui croissent aux Indes Orientales, dans l'Archipel indien, et qui ont quelque ressemblance avec les Balisiers. Les graines ont une saveur piquante et aromatique. Le Petit Cardamome de Malabar et le Cardamome long de Ceylan sont produits par des plantes appartenant au genre Élettarie.

Les graines de l'Agatophylle aromatique de Madagascar sont connues sous le nom de Noix de Ravensara; elles sont très aromatiques.

Les feuilles du Laurier commun sont, à cause de leur odeur aromatique, mêlées aux ragoûts.

Le Thym, l'Estragon, l'Ail, etc., sont employés aussi pour aromatiser certains aliments.

Il est à remarquer que, dans toutes les contrées, l'homme s'est ingénié à trouver dans les végétaux une substance qui lui procure une jouissance plus ou moins vive, soit en l'excitant, soit en lui donnant un repos délicieux et momentané.

En première ligne sont toutes les boissons alcooliques qui, absorbées dans une mesure variable pour chacun, peuvent amener la gaieté, la tristesse ou l'ivresse ignoble.

Le Café est tonique, excitant; il stimule les fonctions intellectuelles et est devenu en Europe d'un usage tel, qu'on en consomme annuellement plus de 300 millions de kilogrammes.

Le Thé, qui croît en Chine et au Japon, est un arbuste qui se rapproche assez de nos Camélias. Les

Chinois en détachent les feuilles, les placent dans des bassines au-dessus d'un fourneau, les remuent sans cesse, puis les étendent sur des claies, les roulent, les

Fig. 172. — Rameau de Thé.

vannent et les enferment avec soin dans des caisses pour l'exportation. Le Thé vert est dû à une dessiccation rapide ; le thé noir, à une dessiccation lente ; celui-ci est plus faible que celui-là. Les feuilles infusées du Thé constituent une boisson stimulante qui favorise la digestion, active la circulation et donne aux fonctions intellectuelles une nouvelle énergie.

Ce que le Thé est aux Européens, aux Chinois et aux Japonais, le Matte l'est aux habitants du Brésil et du Paraguay. On désigne plus spécialement sous le nom de *Matte* une infusion faite avec les feuilles et les sommités entières ou réduites en poudre du Houx du Paraguay; elle procure à ceux qui la consomment un bien-être analogue à celui que produit l'usage du Thé.

Cette infusion se pratique de deux manières : l'une consiste à déposer les feuilles ou la poudre dans une théière et à y jeter de l'eau bouillante comme si l'on faisait du thé; l'autre, qui est en usage dans le sud du Brésil et au Paraguay, consiste à jeter de l'eau bouillante dans une petite calebasse où le Matte a été préalablement déposé avec du sucre. L'infusion, dans ce cas, est aspirée au moyen d'un roseau ou d'un tube en métal. Afin d'empêcher la poudre de parvenir à la bouche du buveur, le chalumeau est muni, à son extrémité inférieure, d'une boule percée de trous comme un crible, et nommée *bombilla*. Le Matte joue un grand rôle dans presque toute l'Amérique méridionale; les membres de la famille se réunissent pour le boire; on l'offre au voyageur sympathique comme gage d'une cordiale hospitalité.

Les feuilles de Coca sont les feuilles d'un arbrisseau qui croît au Pérou et qui a reçu le nom d'Érythroxyle du Pérou. Elles sont pour le Péruvien ce que le Café, le Thé, l'Eau-de-vie, sont à l'Européen. On les dispose en bottes et on les saupoudre de chaux vive ou de cendre provenant de l'Ansérine Quinoa;

elles constituent dès lors un masticatoire estimé. Avec
un peu de Coca dans la bouche, le Péruvien ne connaît plus la fatigue ; il accomplit des marches forcées ;
il se livre aux rudes travaux des mines sans lassitude,
sans soif, sans faim. Mais lorsqu'à la feuille de Coca
sont jointes des feuilles de Tabac et surtout les capsules de la Pomme épineuse rouge (la Tonga), l'excitation devient une ivresse dangereuse pendant laquelle
l'imagination voit des fantômes étranges. Malheur à celui
qui s'adonne souvent à cette ivresse! Sa fin est prochaine.

La fausse Oronge ou Amanite mouchetée, qui est à
juste titre regardée chez nous comme l'un des Champignons les plus vénéneux, est, dit Langsdorf, très
recherchée par les chasseurs du Kamtschatka. Les habitants de quelques régions septentrionales de l'Asie
coupent le Champignon en minces morceaux qu'ils
font sécher, pour les manger plus tard, ou ils les mé-
langent avec le suc de l'Airelle fangeuse, ou encore
ils les font infuser avec des feuilles d'Epilobe et préparent une boisson qui leur sert de vin. L'effet produit par le Champignon varie avec la dose prise et le
tempérament de chacun; celui-ci est triste, abattu,
cet autre est loquace et gai, un autre encore paraît
avoir perdu toutes ses facultés intellectuelles, tandis
que le voisin émet les idées les plus ingénieuses; le
plus souvent, il survient une surexcitation étrange,
une nouvelle énergie musculaire, et il n'est pas rare
de voir les chasseurs s'élancer les uns sur les autres
les armes à la main, inconscients du danger, loquaces,
racontant leurs affaires personnelles, etc., jusqu'à ce
qu'ils tombent brusquement, en proie à un lourd
sommeil.

L'opium est le suc épaissi du fruit du Pavot somnifère blanc. Pour l'obtenir, on incise circulairement les fruits ou têtes de Pavot un peu après la chute des pétales ; il en découle goutte à goutte un suc d'abord blanc qui se concrète sur les lèvres de la plaie. Le lendemain, le suc est récolté, pétri et façonné en masses qu'on entoure ordinairement de feuilles de Pavot. Selon la manière dont il est préparé, empaqueté, et les localités qui l'ont produit, l'Opium est dit de Smyrne, de Constantinople, d'Égypte, de Perse ou de l'Inde. L'Opium de ce dernier pays est expédié en totalité par les Anglais en Chine, où il est fumé. La pipe qui sert à cet usage a un tuyau de $0^m,40$ à $0^m,50$ de long et une tête creuse, qui contient un petit godet de métal percé d'un trou à sa partie inférieure. C'est ce godet qui reçoit les $0^{gr},10$ à $0^{gr},15$ d'Opium qu'on allume et qui constituent la charge de la pipe. Bien qu'un édit condamne à mort tout Chinois vendant ou fumant de l'opium, il ne manque pas de fumoirs publics, salles basses, d'aspect repoussant, où les hommes de la classe pauvre viennent s'engouffrer.

« Qu'on se figure (à Pékin) une salle sombre, noire et humide, ordinairement située au rez-de-chaussée, avec les volets et les portes hermétiquement fermés, ne recevant d'autre lumière que celle des petites lampes à opium ; le long des murs, noircis comme ceux d'une taverne du dernier ordre, sont suspendues quelques sentences de Confucius.

« Des lits de camp, recouverts de nattes et portant des rouleaux de paille, servent à recevoir les fumeurs, qui ont besoin de la position horizontale pour se livrer à l'aise à leur funeste plaisir.

« En entrant, on est presque suffoqué par la fumée
âcre et irritante de l'Opium. Dans les boutiques que
j'ai visitées, il y avait ordinairement de quinze à vingt
fumeurs, couchés sur un lit de camp, la tête appuyée
sur un rouleau de paille, leur pipe à opium à la bouche,
ayant à la portée de leurs mains une tasse de thé ;
les uns paraissaient étrangers aux choses du monde.;
leurs yeux étaient ternes, leur regard atone ; les
autres, au contraire, étaient d'une loquacité extraor-
dinaire, et semblaient sous l'influence d'une stimula-
tion extrême.

« Le fumeur d'Opium a, en général, la figure d'une
pâleur mate et maladive ; ses yeux sont caves, entourés d'un cercle bleuâtre ; la pupille est dilatée, le regard a une expression particulière d'idiotie hilarante,
si je puis m'exprimer ainsi, quelque chose de vague
et de gai à la fois, tout à fait indéfinissable ; la parole
est embarrassée, souvent tremblotante. Ordinairement
le fumeur est silencieux ; quand il est sous l'excitation
de sa pipe, il devient loquace, sa figure s'anime, ses
yeux prennent de l'éclat et de la vivacité ; mais cette
transformation n'est que passagère et ne tarde pas à
faire place à l'expression d'idiotie habituelle. La figure
est maigre ainsi que le corps, les membres sont grêles
et sans vigueur, la marche est lente, les mouvements
incertains, la tête ordinairement baissée ; la démarche
ressemble à celle des hommes ivres ; souvent elle s'accompagne de claudication qui indique un commencement de paralysie des membres inférieurs.

« La passion de l'Opium est cent fois plus irrésis-
tible que la passion des alcooliques. Une fois qu'on
est engagé dans cette voie, il n'y a plus de salut, car

la volonté, la résistance morale sont bientôt complètement énervées ; l'idiotisme survient peu à peu : voilà
pour le moral ; quant au physique, l'Opium fumé détermine une constante anorexie, d'où un dépérisse-
ment général, lent et inévitable. Il n'y a pas de mort
plus effroyable que celle d'un fumeur d'Opium. »
(Liberman.)

Les gens de la classe élevée sont, autant que ceux
de la classe pauvre, adonnés à l'Opium ; ils recherchent
cette excitation nerveuse pendant laquelle ils se livrent
avec frénésie au jeu et à tous les excès ; puis, sans
souci d'un réveil terrible, ils s'adonnent au sommeil
voluptueux qui suit l'accès et qui leur apporte les
songes les plus bizarres.

Le Chanvre indien, qui croît sans culture dans l'Asie
méridionale, est en usage dans tout l'Orient sous le
nom de *hachisch* ou *hashish*. Les sommités fleuries de
la plante sont fumées par les Arabes sous le nom de
Kif.

Les feuilles les plus larges et les fruits sont fumés
aux Indes Orientales sous le nom de *bhang*. La résine
récoltée sur la plante, unie à des débris de feuilles,
est la base d'une boisson appelée *churrus* ou *cherris*,
usitée dans les mêmes contrées. Les tiges et les feuilles
prises avant la récolte de la résine constituent le *gunjah*
fumé en pipes ou en cigares.

Au Caire, on consomme, sous le nom de *Chatsraky*,
une infusion faite avec de l'alcool et l'écorce du Chanvre détachée avant la floraison.

Les inflorescences torréfiées légèrement et unies au
miel constituent l'*Esrâr* des Turcs et le *Madjoun* des
Arabes.

L'*Extrait gras*, qui s'obtient en faisant bouillir le hachisch avec du beurre frais et évaporant jusqu'à consistance sirupeuse, est uni à des pâtes et mangé par les Arabes sous le nom de *dawanesc*. L'odeur et le goût désagréables de l'électuaire sont masqués par de l'essence de rose ou de jasmin et par une addition de Cannelle, de Gingembre ou de Girofle, peut-être même par des Cantharides, toutes substances qui ont aussi pour but d'augmenter les propriétés excitantes de l'extrait.

Les récits de tous les voyageurs qui ont parcouru l'Orient sont d'accord lorsqu'ils traitent des effets du hachisch, effets variables selon la dose consommée et selon le tempérament de chacun. C'est sur l'intelligence que le hachisch a une action des plus surprenantes. « On remarque, dit-on, un état de bien-être, de béatitude. C'est un sentiment de bien-être physique et moral, de contentement, de joie intime, indéfinissable, que l'on ne peut analyser, dont on ne peut saisir la cause et qu'il est impossible d'exprimer. Mentionnons cette tendance très marquée à exagérer toutes les impressions physiques ou intellectuelles. Mais un des phénomènes les plus curieux est cette excitation de l'intelligence, cette dissociation des idées; nous perdons petit à petit le pouvoir de diriger nos pensées à notre guise, il nous devient impossible de les coordonner entre elles, elles se pressent en foule dans notre cerveau, elles s'y accumulent, elles tourbillonnent, elles deviennent de plus en plus nombreuses, plus vives, plus saisissantes; elles s'accouplent de la façon la plus bizarre, la plus fantasque. Parfois la volonté reprend le dessus et vous avez un

moment lucide ; mais cet intervalle de lucidité ne
dure pas, et il en résulte une succession non interrompue d'idée fausses et d'idées vraies, de rêves et
de réalités. Par un mot, par un geste, nos pensées
peuvent être dirigées successivement sur une foule de
sujets différents avec une extrême rapidité, et malgré
cela avec une grande lucidité. Selon Lallemand, la
propriété la plus constante et la plus remarquable du
hachisch est d'exalter les idées dominantes de celui
qui en a pris, de lui faire voir d'une manière claire
ses plans les plus compliqués se débrouiller sans difficulté, ses projets les plus chers se réaliser sans obstacle ; de lui procurer l'intuition précise de ce qu'il
recherche ; enfin, de lui faire savourer par la pensée
la possession anticipée et sans mélange de tout ce
qui est suivant ses goûts, ses vœux, ses passions ha-
bituelles, ou plutôt suivant ses désirs et la direction
de ses pensées au moment où le hachisch agit sur
lui.

« Quant aux illusions et aux hallucinations, elles
sont très nombreuses et très variées ; le hachisché a
des hallucinations de la vue, de l'ouïe, du goût, du
toucher, de l'odorat. Disons, cependant, que les deux
premières paraissent un peu plus fréquentes que les
autres.

« L'action du hachisch sur l'organisme vivant, selon
M. de Luca, varie suivant le tempéramment et la sensibilité des individus : les femmes et les enfants sont
très sensibles à cette action ; l'homme et les adultes,
à doses égales, la ressentent moins. Tout le monde
est d'accord pour attribuer aux personnes qui sont
sous l'influence du hachisch la faculté de voir les objets

plus loin qu'ils ne le sont, de sentir la voix faible et
comme venant de loin, de se croire soulevées du sol,
de dédaigner les choses qui les environnent, de se
complaire de ses propres faits, de se rappeler les choses
oubliées, d'avoir les idées claires et nettes, de prendre
une attitude de dignité et de supériorité, et d'éprouver un contentement tout particulier.

« Tous les auteurs sont d'accord sur ce point, que
l'usage longtemps continué du hachisch abrutit l'espèce humaine, et peut conduire à l'idiotisme et à la
folie, ainsi que le prouvent bon nombre de cas obser-
vés chez les Orientaux. Cette plante semble avoir une
action particulière sur le foie : tous les mangeurs de
hachisch ont une teinte ictérique très remarquable ; les
yeux deviennent fixes, perdent leur expression ; la
physionomie est hébétée. » (Bouchardat.)

Les peuples de l'Asie équatoriale ont continuellement dans la bouche une bouillie qui est formée par
la noix d'Arec concassée, unie à de la chaux vive et à
des feuilles de Poivre-Bétel. La noix d'Arec est la graine
d'un beau Palmier originaire des îles Philippines et de
la Sonde, mais qui a été propagé dans les Indes Orientales. A la longue, le masticatoire teint les dents en
noir et les lèvres en rouge. Il s'échange à la rencontre
de deux amis et est regardé comme un témoignage de
respect ou d'affection,

Les Arabes de l'Asie occidentale cultivent avec soin
l'arbuste à Kat (Celastre comestible) ; ils en font bouillir les jeunes feuilles des bourgeons, et l'infusion a la
propriété de leur donner une excitation qui fait fuir le
sommeil ou livre à leur imaginatione enchanté d'a-
gréables pensées.

L'Européen, lui aussi, a voulu puiser des jouissances dans l'usage d'une plante qu'il a fait venir de l'Amérique méridionale et qu'il a cultivée partout où il a pu. Le Tabac fut, dit-on, introduit en France sous le règne de Charles IX, par Nicot, ambassadeur de France à Lisbonne, qui en rapporta à Catherine de Médicis. Les Européens n'ont fait qu'imiter les sauvages de l'Amérique, en fumant et en mâchant ou chiquant le tabac; ils ont inventé de le prendre en poudre par le nez. Ce n'est qu'après avoir subi de longues préparations que le tabac est livré à la consommation, préparations, qui, à Manille, durent trois ans. Les feuilles qui constitueront le tabac destiné à être fumé en cigarettes ou dans des pipes sont desséchées, puis lóngtemps emmagasinées, arrosées de vinaigre, d'eau salée, soumises à la fermentation, etc., puis hachées en petites lanières et séchées sur des plaques de métal, à la vapeur. Le tabac à priser est soumis à une nouvelle fermentation, desséché, puis broyé, tamisé, mis en masse. Ce n'est qu'après un certain temps qu'il prend une teinte noire et une odeur caractéristique. Les feuilles destinées à former des cigares subissent moins de manipulations que les autres; aussi conservent-elles de la nicotine en plus forte proportion.

Le fumeur habitué éprouve dans l'usage du Tabac un sentiment agréable de vague difficile à décrire et qu'il recherche comme un besoin. Mais les effets ne sont pas constamment les mêmes chez le même individu, ni chez les individus différents. Tel qui, ordinairement, savoure avec délices la fumée de Tabac, peut, à certains moments, s'en trouver incommodé;

tel autre, à la plus petite aspiration, est atteint de maux de tête, de nausées, de vomissements; tel autre encore, qui a fumé des années sans inconvénients apparents, s'aperçoit que son intelligence s'engourdit, que son énergie disparaît, qu'il ne sait plus vouloir, que sa mémoire se perd; ses manières deviennent brusques, sa vue se trouble, il lui semble que des nuages, des mouches passent devant ses yeux, puis surviennent des étouffements momentanés, des spasmes bronchiques, des névralgies intestinales, etc. Il n'est pas de médecin qui n'ait été appelé à constater ces phénomènes qui surviennent chez les hommes sédentaires ou de cabinet, plutôt que chez ceux qui ont de rudes occupations manuelles, chez les grands fumeurs de cigares plutôt que chez ceux qui fument la pipe.

Toutes ces plantes, Café, Thé, Houx du Paraguay, Érythroxyle du Pérou, Amanite mouchetée, Pavot somnifère, Chanvre indien, Tabac, et beaucoup d'autres qui sont d'un usage analogue, mais que le peu d'espace m'empêche de mentionner, doivent leur action spéciale à la présence de principes particuliers que les chimistes sont parvenus à isoler et à connaître. La connaissance exacte de ces principes dans les plantes médicinales, leur identité dans les plantes de même espèce ou d'espèces différentes, les fait employer aujourd'hui de préférence aux plantes mêmes en thérapeutique, le médecin pouvant mesurer avec plus de rigueur les doses à prescrire.

Il en est quelques-unes chez lesquelles on trouve un principe si actif, qu'elles agissent presque toujours immédiatement comme poisons.

Chaque année, on a à déplorer la mort de personnes empoisonnées par les Champignons.

Le Sumac vénéneux, plus connu sous le nom d'Herbe à la gale ou à la puce, produit un suc blanc qui est un poison violent; une feuille frottée sur le dos de la main fait naître immédiatement des ampoules; le suc introduit dans le sang empoisonne à la manière des stupéfiants.

L'Œnanthe safranée, qui se plaît dans les prairies humides ou au bord des fossés, possède un suc blanc, âcre, vénéneux, dont la terrible propriété s'étend à toutes les parties de la plante; aussi, quand il est arrivé que, par suite de la ressemblance de cette plante avec des Ombellifères comestibles, on en a mangé les racines, les feuilles ou les fruits, le tube digestif s'est enflammé et les victimes ont présenté tous les symptômes d'un empoisonnement violent.

L'Ipo vénéneux ou Antiar, grand arbre qui croît à Java, fournit, au moyen d'entailles faites à son tronc, un suc visqueux, blanc ou jaunâtre, qui est la base d'un poison, l'*Upas antiar*, dont les Indiens se servent pour empoisonner leurs flèches.

Le Vomiquier tieuté, grande liane océanienne, contient dans son écorce un poison terrible, l'*Upas tieuté*, qui s'extrait par décoction et dont les Javanais se servent pour rendre mortelles les blessures faites par leurs javelots.

C'est, dit-on, l'extrait aqueux du Vomiquier vénéneux de la Guyane et des pays environnants qui est la base du *Curare* ou *Ourary*. Ce poison, qui tue avec une incroyable promptitude lorsqu'il entre dans une plaie, est manié avec une grande habileté par les In-

diens de l'Amérique méridionale ; il conserve si longtemps ses propriétés toxiques, que des flèches empoisonnées depuis plus de vingt ans avec du Curare,
et gardées au Collège de France, ont fait mourir in-
stantanément des Lapins, des Chiens piqués légèrement.

Plusieurs autres Vomiquiers et le Coculus toxifère
de l'Amérique passent aussi pour fournir du Curare.

Le Mancenillier vénéneux, qui croît aux Antilles,
le Sablier élastique du Mexique, fournissent aussi un
suc vénéneux, etc. Chacun de ces poisons agit à sa
manière sur l'économie : l'Upas antiar porte sur le
cerveau et la moelle épinière ; l'Upas tieuté n'agit pas
sur le cerveau, c'est un violent excitant de la moelle
épinière ; le Curare n'agit que sur le système nerveux
moteur, etc.

Combien de plantes seraient des poisons violents si
l'usage n'en était modéré ou habilement dirigé ! Chacune ayant son action spéciale sur nos organes, on a
mis à profit leurs propriétés pour les faire servir dans
les cas de maladie.

« Les propriétés hypnotiques de l'Opium l'ont fait
conseiller dans l'insomnie, et c'est en effet le plus sûr
moyen de procurer le sommeil... La douleur est ordinairement soulagée par l'Opium, quelle qu'en soit
d'ailleurs la cause, non que le mal lui-même soit toujours calmé, mais bien parce que le cerveau devient
inapte à recevoir la sensation douloureuse. Appliqué
localement, il engourdit la sensibilité du nerf de la
partie ; ici l'action est toute directe. » (Bouchardat.)

La Belladone, la Jusquiame noire, la Pomme épineuse, empoisonnent à haute dose, mais, prises modérément, elles déterminent quelques vertiges, relâchent les muscles, dilatent la pupille, accélèrent le pouls, etc. Ces plantes entrent dans des préparations qui ont pour but de combattre les contractions spasmodiques de muscles ou d'organes musculeux, dans celles qui doivent faire dilater la pupille, etc.

La Fève de Saint-Ignace, la Noix vomique, deux graines fournies par des Vomiquiers ou Strychnos, sont des poisons violents, ce qu'elles doivent à la grande quantité de strychnine qu'elles contiennent. Or la strychnine agit d'une manière spéciale sur la moelle épinière; entre autres effets, elle détermine des contractions spasmodiques, brusques, parfois d'une grande violence, suivies d'immobilité; on la donne avec des précautions infinies dans les paralysies qui sont sous la dépendance de la moelle épinière.

La Digitale pourprée contient un principe, la digitaline, qui, même à petite dose, constitue un poison. L'un de ses effets est de ralentir subitement et considérablement les mouvements du cœur. On a employé la Digitale dans certaines affections de cet organe et dans un grand nombre de maladies où prédominent la chaleur et la fréquence du pouls.

En expérimentant beaucoup, en raisonnant sagement, on a pu trouver un grand nombre de plantes dont l'action tempérante ou excitante a pu modifier assez considérablement telle ou telle partie de l'organisme malade pour le ramener à l'état de santé.

On sait très bien que les Quinquinas doivent à la quinine contenue dans leur écorce d'être employés avec succès dans le traitement des fièvres intermittentes.

Le Cochléaria et le Cresson de fontaine sont d'excellents antiscorbutiques.

L'Absinthe excite l'appétit, rend la digestion plus facile; on la donne en poudre, en tisane, en sirop, aux malades atteints de dyspepsie.

Le Camphre est un produit volatil fourni par le Cannelier-Camphrier (Laurier-Camphrier), arbre de l'Asie centrale et du Japon, et par le Camphrier de Bornéo. On l'obtient à l'état brut en chauffant modérément les branches et les différentes parties du végétal au-dessous de chapiteaux garnis intérieurement de paille de riz; le camphre s'évapore et se sublime dans la paille. On le raffine plus tard en le faisant chauffer dans des matras placés dans un bain de sable; le Camphre s'évapore de nouveau et vient se fixer sur la partie supérieure du matras, formant une masse qu'on enlève en cassant le vase. Le camphre empoisonne à haute dose, en manifestant une action sédative intense; on l'emploie à doses modérées au début de certaines inflammations, contre des ulcères, certaines éruptions de la peau, etc.

L'Assa fœtida, qui découle par incisions de la Férule Assa fœtida de la Perse; le Sagapénum, qui s'obtient de même de la Férule persique; la gomme ammoniaque, qui est fournie par la Dorème aromatique d'Arménie, sont des gommes-résines qui agissent sur le système nerveux et sur l'appareil digestif. Aussi, on les emploie contre les maladies nerveuses des organes respiratoires et contre l'atonie du tube digestif.

L'Ipécacuanha le plus usité est une racine de la Céphélide Ipécacuanha, petite plante du Brésil ; il contient un principe, l'émétine, qui en fait un vomitif énergique ; mais il renferme aussi d'autres substances, et il agit comme émétique, comme tonique ou comme irritant, selon la dose ingérée.

Le Baume de Tolu se retire par incisions du tronc du Myrosperme baumier, arbre du Pérou. C'est un stimulant de la muqueuse des bronches : aussi l'emploie-t-on dans les catarrhes chroniques, à la fin des bronchites, etc.

Le Jalap est la racine d'un Liseron du Mexique qui a reçu le nom d'Exogone officinal. Son action excitante sur la muqueuse intestinale le fait employer comme purgatif.

Il est des substances qui, introduites dans le corps de l'homme, semblent ne pas avoir d'action prononcée sur l'économie, mais qui agissent sur certains vers vivant en parasites dans notre intestin ; ces substances sont des vermifuges.

Parmi les vermifuges, les uns sont dirigés plus particulièrement contre tel ou tel animal ; ainsi le Cousso, qui consiste en fleurs ou inflorescence du Coussotier (*Brayeria anthelminthica*), arbre d'Abyssinie, tue à coup sûr ce grand ver rubané connu sous le nom de Ténia ou Ver solitaire ; l'écorce de Musenna, fournie par un petit arbre d'Abyssinie qui est l'Albizzie anthelminthique, fait mieux encore que le Cousso, puisqu'elle permet au corps du ver mort d'être désorganisé et qu'elle agit d'une manière moins désagréable pour le malade ; l'écorce de la racine de Grenadier est aussi un ténifuge estimé ; le Semen-contra, qui consiste en inflorescence d'Armoises du Levant, de Barbarie ou indigènes, doit à la santonine qu'il contient la propriété de détruire, non le.Ténia, mais certains vers intestinaux cylindriques, tels que les Ascarides; l'Absinthe produit les mêmes effets, etc.

Les exemples qui précèdent, empruntés à la liste des médicaments les plus usités, montrent quel secours efficace la thérapeutique peut trouver dans les plantes; mais si l'on songe qu'il n'est pas un végétal qui ne soit doué de quelque propriété nutritive ou médicamenteuse, si l'on reconnaît qu'un médecin instruit, peut, à son gré, augmenter ou diminuer l'action d'un médicament, selon l'action qu'il veut produire; qu'il peut, avec un même médicament à plusieurs propriétés, faire agir celles-ci et neutraliser celles-là; qu'il peut, dans l'intérieur du corps, donner naissance à tel ou tel composé dont l'action est prévue, on comprendra à quel degré de perfection peut arriver la médecine et les services qu'elle peut rendre dans les maladies.

Envisageons d'autres produits des plantes.

Les vêtements les plus indispensables nous sont fournis par les végétaux. Le Lin, le Chanvre possèdent dans leur écorce de longues fibres qui, tissées, constituent la toile. Pour détacher les fibres de la plante, on assujettit, au fond de ruisseaux ou de petites rivières à eau peu courante, des paquets de la plante arrachée; c'est ce qu'on appelle soumettre au *rouissage;* il s'établit une fermentation qui a pour but de rendre indépendantes les fibres de l'écorce en désagrégeant le tissu ou la matière qui les réunit. Lorsqu'on juge le rouissage accompli, on retire les paquets, on les fait sécher, on les brise en plusieurs endroits, puis on les passe dans un instrument appelé, selon les pays, *espadon* ou *tillotoire*; cet instrument détache les parties inutiles, et il reste les fibres isolées, qu'on fait passer entre les dents de fer d'un autre instrument appelé *séran*. On obtient ainsi la *filasse* qui, filée au rouet ou à la mécanique, constitue le *fil*, et ce fil tissé devient de la *toile*. C'est avec le grand Lin à tiges grêles que se fabriquent les belles dentelles et la batiste la plus fine; le Chanvre n'entre que dans la confection de toiles plus ou moins grossières qui, à défaut de finesse, présentent une force de résistance considérable.

Le Coton est produit, nous l'avons dit plus haut, par les poils qui naissent à la surface de la graine du Cotonnier. On cultive plus spécialement deux Cotonniers : l'un herbacé, qui atteint au maximum 2 mètres de haut, l'autre arborescent, qui peut s'élever jusqu'à 6 à 7 mètres; ils sont originaires de l'Asie; mais ils ont été propagés dans la plupart des pays chauds. Il est peu de substances végétales qui jouent dans le monde un aussi grand rôle que le Coton; sa récolte, son apprêtage, son tissage, sa teinture, son exportation, sa vente, etc., occupent des millions d'hommes : des agriculteurs, des manœuvres, des tisseurs, des chimistes, des teinturiers, des mécaniciens, des ingénieurs, des marins, des manufacturiers, des commerçants. C'est par la production, l'échange, le commerce de semblables produits, bien plus que par la possession de mines d'or, que les nations acquièrent une véritable richesse. L'histoire des temps modernes nous a montré les tristes résultats de la conquête des trésors du nouveau monde par quelques nations européennes. Aujourd'hui même, ces nations ne sont pas encore sorties de la léthargie où les a placées la possession immédiate de l'or. L'histoire nous montre aussi ce que peuvent le commerce et l'industrie bien entendus; ils produisent l'activité, multiplient les relations, appellent à leur secours les sciences et les arts, favorisent le développement intellectuel, amènent le bien-être moral et font la fortune publique.

Pour se faire une idée du nombre prodigieux des végétaux qui fournissent des matières textiles, il faudrait pouvoir se rappeler la quantité de produits qui composaient la classe XLIII à l'Exposition universelle de 1867. Examinons-en quelques-uns.

Le Bananier textile, ou Chanvre de Manille, contient dans ses feuilles de longs filaments qui mesurent jusqu'à 4 mètres de longueur et qui présentent une forte résistance; ils sont employés sous le nom d'*Avaca* à Manille, à la Martinique, à la Guadeloupe. etc., pour faire de belles toiles.

L'Agave fétide, qu'on rencontre en grande abondance dans les Indes Orientales, aux Antilles, à la Réunion, et qui sert dans certains endroits à faire des haies de défense, fournit au moyen de ses feuilles des fibres très fortes. On les emploie sous le nom de *Pitte*, pour faire des toiles grossières, des cordages; et comme ces cordages ont la propriété de flotter sur l'eau, on les préfère pour la pêche de la baleine.

Aux Indes Orientales et dans plusieurs pays tropicaux, les fibres des feuilles de l'Ananas servent à faire des étoffes de luxe, des bourses, des sacs, des hamacs, etc.

Aux Antilles, les fibres des feuilles du Bromelia Karatas, plante très commune, sont employées pour faire des cordages, des hamacs.

Le Lin de la Nouvelle-Zélande (*Phormium tenax*), qui est aujourd'hui cultivé dans toutes nos colonies, contient, dans ses feuilles, des fibres qui servent à faire des toiles, des cordages, des corbeilles, etc.

L'Ortie de Chine, ou China-grass, originaire de Chine, mais qui se rencontre en Cochinchine, aux Antilles, etc., contient dans sa tige des fibres avec lesquelles on fabrique les belles étoffes en Chine, au Japon, en Cochinchine, aux Philippines, etc.

L'Asclepias ou Calotrope géant, des Indes Orientales, possède des graines munies d'aigrettes. C'est avec les poils de ces aigrettes que les Indiens font des étoffes légères, des fleurs artificielles, etc.

Un grand nombre de représentants des familles végétales appelées Malvacées, Tiliacées, etc., fournissent des fibres textiles : les fibres de l'écorce du *Corchorus olitorius*, connues sous le nom de *Jute*, sont l'objet d'un immense commerce dans les Indes Orientales ; elles servent à faire des toiles pour vêtements, pour voiles, des sacs, des cordes, etc. Tout le monde sait que nos cordes à puits sont faites avec les fibres de l'écorce du Tilleul. Le *Triumfetta lappula* ou Mahot-cousin, très commun dans toutes nos colonies, contient dans son écorce des fibres d'une grande résistance qui servent à faire des filets, des cordages. Plusieurs Hibiscus désignés dans l'Inde sous le nom de Gambos donnent de la même manière des fibres qui sont, pour les Indiens, ce que le chanvre est pour nous.

Les Palmiers fournissent en abondance des matières textiles; le Dattier sans tige, le Dattier sylvestre, le Palmier noir, divers Sagoutiers, le Çaryota brûlant, etc., etc., ont, dans les nervures de leurs feuilles, des fibres utilisées pour la fabrication de tissus, de chapeaux, de nattes, de paniers; l'Areng à sucre contient, dans la gaîne des feuilles, des fibres très lisses, très fortes, connues sous le nom de crin végétal, qui ont l'usage du crin de cheval; les fibres des pétioles de *Leopoldina piaçaba* sont fortes, rudes, groupées, et servent à faire ces balais à macadam que nous voyons dans les mains des balayeurs publics.

Les feuilles de Pins, de Sapins, sont utilisées depuis quelques années pour faire des couvertures recommandées dans les hôpitaux à cause de l'odeur salutaire qu'elles répandent.

Les nervures des feuilles de la Carludovica palmée sont employées dans la confection des chapeaux dits de Panama.

Toutes les matières textiles qui viennent d'être énumérées, et bien d'autres encore, peuvent être employées pour la fabrication du papier. Dans l'antiquité, le papier dont on se servait pour recevoir l'écriture était fourni par une plante de marais, le Souchet Papyrus, qui croît naturellement en Égypte, dans le sud de l'Italie, en Sicile, etc. On prenait la base de la plante que le séjour dans l'eau avait blanchie, on la partageait en lamelles, que l'on étirait, battait, pressait, séchait; on polissait ensuite avec la pierre-ponce et l'on imbibait les lamelles d'huile de cèdre pour les préserver des ravages des insectes.

Aujourd'hui, en Europe, le papier se fait avec des chiffons de Lin, de Chanvre, de Coton. Celui qui a pour base le Lin et le Chanvre est plus résistant; celui qui est fait avec du Coton est mou, mais il est plus blanc et plus apte à recevoir les empreintes. A la Guadeloupe, on utilise pour la fabrication du papier les fibres qui entourent la graine du Concombre operculé ou Torchon; aux Indes Orientales, on emploie les fibres des feuilles du Bambou; à la Guyane, on se sert du Caladium géant, connu sous le nom de Moucoumoucou : les fibres des feuilles donnent un papier opaque qui sera un jour très recherché; les Vaquois produisent des fibres végétales avec lesquelles on fait une excellente pâte à papier; c'est avec les feuilles d'un Palmier, le *Coryphe talliera,* que se font les livres tamouls; le Mûrier à papier fournit la plus grande partie du papier dont se servent les Chinois et les Japonais; le papier de riz, si soyeux et si mince, est fourni par la moelle de l'Aralia porte-papier.

Et s'il nous plaît de teindre les étoffes de nos vêtements, nous pouvons de nouveau nous adresser aux plantes.

La couleur violette sera donnée par le suc du Bananier Féhi.

L'indigo et les bleus nous seront fournis par les feuilles de l'Indigotier à teinture, plante qui croît dans plusieurs contrées de l'Asie, de l'Afrique et de l'Amérique; par les feuilles du Polygonum tinctorial, plante originaire de Chine, mais qu'on cultive dans le midi de la France; par les feuilles du Pastel, plante crucifère qui croît spontanément dans plusieurs de nos départements.[1].

Le vert de vessie nous sera donné par les baies mûres du Nerprun purgatif, plante commune dans les bois, les haies, les lieux incultes.

Les jaunes de toutes nuances seront obtenus avec l'écorce du Chêne Quercitron, qui est envoyée de New-York, de Philadelphie ou de Baltimore; ils seront obtenus aussi par le bois de Mûrier des teinturiers, qu'on appelle ordinairement Bois jaune, et qui se trouve dans le commerce sous les noms de Bois de Cuba, Bois de Tampico; par le bois de Fustet ou bois jaune de Hongrie donné par le *Rhus cotinus* des Antilles; par les fruits non mûrs de plusieurs Nerpruns, plus connus sous les noms de Graines d'Avignon, Graines d'Espagne, etc.; par les feuilles de la Gaude ou Réséda jaunâtre, herbe qui croît dans nos terrains incultes; par les stigmates du Safran, plante bulbifère cultivée dans plusieurs parties de la France; par les rhizomes du Curcuma, qui sont très riches en couleur jaune orangé.

Les différents rouges pourront être donnés par les racines de la Garance, plante cultivée en Hollande et dans plusieurs parties de la France; par le bois de Campêche, qui est fourni par un grand arbre (*Hematoxylon Campechianum*), originaire de la baie de

---

1. Avant la teinture en bleu par l'indigo, le Pastel était, en France, l'objet d'un grand commerce; il était particulièrement cultivé aux environs de Toulouse et livré au commerce sous forme de pelotes ovales ou coques appelées *cocaignes*. Le pays devait à son industrie le nom de *pays de Cocaigne* ou *Cocagne*, et comme cette industrie le rendit très prospère, sa dénomination fut ensuite consacrée pour désigner un riche pays.

Campêche, mais qu'on trouve dans une grande partie de l'Amérique du Sud et aux Antilles ; par les Bois de Brésil provenant de plusieurs *Cæsalpinia* et qui sont connus dans le commerce sous le nom de bois de Fernambouc, de Sainte-Marthe, de Nicaragua, bois de Safran, etc., etc.; ces bois peuvent produire les teintes rose, rouge, amarante et cramoisie ; par le bois de Santal rouge, grand arbre des Indes Orientales ; par les fleurs du Carthame des teinturiers, plante qui ressemble un peu aux Chardons et qui nous est expédiée d'Égypte, de l'Inde et de l'Espagne ; c'est la matière colorante de cette plante qui entre dans la préparation du fard appelé rouge végétal ; par le Rocou ou Roucou, matière qui entoure les graines du Roucouyer, grand arbre de la Guyane ; par l'Orseille des teinturiers, etc., etc.

Le brou de noix donne aux étoffes la couleur dite racine.

Les glands et la cupule du Chêne Velani, de l'Asie Mineure, sont employés sous le nom d'avelanides pour la teinture en noir.

Les Noix de galles, productions du Chêne, déterminées par la piqûre d'un Cynips et par la présence de son œuf, servent aussi à teindre en noir; elles sont la base de l'encre noire.

C'est de la Houille que s'extraient aujourd'hui les matières colorantes les plus diverses et les plus belles.

A-t-on besoin de vêtements et de chaussures imperméables, de vases légers et solides, de cordons élastiques, de tubes conducteurs de gaz et de liquides, de vernis préservatifs, etc., etc., c'est un produit végétal, le Caoutchouc, qui répondra à une foule de besoins. Cette substance fut d'abord connue sous le nom de gomme élastique, et son usage était très restreint; mais chaque jour amène de nouvelles applications. Les principales plantes qui fournissent le caoutchouc sont la Siphonie élastique de la Guyane, le Castilloa élastique du Mexique, le Cecropia pelté de la Jamaïque, le Figuier élastique des Indes orientales, etc. Pour l'obtenir, on donne un coup de pic dans le tronc de l'arbre, le suc s'écoule par l'ouverture et est reçu dans un vase approprié.

La Gutta-percha, qui joue déjà un grand rôle dans l'industrie, les sciences et les arts, est fournie par le tronc de l'*Isonandra gutta,* arbre des Indes Orientales et de la Malaisie.

De quelque côté que se dirigent les regards, on aperçoit des applications de produits végétaux.

Ici, ce sont les huiles employées dans notre médication, notre alimentation, dans les arts ou dans l'industrie; là ce sont des substances tannantes, ou des essences, des parfums, des bois pour les charpentes, les constructions, les meubles, etc.

Les huiles de Croton et de Ricin sont des purgatifs; l'huile d'OEillette sert dans l'alimentation, l'éclairage et dans la peinture, pour délayer les couleurs blanches; l'huile de Chènevis est employée dans la peinture et dans la fabrication du savon vert; l'huile de Lin est employée dans la peinture commune, dans les vernis gras; elle entre avec le noir de fumée dans la fabrication des encres d'imprimerie et de lithographie; elle sert à recouvrir les taffetas gommés, les cuirs vernis, les toiles cirées, etc.; l'huile de noix récente est employée dans l'alimentation; plus tard elle entre dans les peintures fines, les vernis, le savon vert, l'éclairage; les huiles de Pin et de Sapin entrent dans la composition de vernis et de couleurs.

L'huile d'Olives entre dans l'alimentation, sert dans les travaux d'horlogerie et dans la fabrication des savons durs; l'huile d'Amandes est employée en médecine et en parfumerie; les huiles de Colza, de Moutarde noire, de Moutarde blanche et de Navette, sont utilisées pour l'éclairage, pour la fabrication des savons mous et la préparation des cuirs; l'huile de Prunes, celle de Camelines sont employées pour l'éclairage; l'huile de Ben est recherchée par les horlogers et les parfumeurs; l'huile d'Arachide ou Pistache de terre est utilisée dans l'alimentation, dans l'éclairage et dans la fabrication des savons durs; l'huile de Sésame est utilisée dans tout l'Orient comme aliment et entre dans une foule de préparations médicamenteuses. L'huile de l'Éléocoque verruqueuse est employée par les Chinois pour rendre imperméables les étoffes les plus légères tout en leur laissant la souplesse.

Parfois les huiles fournies par les végétaux sont tellement concrètes qu'elles ont l'aspect du beurre; aussi les a-t-on qualifiées de beurres végétaux. Le beurre de Palme est fourni par l'intérieur des fruits de l'Elaïs de Guinée, Palmier qui vit sur les côtes de Guinée et à la Guyane. Ce produit a la consistance du beurre de vache. On en consomme en Europe de grandes quantités pour faire des savons durs, pour la composition du corps gras avec lequel on graisse les essieux de wagon, pour faire des bougies, etc.; le

beurré de Cacao est extrait de l'intérieur de la graine
de Cacaoyer ; le beurre de Muscade est fourni par la
graine du Muscadier aromatique ; le Muscadier porte-
suif de la Guyane et du Brésil donne du suif qui sert
à la fabrication de chandelles, etc.

Une grande quantité de végétaux de notre pays
fournissent de la cire presque analogue à celle des
abeilles, mais cette cire n'est pas recueillie ; on n'utilise que celle qui est fournie par quelques végétaux
étrangers. La cire de Carnauba est retirée d'un beau
Palmier du Brésil, le *Carnauba* ; on l'obtient en bat-
tant les feuilles après les avoir brisées et fait sécher ; il
en tombe une poussière blanche qui, fondue au feu,
donne une cire jaune utilisée pour faire des cierges, des
bougies ; le Ceroxyle des Andes ou Palmier de Quindiu
fournit une assez grande quantité de cire qui se dépose
sur son tronc, dans les espaces interfoliaires et qu'on
utilise pour l'éclairage ; le Galé cirier du Nord des États-
Unis fournit une cire jaunâtre ou verte qui se dépose
sur ses fruits ; elle est consommée en bougies et répand, en brûlant, une odeur agréable.

Le Tannin peut se rencontrer dans tous les organes
des végétaux ; c'est avec son aide que les peaux d'animaux se transforment en cuirs. En France, le tannage
s'exécute au moyen de l'écorce réduite en poussière
du Chêne-Rouvre, cette poussière est connue sous le
nom de tan ; en Russie, on emploie plus particulièrement l'écorce du Bouleau ; c'est, dit-on, à un principe
développé dans cette écorce que les cuirs de Russie
doivent leur odeur particulière ; l'Aulne, le Sumac,

les Acacias et un grand nombre de plantes légumineuses, etc., sont très riches en substances tannantes. Tous
ces produits appelés Cachous, Gambirs, Kinos, etc.,
ne doivent leurs propriétés astringentes qu'à la grande
quantité de tannin qu'ils contiennent.

Dans l'exposé qui précède, nous avons suivi un certain ordre qui nous a fait citer des produits différents
appartenant à des plantes différentes ; il ne faudrait
pas croire qu'une plante ne soit capable de fournir
qu'un seul produit ; il en est quelques-unes qui constituent de véritables richesses pour les habitants des
pays où elles se trouvent. De ce nombre sont le Bambou, le Cocotier, le Carnauba, le Rondier, etc.

Certains Bambous des Indes Orientales et de la Chine
fournissent à l'alimentation des jeunes bourgeons qui
se mangent à la manière des asperges et constituent
d'excellentes conserves ; les rameaux servent à faire
des charpentes, des échafaudages, des tuyaux, des
mâts, des perches pour porter des fardeaux, des claies,
des armes, des meubles ; les rameaux, coupés de distance en distance, forment, selon leur diamètre, des
mesures de capacité, des seaux à puiser l'eau, des vases
à fonds solides, des pipes ; les feuilles, les rameaux
partagés en lanières servent à faire des vêtements,
des chapeaux, des paniers, des câbles, des cordes, des
matelas ; les parties souterraines durcies sont sculptées
et transformées en divinités grotesques.

Le Cocotier commun de l'Asie méridionale, de Ceylan, etc., s'élève à une hauteur de 20 à 25 mètres ;
son bois est employé dans les charpentes ; l'intérieur
de sa tige fournit un suc séveux qui sert de boisson ;

22

ses jeunes bourgeons sont mangés sous le nom de Choux palmistes ; les fibres de ses feuilles sont employées pour faire des vêtements, des nattes, des paniers, des chapeaux ; les pétioles des feuilles sont revêtus à la base d'une sorte de toile naturelle qui sert à faire des tamis ; le brou de la Noix est formé de filaments qui entrent dans la confection des cordages ; la coque est utilisée pour faire des vases, des cuillers ; la graine renferme une boisson rafraîchissante qui donne de l'alcool par fermentation ; plus tard, le liquide laiteux se solidifie et donne, par expression, une huile bonne à manger, bonne à brûler et qui entre dans la composition des savons.

Le Carnauba ou Corypha porte-cire, si commun dans plusieurs provinces du Brésil, est employé en mille occasions diverses. Sa tige donne un bois solide et léger qui sert à faire des poutres, des solives ; on l'emploie aussi pour faire des lattes, des clôtures, des rigoles de toiture ; comme ce bois peut acquérir un beau brillant par le polissage, on l'utilise pour faire des meubles ; la partie compacte du tronc est employée pour faire des instruments de musique, des tuyaux, des pompes de longue durée ; les fibres de l'intérieur sont noires, très dures, très résistantes, et constituent une toile très solide ; les jeunes bourgeons se mangent sous le nom de Choux palmistes ; ils servent à faire du sucre, du vin, et peuvent, au moyen de lavages successifs, fournir une sorte de Sagou ; la substance molle de la base des feuilles est employée en guise de liège ; les feuilles fournissent une cire qui sert à faire des bougies ; ces feuilles séchées entrent dans la fabrication de chapeaux, de nattes, de paniers, de corbeilles, de balais, de.cordes, de filets de pêche ; brûlées, les feuilles donnent une potasse très employée dans la fabrication des.savons ; le fruit, de la grosseur d'une noisette, contient un liquide oléagineux et une pulpe comestible ; la graine grillée est un succédané du Café ; la racine a les propriétés dépuratives de la Salsepareille.

La plupart des Palmiers fournissent ainsi aux peuplades des contrées tropicales tout ce dont elles ont besoin ; celui d'entre eux qui est le plus vénéré est le Rondier ; un poème tamoul énumère huit cent et une de ses propriétés.

Beaucoup de nos plantes rivalisent avec les plantes exotiques par leur forme élégante et l'excellence de leurs produits ; mais elles ont, aux yeux de beaucoup de personnes, un tort immense, celui d'être communes et de vivre au milieu de nous.

La liste des produits végétaux utilisés est si longue, qu'elle semble interminable ; mais combien est grand le nombre des plantes dont les applications sont négligées ! combien sont inconnues !

Lorsque les nations devenues plus sages ne mettront plus tout leur amour-propre dans de vaines parades ; lorsqu'elles tourneront vers l'agriculture, les arts et l'industrie cette dévorante activité développée pour la guerre, d'immenses richesses nouvelles apparaîtront, les barrières qui nuisent au commerce tomberont d'elles-mêmes, des échanges multipliés s'opéreront et répandront partout le travail rémunéré et le bien-être.

FIN

TABLE DES GRAVURES

TABLE DES MATIÈRES

4552. — Typographie Lahure, rue de Fleurus, 9, à Paris.

www.ingramcontent.com/pod-product-compliance
Lightning Source LLC
Chambersburg PA
CBHW060128200326
41518CB00008B/966